云南亚热带森林单木生物量空间效应分析

欧光龙　农明川　王俊峰　著

科 学 出 版 社
北　京

内 容 简 介

本书以云南省亚热带地区3种典型森林（思茅松天然林、思茅松人工林和桉树人工林）的皆伐样地（100m×30m）的各维量生物量（木材、树皮、树干、树枝、枝叶、树冠以及地上生物量）的实测数据为基础，比较分析了3种典型森林单木地上部分生物量各维量的空间效应变化；在空间效应分析的基础上，考虑林木的空间位置信息，采用空间滞后模型、空间误差模型、地理加权回归模型等空间回归模型和混合效应模型建模技术，构建不同维量生物量的全局空间回归模型、局部空间回归模型和混合效应模型，进一步检测单木各维量生物量的空间效应，并分析空间回归模型和混合效应模型处理存在空间效应的生物量数据的能力。

本书可为从事森林生物量研究的科研人员提供科学指导，也可为森林经理学、森林生态学的本科生、研究生以及林业生产实践人员提供参考。

图书在版编目(CIP)数据

云南亚热带森林单木生物量空间效应分析 / 欧光龙,农明川,王俊峰著. —北京：科学出版社，2023.12

ISBN 978-7-03-070869-4

Ⅰ.①云… Ⅱ.①欧… ②农… ③王… Ⅲ.①亚热带林-单株立木测定-云南 Ⅳ.①S758.1

中国版本图书馆CIP数据核字（2021）第256122号

责任编辑：武雯雯 / 责任校对：彭 映

责任印制：罗 科 / 封面设计：义和文创

科学出版社出版

北京东黄城根北街16号

邮政编码：100717

http://www.sciencep.com

成都锦瑞印刷有限责任公司印刷

科学出版社发行 各地新华书店经销

*

2023年12月第 一 版 开本：787×1092 1/16

2023年12月第一次印刷 印张：13 1/2

字数：321 000

定价：135.00元

（如有印装质量问题，我社负责调换）

资 助 项 目

研究资助：

云南省科技厅科技计划重点研发项目(202303AC100009)

国家自然科学基金项目(31760206)

国家自然科学基金项目(31660202)

国家自然科学基金项目(31560209)

云南省唐守正院士专家工作站(2018IC066)

云南省王广兴专家工作站(2018IC100)

云南省万人计划青年拔尖人才专项(YNWR-QNBJ-2018-184)

出版资助：

云南省一流建设学科–西南林业大学林学学科

西南林业大学西南山地森林资源保育与利用教育部重点实验室

西南林业大学西南地区生物多样性保育国家林业局重点实验室

著者委员会

主　　著　欧光龙　农明川　王俊峰

著　　者　(按姓氏汉语拼音顺序)

陈科屹　金　瑜　李　超　李恩良　李　猛　梁志刚

刘　颖　卢腾飞　罗大鹏　闫妍宇　毛刚刚　秦　明

冉　娇　施凯泽　石晓琳　孙雪莲　陶丹阳　万玉洁

王国宏　王　瑞　魏安超　吴　勇　熊河先　徐美玲

徐婷婷　杨沁雨　张　博　郑海妹　郑伟楠　周　律

周清松

前　言

森林作为陆地生态系统的一个重要组成部分，其生物量占陆地植被的90%以上，对维护全球碳平衡和应对全球气候变化有着重要的作用。林木作为森林生态系统的主体，单木生物量的准确估计对于森林生物量、碳储量和碳通量的定量分析、森林的经营管理，以及分析气候变化对森林生态系统的影响均起着至关重要的作用。目前，单木生物量模型是估算林木生物量最普遍、最有效的方法。然而，林业生长和收获数据普遍存在空间效应的问题，即数据间存在相关性，违背了最小二乘模型的回归假设，使得传统的单木生物量模型（OLS 模型）不再适用。因此，探究生物量数据中空间效应的存在与否，对于选择合适的生物量建模理论具有重要的意义。此外，林木生物量空间效应的研究对于准确地把握其空间分布规律具有重要意义。

鉴于此，本书依托云南省科技厅科技计划重点研发项目“云南林草生态系统碳汇现状、潜力及增汇技术与碳交易示范”（202303AC100009）、国家自然科学基金项目“亚热带典型森林单木生物量空间效应变化比较”（31760206）、“基于空间回归的森林生物量模型研建”（31660202）、“考虑枯损的单木生物量分配与生长率的相对生长关系及相容性生长模型构建”（31560209），云南省唐守正院士专家工作站（2018IC066）、云南省王广兴专家工作站（2018IC100）、云南省万人计划青年拔尖人才专项（YNWR-QNBJ-2018-184）等项目，以云南省亚热带地区 3 种典型森林（思茅松天然林、思茅松人工林和桉树人工林）的皆伐样地（100m×30m）的各维量生物量（木材生物量、树皮生物量、树干生物量、树枝生物量、枝叶生物量、树冠生物量以及地上生物量）的实测数据为基础，比较分析了 3 种典型森林单木地上部分生物量各维量的空间效应变化；在空间效应分析的基础上，考虑林木的空间位置信息，采用空间滞后模型、空间误差模型、地理加权回归模型等空间回归模型和混合效应模型建模技术，构建不同维量生物量的全局空间回归模型、局部空间回归模型和混合效应模型，进一步检测单木各维量生物量的空间效应，并分析空间回归模型和混合效应模型处理存在空间效应的生物量数据的能力。

本书第 1 章综述目前森林生物量及空间效应的研究概况；第 2 章从研究区概况、数据调查、数据收集与处理等方面介绍本书相关研究的方法；第 3 章分析思茅松天然林单木生物量空间效应，并构建不同维量生物量空间回归模型；第 4 章分析思茅松人工林单木生物量空间效应，并构建不同维量生物量空间回归模型；第 5 章分析桉树人工林单木生物量空间效应，并构建不同维量生物量空间回归模型；第 6 章综合比较分析和总结不同林分的单木生物量空间效应及空间回归模型；第 7 章对整个研究内容进行了总结，并对研究存在的问题进行总结讨论。

本书是著者团队研究成果的总结，欧光龙提出了研究的整体思路和实验设计，欧光龙、农明川和王俊峰负责了野外调查工作及室内数据分析处理工作以及文本撰写等工作，西南林业大学梁志刚等老师，陈科屹、郑海妹、李超、闫妍宇、熊河先、魏安超、孙雪莲、徐婷婷、张博、石晓琳、施凯泽、徐美玲、郑伟楠、周律、卢腾飞、毛刚刚、冉娇、万玉洁、吴勇、李猛、罗大鹏、陶丹阳、王瑞、杨沁雨、刘颖、秦明等硕士研究生参加了野外调查及室内数据测定，普洱学院周清松副教授、墨江县林业和草原局李恩良工程师、思茅区林业和草原局金瑜工程师、楚雄市林业和草原局东华林业站王国宏高级工程师参加了部分野外调查工作，野外调查还得到了云南省普洱市林业和高原局及墨江县林业和草原局、思茅区林业和草原局、楚雄市林业和草原局东华林业站相关同志的帮助。

由于时间仓促，加之作者水平有限，书中难免存在不足之处，恳请读者批评指正！

目 录

第1章 绪 论

自工业革命以来，虽然世界经济飞速发展，人们生活水平日益提高，但这背后的代价却是对环境的破坏，这导致了大气中的 CO_2 浓度持续升高，从而引起了全球的气候变暖。目前，全球变暖已经成了世界各国共同面临的严峻问题，碳固定(carbon sequestration)被认为是缓解全球气候变暖的一个重要途径。大气中的 CO_2 可通过工业技术[1]和森林光合作用两种途径被固定。相比而言，森林作为一种经济、廉价的碳汇，在缓解大气中 CO_2 浓度的过程中扮演着重要的角色[2]。

森林作为陆地生态系统的一个重要组成部分，其生物量占陆地植被的90%以上[3]，对维护全球碳平衡和应对全球气候变化有着重要的作用[4]。林木作为森林生态系统的主体，其生物量和碳储量同样占据了森林生态系统的绝大部分[5,6]。因此，单木生物量的准确估计对于森林生物量、碳储量和碳通量的定量分析、森林的经营管理，以及分析气候变化对森林生态系统的影响均起着至关重要的作用[7,8]。

目前，生物量的测定主要有直接测量和间接估算两种方法[9]。相对于前者，间接估算的方法使用最为普遍。它主要包括：生物量模型法、生物量转换因子法以及3S技术[10]。生物量模型法被认为是生物量估计中最重要的方法和最有效的工具[7,11]。目前，生物量模型已在林业中得到广泛的运用[12]。按研究尺度的不同可将生物量模型进一步划分为区域生物量转换因子模型、林分水平和单木水平的生物量模型。与区域转换因子、林分水平的生物量模型相比较，单木生物量模型具有更好的模型性能和更高的预测精度。这些特性使得单木生物量模型成了模型研究工作的热点[7]。

过去，单木生物量模型通常是基于普通最小二乘理论(ordinary least square，OLS)构建的，是使用易于测量的测树因子估算林木整株或各分量器官生物量的方法。然而，OLS的统计假设要求观测数据间是相互独立的[13]。而森林是一个复杂的生态系统，由植物、动物和微生物共同构成，该系统内部的生物之间相互作用，并受外部环境的影响[14,15]。林木作为这一复杂系统的主体，也必然存在相互作用(如竞争)[16]，并受外部环境因素(如立地条件)的影响[17]。这导致了生物量数据存在空间相关性和空间异质性[18]，即存在空间效应(spatial effects)[19,20]。若忽略数据间存在的空间效应仍使用普通最小二乘理论构建生物量模型将导致模型的参数估计、相关系数、置信区间产生畸变[21-23]。而一些新的建模技术，例如空间滞后模型(spatial lag model，SLM)、空间误差模型(spatial error model，SEM)、空间杜宾模型(spatial Dubin model, SDM)和地理加权回归(geographically weighted regression, GWR)模型以及混合效应模型(mixed-effects models, MEM)的出现很好地解决了这一问题。这些模型各有侧重地考虑了观测数据存在的空间相关性或空间异质性问题，目前，已被应用于描述和解释林业研究中观测数据存在的空间效应的问题[24]。因此，探究生物量数据中空间效应的存在与否，对于选择合适的生物量建模理论具有重要的意义。此外，林木生物量空间效应的研究对于准确地把握其空间分布规律具有重要意义。

目前，空间效应的研究已经涵盖了单木、林分以及区域尺度，但已有研究要么是在区域水平上对森林分布、森林碳储量进行探讨，要么是在单木水平上对树高-胸径关系的研究，而少有与生物量相关的研究。因此，本书对同一林分和不同林分间的各分量的生物量的空间效应变化规律进行了研究，在此基础上探讨了考虑林木空间属性的空间建模技术对于存在空间效应问题的单木生物量数据的处理能力。

1.1 研究目的与意义

在自然界中，由于微生境和竞争的主导地位的不同导致了植物群落中相邻个体间要么呈现出较高的相似性，要么则表现为较大的差异性。这两个因素(微生境和竞争)的影响使得空间自相关(空间依赖性)在林业中普遍存在[25-27]。同样地，自然界的各种尺度也普遍存在空间异质性[28]。森林是一个复杂的生态系统，它的复杂性是由于不同的时间和空间尺度下不同生态过程所产生的结构的异质性所引起的[29,30]。由此可见，森林中的林木必然是非独立的，它们之间必然存在相互影响[16,31,32]。因此，对林木生物量的空间分布规律进行研究时，应该考虑空间效应的影响。

基于此，本书以云南省亚热带地区 3 种典型森林(思茅松天然林、思茅松人工林和桉树人工林)的皆伐样地(100m×30m)的各维量生物量(木材、树皮、树干、树枝、枝叶、树冠以及地上生物量)的实测数据为基础，对 3 种典型森林地上部分的生物量的空间效应变化规律进行分析，以此为基础，考虑林木的空间位置信息，采用空间回归模型和混合效应模型建模技术，构建不同维量生物量的全局空间回归模型(空间滞后模型，SLM；空间误差模型，SEM；空间杜宾模型，SDM)、局部空间回归模型(地理加权回归模型，GWR)和混合效应模型(MEM)，分析空间回归模型和混合效应模型处理存在空间效应的生物量数据的能力。以期为准确地把握该地区的森林生物量的空间分布规律，精确地估算森林生物量提供理论依据。

1.2 森林生物量研究综述

森林生物量(forest biomass)是指森林生态系统中植物群落在其生命周期中所产生的有机物的干重总量，单位是 g/m^2 或 J/m^2。森林生物量作为森林生态系统最基本的特征数据，是研究森林生态系统结构和功能、物质循环和能量流动，估算森林碳储量和评价森林生产力的基础[14,33,34]，这使得生物量的测定及其估算一直是林业及生态学领域研究的重点。

1876 年，德国学者 Ebermeryer 对一些树枝落叶量和木材重量的测量研究标志着生物量定量研究的起点[35]。在此后的半个世纪里，Jensen、Burger 和 Harper 等学者陆续开展了类似的研究，使生物量的研究得到了发展。但直到 20 世纪中叶后，生物量的研究才受到各国研究学者的重视，陆续在美国、苏联、英国和日本等国开展了对森林生产力和生物量的测定调查以及资料收集工作。之后，国际生物学计划(International Biological Programme，IBP)和人与生物圈计划(Man and the Biosphere Programme，MAB)的实施为森林生物量的研究带来了发展机遇，使此类研究得到了迅猛发展。这一时期各国对有关森林生物量和生产力等的研究涵盖了全球绝大部分森林类型。

20 世纪 90 年代初，为了应对日益恶化的环境问题，166 个国家在联合国环境与发展会议(United Nations Conference on Environment and Development，UNCED)上签署了《联合国气候变化框架公约》(United Nations Framework Convention on Climate Change，UNFCCC)。《联合国气候变化框架公约》要求缔约国提交本国的温室气体排放清单，以及森林生物量、碳储量以及碳汇能力的估测研究报告[36,37]。20 世纪末，缔约国于日本东京签订了《联合国气候变化框架公约》的补充条款《京都议定书》(Kyoto Protocol)，以条款的形式确立了一种减少温室气体排放的国际合作机制——清洁发展机制(Clean Development Mechanism，CDM)。通过清洁发展机制，发达国家可以在发展中国家实施土地利用和林业碳汇项目(如造林与再造林项目)，通过项目获得温室气体减排指标，从而实现其所承诺的减排任务[38]。因此，准确地估测森林生物量和碳储量对于 CDM 造林与再造林项目的碳汇计量起着至关重要的作用。

在全球气候变化的背景下，随着《联合国气候变化框架公约》及其补充条款《京都议定书》等国际公约的签订，缔约国开始对国内的生物量和碳储量进行估测研究[39]，使得森林生物量和碳储量已然成了研究工作的热点[40,41]。诸多国际公约的施行也不断推动着森林生物量和碳储量的研究向更深一步发展。

1.2.1 森林生物量研究方法综述

森林生物量的主要测定方法有直接测量和间接估算两种[9]。前者主要包括皆伐实测法、标准木法及相对生长法[42]。皆伐实测法是在目标林分内设置合适面积(不少于 $0.06hm^2$)的样地，将该样地内的所有乔木、灌木、草本植物等全部砍伐(割除)，测定样地内各层植被(乔木、灌木、草本)的累计生物量后以此推算整个林分和各层的生物量。采用该法测定的数据准确可靠，常作为真值与采用其他方法的估计值进行比较，但此法费时费力且具有巨大的破坏性，在实际操作中较少用于测定乔木层生物量。并且该方法对样地选择要求高(是否具有代表性)。标准木法适用于人工林生物量的估算，包括平均标准木法和分层标准木法。平均标准木法是基于标准地进行每木调查数据，选取能够代表群落平均特征的标准木，伐倒后测定标准木的器官生物量，然后将标准木的累计生物量(各器官生物量之和)乘以样地(林分)林木密度得到样地(林分)生物量；分层标准木法是指按照径级或树高将标准地树木分为若干层，然后在各层内选取标准木。将各层标准木伐倒后称重，乘以单位面积各层的株数，最后得到林分生物量。相对生长法是基于林分样地调查数据，以径级分配为依据选择大小不同的标准木，结合标准木法测定林木各维量的生物量，再根据各维量生物量与测树因子之间的相关关系构建回归模型以计算林分生物量[14,43,44]。在森林生物量的测定中，虽然使用直接测量所获得的森林生物量精度高，但却耗费大量的时间、人力以及物力，并且对森林具有一定的破坏性[9]。因此，森林生物量的估测多采用后者，即采用间接估算法估测森林生物量，其主要包括生物量模型、生物量估算参数以及 3S 技术[10]。

1.2.2 生物量模型

1944 年，Kitterge 构建了白松等树种的胸径与叶重的回归方程，这是相对生长方程首次在林业中的应用[45]。此后，不同学者开始使用多种模型来估算单木生物量[46-48]。我国森林生物量模型的研究起步相对较晚，且多参照国外的方法。最早的研究见于潘维俦等对杉木人工林生物产量测定[49]。自 20 世纪 80 年代起，我国生物量的研究开始迅速发展。冯宗炜等[50]、陈灵芝等[51]、刘世荣[52]、党承林和吴兆录[53]使用相对生长方程分别测定了马尾松林、人工油松林、兴安落叶松林以及短刺栲等群落的生物量。陈传国和朱俊凤[54]、冯宗炜等[55]根据前人的研究成果对生物量研究进行了系统归纳和总结，整理出了特定树种、立地条件下的相对生长方程。近年来，朱丽梅和胥辉[56]、董利虎等[57]在前人研究的基础上进一步将环境、竞争等因素纳入模型构建中，使森林生物量模型的研究得到了更进一步的完善。

生物量模型是生物量估计方法中最常用的，也是最有效的方法[7,11]。目前，生物量模型已在林业中得到广泛的运用[12]。随着生物量研究的发展，全世界已经建立的林木生物量模型超过 2600 个，涉及树种超过 100 种[58-63]。按研究尺度的不同可大致分为：单木生物量模型、林分生物量模型以及区域生物量转换因子[7]。

单木生物量模型是基于破坏性取样获得的样本数据通过线性或非线性回归方法所得到的回归方程。这类模型基于经验异速生长关系(empirical allometric relationships)使用易于测量的测树因子，如胸径估算单株林木总的或各器官的生物量。使用单木生物量模型估计林分或区域生物量时必须提供研究区的每木调查数据。而林分生物量模型则是通过将林木生物量汇总后与其他林分属性，如林分胸高断面积和密度建立回归关系。林分或区域的生物量可基于已构建林分生物量模型使用单位面积总胸高断面积、林分密度等林分调查数据而得到[7]。区域生物量转换因子，常用的有生物量扩展因子（biomass expansion factor，BEF)，它是一种使用树干材积估算生物量的方法，在大尺度森林生物量估算中得到了广泛应用[10,64]。使用生物量转换因子估算区域或国家水平上的森林生物量时需要先把区域或国家范围内的森林按森林类型分类，然后将特定的森林类型的总蓄积量与相应的林分生物量密度(林分总生物量与木材材积之比，即生物量转换因子)相乘得到特定森林类型的总生物量，最后将各种森林类型的总生物量汇总即可。该方法更适用于尚未郁闭的林分，而对于郁闭后的林分生物量测定误差较大。相比而言，单木生物量模型具有更好的模型性能和更高的预测精度，是生物量估计方法中最重要的方法和最有效的工具[11]。

1.2.3 生物量估算参数与 3S 技术

生物量估算参数主要有 4 种：生物量转扩因子(biomass conversion and expansion factor，BCEF)、生物量扩展因子(biomass expansion factor)、木材密度(wood density，WD)和根茎

比(root：shoot ratio，R/S)。已知蓄积量数据可以直接使用生物量转扩因子将其转换为器官生物量、地上生物量或总生物量；而若只使用生物量扩展因子将蓄积量转换为生物量则需要先利用木材密度把蓄积量转换成相应部分的生物量，再基于生物量扩展因子将这部分生物量扩展为地上生物量或总生物量。根茎比是指地下生物量与地上生物量之比，若已知地上生物量可根据该参数估算地下生物量。需要注意的是，不同的森林类型，甚至同一森林类型内不同的林龄、林分密度、立地条件等因素都会造成生物量估算参数值的变化[65]。目前，在大尺度的森林生物量估算研究中生物量估算参数已被广泛运用[10]。值得注意的是，可能是由于研究学者总结生物量估算方法的角度的差异导致其在归类上存在交叉重叠。在上文中提到：间接估算法普遍被用于估算森林生物量，该方法主要包括生物量模型、生物量估算参数以及 3S 技术[10]；而 Temesgen 等[7]在对林业中生物量估算理论的综述中将生物量模型划分为单木生物量模型、林分生物量模型以及区域生物量转换因子。对两位学者所参考的文献进行查阅后发现生物量估算参数与区域生物量转换因子两者实属同一概念。

随着科学技术的迅猛发展，3S 技术也为大尺度生物量估算提供了一条重要途径[66]。3S 技术是指 RS(遥感)、GPS(全球定位系统)、GIS(地理信息系统)。遥感可以快速、廉价地得到地面物体的空间属性数据。在林业中被用于土地利用和植被分类、森林面积和蓄积量估计等领域。GPS 是通过地球通信卫星进行空中或地面导航定位的系统。在林业中常被用于遥感地面控制、森林调查样点的定位和导航等方面。GIS 是以地理坐标为控制点，对空间属性数据进行管理和分析的技术工具。这 3 种技术系统各有侧重，相互补充。随着 3S 技术的不断发展，相互融合，使得及时、准确、高效地对森林资源信息进行更新和动态监测成了可能。森林资源的动态监测常以研究区卫星遥感影像数据为基础数据源，结合地面抽样技术确定调查样地的布设数量和位置并使用 GPS 对其进行空间定位，野外调查获取的调查数据使用 GIS 进行汇总和分析，最终建立起森林资源动态监测体系[67]。3S 技术估算森林生物量是基于相关性分析选取与样地实测生物量数据存在相关性的遥感信息因子并构建两者间的回归关系，依据该回归方程可直接利用遥感影像数据的遥感信息因子实现森林生物量的估算。Dong 等利用 AVHRR-NOAA 图像提取了 1981～1999 年 6 个国家 167 个省的生长季的归一化植被指数(normalized difference vegetation index，NDVI)，建立了 NDVI 与森林生物量的回归关系[68]；Trofymow 等基于相似的方法建立了遥感信息因子与剩余燃烧木头堆的蓄积量和生物量的关系[69]。相对而言，我国遥感生物量估测的研究起步较晚。早期的研究是朴世龙等对我国植被年净第一性生产量及其时空变化的研究[70]。同时期，李仁东和刘纪远结合 TM 影像构建了鄱阳湖湿生植被生物量与遥感信息因子间的回归模型，并使用该模型对生物量分布进行了预测[71]。此后，森林生物量的遥感估测研究逐步受到重视，发展日益完善。

1.3 空间效应研究综述

空间自相关性(即空间依赖性)和空间异质性(即空间非平稳性)是空间效应的两个方面[19, 20]。空间自相关性可理解为不同位置上的观测变量间可能并不独立，相互之间存在着影响。相对于那些相距较远的观测对象而言，距离相近的属性值间具有更高的相似性。空间自相关（依赖性）的程度可使用自相关指数（autocorrelation indices）、变异函数（variogram）、相关图（correlogram）、克里金法（Kriging）、Ripley's *K* 函数（Ripley's *K*-function）以及最近邻域法（nearest neighbor methods）等进行定量分析[72]。其中最为常用的是全局空间自相关指数，如 Moran's *I* 指数、Geary's *C* 指数或 Getis'*G* 和 *G**等[72,73]。全局空间自相关指数仅仅是对研究区域内的观测属性进行空间聚类模式的总括分析，反映研究对象在整个研究区域内总体呈现的空间聚类模式，并不能给出区域内研究对象与其相邻单元间的空间相关性。而空间关联性的局部指标（local indicators of spatial association，LISA）的提出很好地解决了这一问题[74]。张维生[75]以空间自相关分析方法为基础，对黑龙江省的森林和地貌等因子进行了研究，指出该地区的森林、地貌等因子存在空间正相关性；王维芳等[34]也基于相似的方法对帽儿山地区的森林生物量的空间自相关性进行了分析，同样得出了相似的结论。

空间异质性普遍存在于自然界中[28]，是指系统或系统属性在空间分布中的复杂性和变异性，系统属性可以是生物量、土壤含氮量等生态学变量[76]。空间异质性的评价方法随空间数据类型的不同而存在差异。点模式（point patterns）数据通常采用随机指数、聚集指数、最近邻距离等方法；面数据（surface data）则使用趋势面、频谱分析、变异函数、分形维数、自相关指数等方法；而连续数据（continuous data）常使用方差比分析、相关分析、变异函数、相关图、全局和局部自相关指数等方法[19]。

目前，空间异质性的研究理论常用的有地统计学方法，也有研究使用组内方差对空间异质性进行分析[77,78]。

1.4 空间回归模型研究综述

经典统计学中常常要求数据满足相互独立的假设。然而，对于生态学数据而言，数据间往往存在相关性[79]。因此，在对数据进行分析之前一定要检验其是否存在空间自相关，以便选择正确的统计分析方法[80]。

森林生长和收获数据会受到采样区域（不同的地理区域可能会有不同的立地条件）和样地内林木间的相关性（即同一样地内的调查数据存在相关性）的影响。因此，空间自相关和空间异质性普遍存在于这些数据中[81]。这导致了基于此类数据所构建的传统林木生物量模型存在拟合精度低、稳定性差的问题[18]，甚至还会造成模型参数估计、相关系数、置信区间的有偏估计[21,23]。因此，考虑空间效应成了当前改进林木生物量模型的一个研究热点[18]。基于此，许多学者开始着力于运用新的统计建模技术构建能够处理存在空间效应的数据的生物量模型。张维生[75]、刘畅等[82]分别对黑龙江省森林空间分布以及碳储量的空间效应进行了研究；Meng 等[83]基于空间回归模型（SLM，SEM，SDM）对火炬松树高-胸径关系进行了探究。Zhang 等[78]、Lu 和 Zhang[84]也基于相同的方法分别对加拿大 Ontario 的 Sault Ste. Marie 地区不同森林类型的树高-胸径关系进行研究。此外，近年来混合效应模型在林业中也得到了广泛的应用[85]。混合效应建模技术通过定义方差和协方差结构在一定程度上能消除数据间存在的异质性和自相关问题[86]，目前，已被用于预测林木的优势高生长[86]、直径生长[87]、林分断面积[88]、单木断面积生长[89]、木材密度[90]、林分材积[91]、生物量等[22,92]研究。

第2章 研究方法

2.1 研究区概况

楚雄州地处云贵高原的西部，云南省中部偏北，是滇中高原的腹地，地跨 24°13′～26°30′N、100°43′～102°32′E，总面积 28438.41km^2。东邻昆明，北接四川，西连大理、丽江，南靠玉溪、普洱，交通位置比较重要，有“省垣门户”“迤西咽喉”和“滇中走廊”之称。全州高山、低谷、河流众多，使得山脉、河谷、盆地、土林和冰川、岩溶等复杂的地貌相互交错。地势奇特壮观，呈中部高、南北低，北部略高于南部的态势。境内最高峰大姚白草岭主峰帽台山，海拔 3657m，最低处海拔仅 556m，位于双柏县与玉溪新平交界的三江口。全州面积的 80%是山区和半山区，90%以上是各种类型的山地。楚雄州气候宜人，属亚热带低纬高原季风气候，由于山高谷深，气候垂直变化明显。总体气候特点是夏无酷暑、冬无严寒；雨热同期，干湿分明；日照充足、霜期短；年温差小，大部分地区为 14.8～21.9℃，但日温差较大；2018 年的年均降雨量 794.9mm，年均气温 16.77℃，年日照时数 2189.41h。自然资源丰富，植物资源多达 6000 余种；全州林业用地 216.76 万 hm^2，其中，森林面积 188.70 万 hm^2，活立木蓄积量 1.14 亿 m^3，森林覆盖率 66.25%。

普洱市地处云南省西南部，云贵高原西南边缘，地跨 22°02′～24°50′ N、99°09′～102°19′E，总面积 45385 km^2，是云南省面积最广的地州，占全省总面积的 11.5%。东邻玉溪、红河，北接大理州，西北与临沧地区相邻，东北与楚雄毗邻，南靠西双版纳，东南与越南老挝接壤，西南与缅甸相邻。全区群山起伏，沟壑纵横。地势呈北部和东北部高、中部和南部低的特点。境内最高峰无量山主峰猫头山，海拔 3370m，最低处海拔仅 317m，位于江城县李仙江出境处。全州面积的 98.29%是山地。普洱市受亚热带季风气候的影响，夏无酷暑、冬无严寒，享有“绿海明珠”“天然氧吧”之美誉。日照充足，霜期短(无霜期 315d 以上)；气温年变化小，为 15～20.3℃；降水充沛，是云南省降水较多的地区之一，年均降雨量 1100～2780mm。自然资源丰富，植物资源多达 5600 余种，森林覆盖率达 68.8%，有 2 个国家级、4 个省级自然保护区，是云南“动植物王国”的缩影，全国生物多样性最丰富的地区之一；是北回归线上最大的绿洲，被联合国环境署称为“世界的天堂，天堂的世界”。普洱市林业用地面积 4656 万亩，是云南省重点林区、重要的商品用材林基地和林产工业基地。

本书涉及楚雄州和普洱市两个地州的三个地区，分别是楚雄市的东华镇、普洱市墨江县的鱼塘镇和思茅区的六顺乡。

2.1.1　楚雄市东华镇

楚雄市处在楚雄州中西部，地处 24°30′～25°15′N、100°35′～101°48′E。东邻禄丰县，南连双柏县，西接南华县，北同牟定县毗邻。地势西北高，东南低，从西北向东南倾斜，呈倾斜葫芦形。境内最高点是西舍路镇哀牢山脉的小越坟山，海拔 2916m；最低点为礼社江与彝家拉河、石羊江交汇处，海拔 691m。气候属于北亚热带季风气候区，冬干、夏湿，雨季集中，日照充足，霜期较短，冬季降水量偏少。西部山区，山高谷深，地形复杂多样，有立体气候特点。全市平均年降水量 932.9mm，年平均气温 16.7℃，年日照时数 1990.7h（2018 年）。林地面积 34.92 万 hm^2，占全市总面积的 78.67%，森林面积达 34.15 万 hm^2，森林覆盖率达 76.92%，城区绿化覆盖率达 40.15%，活立木总蓄积量 2224.14 万 m^3（2018 年）。

东华镇（101°21′29″～101°31′34″E、4°26′36″～25°01′16″N）位于楚雄市西南部。东接子午镇，南邻大地基乡，西连大过口乡，北接鹿城、紫溪镇。东华镇坐落于紫溪山南麓，地势东北低、西南高。境内最高峰为松子房山，海拔 2540m。属亚热带季风气候，年均气温 15.6℃，年均降雨量 831mm，年平均日照 2422h，平均降霜期 96d。森林资源丰富，林下可开发资源种类较多，草场广阔。

2.1.2　墨江县鱼塘镇

墨江县，全名墨江哈尼族自治县，位于云贵高原西南边缘，云南省南部，普洱市北部，总面积 5312m^2，地跨 22°51′～23°59′N、101°08′～102°04′E，北回归线穿县城而过。北接镇沅和新平两县，东邻元江、红河和绿春三县，南靠江城县，西与宁洱县隔江相望。地势西北高、东南低。境内多高山、深谷和河流。最高峰处于碧溪乡的大尖山，海拔 2278m，最低处海拔仅 478.5m，位于泗南江乡的榄皮河与龙马江交汇处。气候属南亚热带季风气候，季节温差小，光照充足，雨量充沛，雨热同期。全年日照 2161.2h；年均气温 17.8℃；无霜期 306d；降水充沛，年均降雨量 1338mm。植被呈现明显的垂直分布，低海拔地区由于北热带气候的影响，植被类型多为季节雨林和季雨林；中海拔的山地主要生长着思茅松林、季风常绿阔叶林和针阔混交林；高海拔地区分布有中山湿性常绿阔叶林和灌丛。

鱼塘镇（23°03′～23°15′N、101°23′～101°38′E），位于墨江县西南部，东与隔阿墨江和雅邑接壤，西邻普洱，南接与龙潭，北连通关。

2.1.3　思茅区六顺乡

思茅区位于云南省南部，澜沧江中下游，北回归线以南。总面积 3928 km^2，地跨 22°27′～23°06′N、100°19′～101°27′E。全区最高海拔 2154.8m，最低海拔 587m，城区海拔 1302m，年均降雨量 1340.9mm，年均气温 17.9℃。思茅区森林、土地、矿产、水能、区位、气候优势突出。森林覆盖率达 71.23%，素有“绿海明珠”“林中之城”的美誉。

六顺乡(22°29′～22°49′N、100°38′～100°56′E)，地处思茅区西南部。东邻南屏，南连景洪市景纳乡，西与思茅港镇、龙潭乡接壤，北接云仙乡。年均气温 18.2℃，年降水量 1418.2mm。

2.2 研究对象概述

2.2.1 思茅松概述

思茅松(*Pinus kesiya* var. *langbianensis*)是卡西亚松(*P. kesiya*)的一个地理变种，是云南的特有种，自然分布于云南省热带北缘和亚热带南部半湿润地区(22°30′～24°30′N，100°30′～102°300′E)。集中分布于景东、墨江、思茅、景谷、镇沅等地，零散分布于临沧、梁河、潞西、勐腊、景洪等地区的山地，双柏、新平、红河等地区的沟谷。由于受西南季风的影响，使得思茅松林分布区内降水充沛，年均温度较高，温差小，优渥的林下土壤条件为思茅松的迅速生长奠定了有利条件。思茅松具有速生的特点，这也使得该树种成了云南南部地区造林绿化的重要树种[93]，已被云南各地(州、市)广泛引种。然而值得注意的是，思茅松的速生性需要较高的水热条件作为前提，水热条件的不足会导致其不能完全发挥速生的优势。由于思茅松的分布面积和蓄积量均占到了云南的森林的 11%，且具有树干变形小，干形通直、易加工等特点，使得其被广泛应用于建筑、家具生产等行业，成了云南地区重要的用材树种。另外，思茅松树干含有丰富的松脂，平均每株含脂量为 3～4kg，占树干的 20%左右，是云南省主要的采脂树种[94]。总而言之，思茅松是云南地区重要的造林绿化、用材、采脂树种，为社会和经济提供一系列的服务和商品，具有重要的社会、生态和经济价值。

2.2.2 桉树概述

桉树(*Eucalyptus* spp.)是指桉属(*Eucalyptus*)树种，绝大多数为澳大利亚本土树种。桉树由于适应环境能力强、生长迅速、经营周期短、单位面积产量高等特点，成了热带和亚热带地区最重要的人工林树种[95]，也被认为是世界人工造林三大速生树种之一，是我国南方重要的速生丰产林树种。它是木材造纸、桉油提取、生产人造纤维、纤维板、胶合板、薪材等的重要原料，具有很好的利用价值。在我国，桉树种植较多的是福建、湖南、海南、云南、两广等地区。云南是我国引种桉树最早的省份之一，截至 2005 年数据，全国桉树人工林面积 260 万 hm^2，而云南就占到了 23.6 万 hm^2，居全国第四位。云南省共有 129 个县，其中就有 109 个县种植了桉树，桉树林人工林面积占云南省的 9.4%[96,97]。桉树人工林发挥着重要的经济价值兼生态价值。

2.3　样地数据调查

本书所选取的思茅松天然林、思茅松人工林、桉树人工林样地分布于亚热带地区，且均能代表该地区的同种森林类型。它们分别被设置于普洱市鱼塘镇、普洱市思茅区六顺乡、楚雄市东华镇三个地区(图 2-1)，样地面积 3000m^2(100m×30m)。其中，思茅松天然林样地，

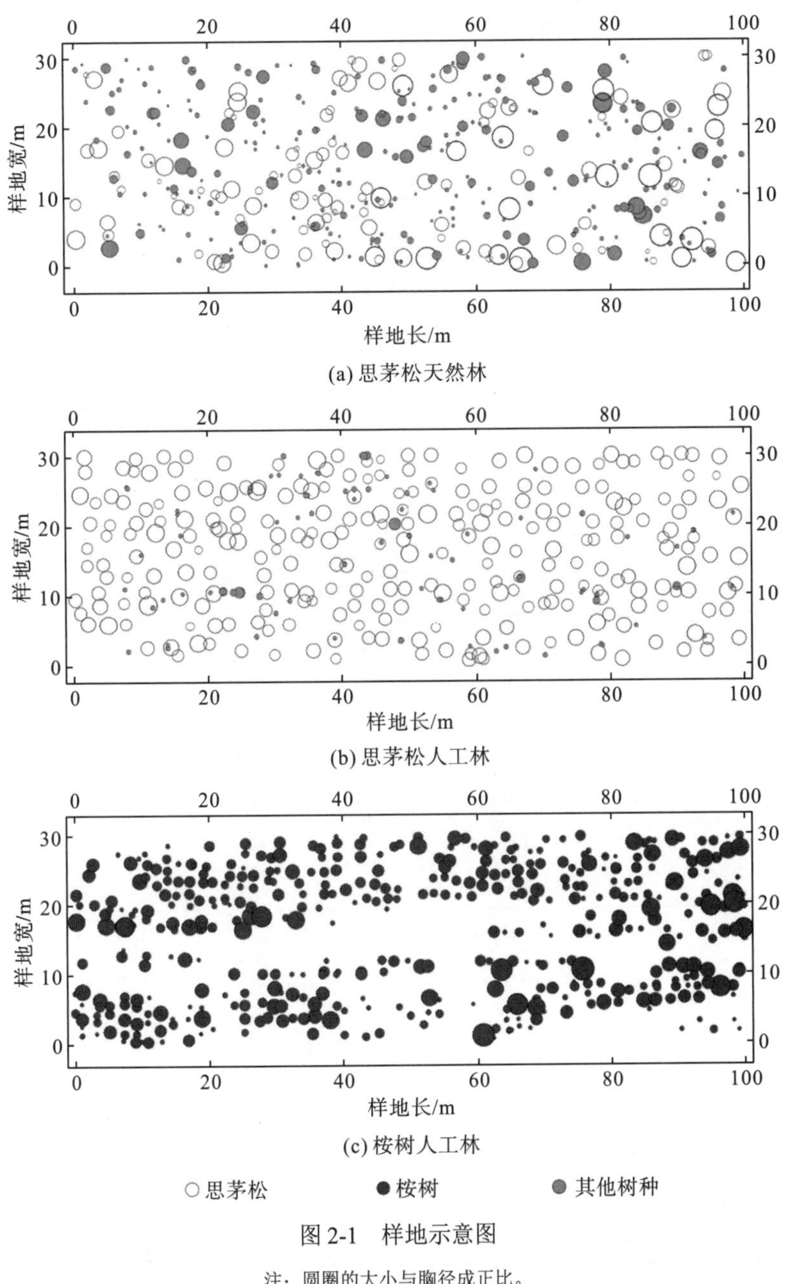

图 2-1　样地示意图

注：圆圈的大小与胸径成正比。

共调查了437株样木，主要包含红木荷(*Schima wallichil*)、水晶木、黄毛青冈(*Cyclobalanopsis delavayi*)、余甘子、旱冬瓜等树种。思茅松人工林样地，共调查了358株样木，主要包含红木荷、高山栲、对叶榕、蒲桃、余甘子、女贞等树种。桉树人工林样地，共调查了441株样木，人工桉树林为纯林，林下皆为桉树。样地调查记录了径阶大于6cm的林木的基本信息：相对位置信息、树种名称、胸径、树高、冠幅、枝下高等信息(表2-1)。

表2-1 样木基本信息

样地类型	树种	变量	样本数	最小值	最大值	平均值	标准差
思茅松天然林	思茅松	胸径(DBH)/cm	132	7.00	45.10	24.26	9.97
		树高(H)/m		6.80	25.60	17.05	4.60
		冠长(CL)/m		0.20	19.70	7.75	3.71
		冠幅(CW)/m		2.00	13.55	7.35	3.05
	其他树种	胸径(DBH)/cm	305	5.00	36.00	10.44	6.29
		树高(H)/m		2.20	21.50	8.05	3.31
		冠长(CL)/m		0.10	16.40	5.22	2.56
		冠幅(CW)/m		1.00	12.15	4.40	2.23
	小计	胸径(DBH)/cm	437	5	45.1	14.62	9.89
		树高(H)/m		2.2	25.6	10.77	5.58
		冠长(CL)/m		0.1	19.7	5.98	3.17
		冠幅(CW)/m		1	13.55	5.29	2.84
思茅松人工林	思茅松	胸径(DBH)/cm	262	10.40	24.70	18.13	2.75
		树高(H)/m		7.90	19.50	15.70	1.61
		冠长(CL)/m		1.10	14.31	6.61	2.04
		冠幅(CW)/m		1.75	7.00	3.84	0.85
	其他树种	胸径(DBH)/cm	96	5.00	15.60	6.62	2.13
		树高(H)/m		4.80	16.30	8.62	2.94
		冠长(CL)/m		0.40	10.40	4.64	1.91
		冠幅(CW)/m		1.00	7.00	2.35	1.05
	小计	胸径(DBH)/cm	358	5	24.70	15.05	5.73
		树高(H)/m		4.8	19.50	13.79	3.62
		冠长(CL)/m		0.4	14.31	6.08	2.18
		冠幅(CW)/m		1.00	7.00	3.44	1.12
桉树人工林	小计	胸径(DBH)/cm	441	5	31.3	12.89	5.15
		树高(H)/m		5.9	36.13	17.04	5.42
		冠长(CL)/m		0.5	17.1	8.49	2.19
		冠幅(CW)/m		0.88	8.75	2.70	0.86

2.4　单木生物量调查与数据处理

本书中，单木生物量的测定参考胥辉和张会儒的著作《林木生物量模型研究》[98]。树枝生物量和树叶生物量的测定采用称重法，即先测出树枝和树叶鲜重，然后分别取样烘干后求出含水率进而推算出树枝和树叶的干重。对于树干生物量的测定而言，由于胸径较大的林木其树干重量过大，野外称重困难，因此，在本书中对于胸径较小的林木的树干采用称重法测定生物量，而胸径较大的林木的树干生物量则采用材积密度法测定。

2.4.1　树枝生物量和树叶生物量的测定

将林木的树枝全部称重，采用标准枝法选出标准枝，测定标准枝鲜重(含叶)和去叶鲜重，根据枝叶比分别求算出林木的树枝总鲜重(不含叶)和叶总鲜重。采集标准枝的枝、叶样品，置于 105℃的烘箱内烘至恒重，根据干重与鲜重之比分别求算枝和叶的含水率。树枝的鲜重与树叶的鲜重分别与对应部分的含水率的积则为树枝的干重和树叶的干重，即树枝生物量和树叶生物量。

2.4.2　树干生物量的测定

按树木胸径的大小可将树干生物量的测定方法分为两种：胸径较小的采用称重法，胸径较大的采用材积密度法。

称重法测定树干生物量主要步骤为：第一，树干鲜重的测定，即将整株林木的树干称重；第二，含水率的测定。由于树干包含木材(去皮树干)和树皮两个部分，两者的含水率可能存在差异，因此将树干生物量计算分为树皮生物量和木材生物量两个内容。首先，在树干上选择大小适中且长度约 1m 的标准段，测其鲜重与去皮鲜重，根据标准段的去皮鲜重与总鲜重套算木材鲜重占比以及树皮鲜重占比，从而计算出全树木材鲜重和树皮鲜重。然后，在标准段上采集木材和树皮样品，置于 105℃的烘箱内烘至恒重，根据样品干重与鲜重之比分别求算木材和树皮的含水率。木材鲜重与树皮鲜重分别与对应部分的含水率的积则为木材的干重和树皮的干重，即树干生物量。

材积密度法是通过对树干进行取样，测定样品的干重和体积从而求算其密度，进而推算树干生物量的方法。使用材积密度法测定树干生物量时，由于树干的不同部位(上部、中部、下部)的密度可能存在差异，且木材和树皮之间的密度也可能存在差异，因此，在本书树干生物量的测定工作分上、中、下三层进行，各层树干生物量的测定又分木材和树皮两个部分进行。具体可分为以下 3 个步骤：其一是计算树干总材积；其二是取样测定求算树干密度；其三是根据树干材积和密度求算树干干重，即树干生物量。

树干总材积的计算。将林木在近地表处伐倒，以地径处为起点，按 2m 为一段对伐倒木进行分段并测量各分段处的直径和皮厚，最后一个区分段若不足 2m 则视为梢头。各区分段的树干材积和木材材积使用平均断面积法分别计算，梢头带皮材积和去皮材积则使用圆锥公式计算，汇总各分段的树干材积和木材材积即可得到总的树干材积和木材材积，相应的树皮材积则为树干材积与木材材积之差[99]。

树干密度的计算具体如下：首先，将伐倒木分为三层，分别为树干的下层、中层和上层，即树干的 1/4、1/2 和 3/4 处各截取 2 个小扇形样品；然后，使用排水法分别测定样品 1 的木材和树皮的体积，从而计算样品 2 的木材和树皮的体积，使用烘箱将样品 2 烘至恒重，基于该干重计算样品 1 的木材和树皮的干重；最后，分别计算各层木材和树皮样品的总干重和总体积，两者之比即为各层木材和树皮的密度。

树干生物量的计算。以树高为依据将树干划分为 3 等份，下层的材积为第一个区分段到树高的 1/3 处所在区分段的材积之和；中层的材积为树高的 2/3 处所在的区分段材积与下层到该区分段间所有区分段材积之和；上层的材积可通过树干总材积与中、下层两层材积之和的差值而求得。因此，各层的木材和树皮的生物量可通过各层相应的材积与密度乘积求出，汇总各层木材和树皮生物量即可得到全树木材生物量和树皮生物量，即树干生物量。

2.5 空间效应分析

空间效应包括空间自相关和空间异质性两个方面。在本书中，空间自相关以 Ripley's K 函数、全局 Moran's I 指数、局部 Moran's I 指数为度量指标；空间异质性使用组内方差来进行描述。通过对空间数据进行空间自相关和空间异质性分析，可检验出数据是否存在空间效应，空间效应的存在与否是建立空间回归模型的依据，假如数据不存在空间效应，可直接使用最小二乘法估算模型参数[24]。

本书按树种将思茅松天然林划分为全林（全部林木）、思茅松（仅包括思茅松）、其他树种（除思茅松外的所有树种）3 个部分；同样地，也将思茅松人工林划分为全林、思茅松、其他树种 3 部分；由于桉树人工林仅为桉树，故全部划为全林。本书按林分（思茅松天然林、思茅松人工林和桉树人工林）分树种（全林、思茅松、其他树种）对林木的木材、树皮、树干、树枝、树叶、树冠和地上部分的生物量的空间效应进行分析。

2.5.1 空间自相关分析

2.5.1.1 Ripley's K 函数

要素的空间分布格局可以使用 Ripley's K 函数（以下简称：K 函数）和 L 函数进行分析[100]。K 函数是目前最为流行的一种基于距离概括要素空间分布累积特征的方法，被用来描述要素在空间范围内的相关性程度，反映要素随尺度变化而呈现出的空间分布模式[101]，已被广泛应用于地理学、经济学、流行病学、生态学等领域[102]。对于一个平稳点过程（stationary point process）X 而言，其 K 函数可被定义为

$$\lambda K(d) = E(\text{以任意点为圆心},d\text{为半径的圆内的要素数量}) \tag{2-1}$$

式中，$E()$表示数学期望；λ 是要素密度。

$K(d)$可用式(2-2)进行估计：

$$\hat{K}(d)=\left(\frac{A}{n\times(n-1)}\right)\times\sum_{i=1}^{n}\sum_{j=1}^{n}w_{ij}I(d_{ij})\quad(i\neq j)\tag{2-2}$$

式中，$\hat{K}(d)$是 K 函数在尺度为 d 时的估计值；d_{ij} 为要素 i 和 j 间的距离；n 为点要素数量；$I(d_{ij})$是指数函数，若 $d_{ij}\leqslant d$，则 $I(d_{ij})=1$，若 $d_{ij}\geqslant d$，则 $I(d_{ij})=0$，距离 d 的最大值取值应为最短边的一半，大于该距离可能导致分析结果不准确；w_{ij} 是边缘效应校正权重。

$\hat{K}(d)$的估计值会受到边缘效应的影响，忽略边缘效应将造成其估计结果的严重偏差[103]。本书采用 Ripley 边缘校正法消除边缘效应的影响。

L 函数是 K 函数的一种变式，在研究中应用更为广泛。它能很好地克服 K 函数的方差不稳定的问题。此外，L 函数在任意距离 d 的理论值在完全空间随机分布(complete space randomness，CSR)的情况下均为 0[101]，这能更直观地反映出空间要素在空间中的分布格局。L 函数可用下式进行估计：

$$\hat{L}(d)=\sqrt{\frac{\hat{K}(d)}{\pi}}-d\tag{2-3}$$

式中，若 $\hat{L}(d)>0$ 则表明在尺度为 d 时研究对象为聚集分布；$\hat{L}(d)<0$ 则说明研究对象呈离散分布；而 $\hat{L}(d)=0$ 则表明研究对象呈随机分布。

空间要素随尺度变化的 K 函数和 L 函数的估计值仅能推断出其空间分布格局趋向于某种分布模式(聚集分布、分散分布、随机分布)，并非完全随机的。若要分析某种分布模式下的 $\hat{K}(d)$或 $\hat{L}(d)$与完全空间随机分布($\hat{K}_{随机}(d)=\pi d^2$)是否存在显著性差异，则需要进行显著性检验。蒙特卡洛检验(Monte Carlo test)可用于解决这一问题[84,104]。

蒙特卡洛检验拟合的包迹线(envelope)，也称置信区间，包含上、下包迹线两部分，是一种统计显著性检验的方法。蒙特卡洛检验进行显著性检验的方法具体如下：以相同数量的空间要素(研究对象)随机生成若干个完全空间随机分布的点过程(随机生成点过程的数量取决于显著性水平，若 α=0.05，则需生成 39 个点过程)，分别计算各点过程随距离 d 变化的 $\hat{K}(d)$值。那么，若干个点过程(完全空间随机分布)在同一距离 d 处将对应若干个 $\hat{K}(d)$值。据此，距离 d 处的上、下包迹线的值对应于相应的 $\hat{K}(d)$值的最大值和最小值。以距离 d 为横坐标，依次递增分别绘制其所对应的 $\hat{K}(d)$值的最大值和最小值的折线图，即为上、下包迹线。对于空间要素集 X 而言，若距离 d 处的 $\hat{K}(d)$值大于上包迹线则说明空间要素呈现显著的聚集分布，若 $\hat{K}(d)$值小于下包迹线则说明空间要素呈现显著的离散分布，否则为随机分布[104]。同理可对空间要素 X 的 $\hat{L}(d)$值进行蒙特卡洛检验。若距离 d 处的 $\hat{L}(d)$值大于上包迹线则说明空间要素呈现显著的聚集分布，若 $\hat{L}(d)$值小于下包迹线则说明空间要素呈现显著的离散分布，否则为随机分布[105]。

对于点过程 X 而言，使用 Ripley's K 函数检验其存在的空间分布模式时，X 中的每个要素都将被视为无尺寸的点，K 函数的计算仅考虑要素的空间位置。在实际中，若要分析要素的其他属性在空间中的分布格局，K 函数不再是一个合适的工具。此时，则需要引入一种适合的方法——加权 Ripley's *K* 函数（the mark-weighted *K*-function）。

加权Ripley's *K*函数是由Penttinen提出来的描述被某一属性标记的空间要素集合的空间格局的方法，可表示为 $K_{mm}(d)$[106]。$K_{mm}(d)$ 使用式（2-4）进行估计：

$$\hat{K}_{mm}(d)=\frac{E\left[\sum_{i=1}^{n}\sum_{j=1}^{n}m_i m_j w_{ij} I(d_{ij})\right]}{\lambda\mu^2}\quad(i\neq j)\tag{2-4}$$

式中，m_i 与 m_j 是点 i 和 j 所关联的特定属性值；μ 是关联对象的属性值的均值；λ 是假设研究对象在研究区内呈均匀分布时的单位面积数量；$\hat{K}_{mm}(d)$ 是加权 Ripley's *K* 函数在尺度为 d 时的估计值；d_{ij} 为要素 i 和 j 间的距离；n 为点要素数量；$I(d_{ij})$ 是指数函数，若 $d_{ij}\leqslant d$，$I(d_{ij})=1$，若 $d_{ij}\geqslant d$，$I(d_{ij}\leqslant d)=0$；w_{ij} 是边缘效应校正权重。与 *K* 函数一样，加权 *K* 函数也存在方差不稳定的问题[107]。为了更直观地反映研究对象的空间分布格局，因此使用其变式 $L_{mm}(d)$ 分析要素的空间分布格局[108]。$L_{mm}(d)$ 的估计式如下：

$$\hat{L}_{mm}(d)=\sqrt{\frac{\hat{K}_{mm}(d)}{\pi}}-d\tag{2-5}$$

式中，若 $\hat{L}_{mm}(d)>0$ 则表明在尺度为 d 时研究对象为聚集分布；$\hat{L}_{mm}(d)<0$ 则说明研究对象呈离散分布；而 $\hat{L}_{mm}(d)=0$ 则表明研究对象呈随机分布。

2.5.1.2　全局 Moran's *I* 指数

全局 Moran's *I* 指数是全局空间自相关分析的重要指标，它能反映出研究区域内的对象的总体空间聚类模式[109]。

$$I=\left(\frac{n}{\sum_{i=1}^{n}\sum_{j=1}^{n}w_{ij}}\right)\frac{\sum_{i=1}^{n}\sum_{j=1}^{n}w_{ij}(x_i-\bar{x})(x_j-\bar{x})}{\sum_{i=1}^{n}(x_i-\bar{x})^2}\tag{2-6}$$

式中，I 是全局 Moran's *I* 指数值；n 是变量 x 的观测数；x_i、x_j 分别为位置 i 和位置 j 的属性值；$\bar{x}$ 是所有属性值的平均值；w_{ij} 是空间权重矩阵值。

全局 Moran's *I* 指数的取值意义随 $Z(I)$ 的阈值的不同而存在差异。

$$Z(I)=\frac{I-E(I)}{\sqrt{V(I)}},\ E(I)=\frac{-1}{n-1}\tag{2-7}$$

式中，$Z(I)$ 是空间聚类模式强度的衡量指标；$E(I)$ 和 $V(I)$ 分别是指数值 I 的期望值和方差。

在给定的置信水平下（假定 $\alpha=0.1$），若 $I<0$，$Z<-1.65$ 表示空间要素间存在极显著的空间负相关性，表现为相异聚集（也称异常值），即相邻要素的属性值间差异较大的聚集在一起；若 $I>0$，$Z>1.65$ 表示观测对象间存在极显著的空间正相关关系，呈现出相似聚集的现象，即相邻要素属性值间差异较小的相互聚集；若 $I=0$，$-1.65\leqslant Z(I)\leqslant 1.65$ 则表示观测对象间不存在空间相关性，随机分布于研究区域内[110]。

软件实现：全局 Moran's *I* 指数和 $Z(I)$ 值通过 ArcGIS 10.6 的增量空间自相关工具运算得出。增量空间自相关工具可以给出一系列随着空间距离不断递增的全局 Moran's *I* 指数和

$Z(I)$ 值。以 Moran's I 指数和 $Z(I)$ 值为纵坐标，空间距离为横坐标绘制曲线图，$Z(I)$ 值的曲线的第一个峰值所对应的距离是一个非常重要的尺度参数，它表示研究对象在该距离尺度下所呈现的空间聚类模式最显著[111,112]，是局部空间自相关分析的一个重要参数[113]。

由于空间自相关分析要求数据服从正态分布。本书以频数直方图为工具直观反映生物量数据的分布状况，对不满足该条件的生物量数据进行了正态变换(对数化)。由于篇幅问题，3 个不同林分的样地生物量附于“附图”部分。除了思茅松人工林的思茅松单木的木材、树皮和树干外，其他林分的树种均不满足正态分布，故对不满足正态假设的生物量数据进行对数化变换，使其满足或大致满足正态分布。

2.5.1.3 局部 Moran's *I* 指数

局部 Moran's I 指数可用于反映局部区域内特定属性值间是否存在空间自相关关系。在本书中，局部空间自相关分析其实是对全局空间自相关分析的一个补充，可进一步反映出研究对象在“平均”分布模式之下于不同区域所呈现的具体的聚类模式。简而言之，它是一种弥补全局 Moran's I 指数仅能对总体的空间自相关情况进行分析而不能反映特定地点研究对象与其相邻要素间的空间相关性的缺陷的方法。局部 Moran's I 指数 (I_i) 的计算公式如下所示：

$$I_i = \frac{n^2}{\sum_i^n \sum_j^n w_{ij}} \frac{(x_i - \bar{x}) \sum_j^n w_{ij}(x_j - \bar{x})}{\sum_i^n (x_i - \bar{x})^2} \tag{2-8}$$

式中，I_i 是局部 Moran's I 指数值；n 是变量 x 的观测数；x_i、x_j 分别为位置 i 和位置 j 的属性值；$\bar{x}$ 是所有属性值的均值；w_{ij} 是空间权重矩阵值。

同样地，局部 Moran's I 指数 I_i 的取值意义也随着 $Z(I_i)$ 阈值的不同而存在差异。

软件实现：在局部空间自相关分析的过程中，尺度参数的选择对于研究的结果具有重要影响。本书将增量空间自相关分析得出的研究对象空间聚类模式最显著的距离作为局部空间自相关分析的尺度参数，以此为依据使用 ArcGIS 10.6 的聚类与异常值分析工具以固定距离带宽的方式构建空间权重矩阵[114]，从而定量地描述局部区域观测属性值间的空间相关性。

2.5.2 空间异质性分析

空间要素的空间异质性还可以通过组内方差进行描述。组内方差可定量地描述研究对象的局部空间异质性，是分组距离大小的函数，通常会随着分组距离的增加而增大[78]，其表达式如下：

$$S_{\text{intra}} = \frac{1}{B} \sum_{g=1}^{B} \frac{1}{n_g} \sum_{h=1}^{n_g} (X_{gh} - \bar{X}_g)^2 \tag{2-9}$$

式中，B 是特定分组距离下的组的数量；X_{gh} 是在第 g 个块中的第 h 个观测值；$\bar{X}_g$ 是在第

g 个块内的变量 X 的平均值。在本书中，计算了不同距离尺度(1m，5m，10m，15m，20m，30m)下的组内方差值。本书中，组内方差被用于检测单木各维量生物量间的空间异质性以及残差的空间异质性。

2.6 生物量模型构建

按样地的不同分别将调查数据分为两部分，即建模数据和验证数据。需要注意的是，由于研究对象的空间位置信息是构建空间回归模型的基础，若随机地选取建模数据集和验证数据集将导致样地内的林木间的空间位置关系发生变化。因此，本书在选择建模数据集和验证数据集时不遵循随机原则。具体如下：以样地长边的 70m 处为分界线，将样地划分为两个矩形区域，将 70m×30m 的矩形区域内的全部林木作为建模数据集，剩余部分作为验证数据集(图 2-2)。

本书所涉及的模型的构建和独立性样本检验均在数学统计软件下实现。其中：基础模型的选择和构建采用 R 语言的 nls()函数；全局空间回归模型(SLM、SEM、SDM)的构建采用 R 语言的 spatialreg 包；局部空间回归模型(GWR)的构建采用 R 语言的 spgwr 包；非线性混合效应模型的构建采用 R 语言的 nlme 包。以上所述的模型的独立性样本检验也相应地在 R 中完成。

结合实际情况，本书对思茅松天然林-全林、思茅松天然林-思茅松、思茅松人工林-全林、思茅松人工林-思茅松，以及桉树人工林-全林 5 个部分分别构建基于单木的木材生物量、树皮生物量、树干生物量、树枝生物量、树叶生物量、树冠生物量和地上部分的生物量空间回归模型(SLM、SEM、SDM、GWR)和非线性混合效应模型(nonlinear mixed-effects models，NMEM)。

2.6.1 基础模型

生物量与测树因子，如胸径、树高、木材密度等之间的关系可用数学模型表示为

$$W_i = \beta_0 \times x_1^{\beta_1} \times x_2^{\beta_2} \cdots x_p^{\beta_p} \times \varepsilon \tag{2-10}$$

式中，W_i 是各维量生物量，kg；x_1、x_2、x_3、…、x_p 是测树因子变量；β_0、β_1、β_2、…、β_p 为模型参数；ε 是服从正态分布的误差项。

本书基于式(2-10)，结合数据实际情况，选取胸径(DBH)、树高(H)、冠幅(CW)、冠长(CL) 4 个变量以及它们的复合变量 $\mathrm{DBH}^2\mathrm{H}$，$\mathrm{CW}^2\mathrm{CL}$ 构建思茅松单木各维量生物量基础模型，如式(2-11)～式(2-21)。

$$W_i = a \cdot \mathrm{DBH}^b \tag{2-11}$$

$$W_i = a \cdot \mathrm{DBH}^b \cdot H^c \tag{2-12}$$

$$W_i = a \cdot (\mathrm{DBH}^2 H)^b \tag{2-13}$$

$$W_i = a \cdot (\mathrm{DBH}^2 H)^b \cdot \mathrm{CW}^c \tag{2-14}$$

$$W_i = a \cdot (\text{DBH}^2 H)^b \cdot \text{CL}^c \tag{2-15}$$

$$W_i = a \cdot \text{DBH}^b \cdot H^c \cdot \text{CW}^d \tag{2-16}$$

$$W_i = a \cdot \text{DBH}^b \cdot H^c \cdot \text{CL}^d \tag{2-17}$$

$$W_i = a \cdot \text{DBH}^b \cdot H^c \cdot \text{CW}^d \cdot \text{CL}^e \tag{2-18}$$

$$W_i = a \cdot (\text{DBH}^2 H)^b \cdot \text{CW}^c \cdot \text{CL}^d \tag{2-19}$$

$$W_i = a \cdot \text{DBH}^b \cdot H^c \cdot (\text{CW}^2\text{CL})^d \tag{2-20}$$

$$W_i = a \cdot (\text{DBH}^2 H)^b \cdot (\text{CW}^2\text{CL})^c \tag{2-21}$$

式中，W_i是各维量的生物量，kg；DBH 是胸径，cm；H 是树高，m；CW 是树冠冠幅，m；CL 是冠长，m；a、b、c、d、e 是模型参数。

以决定系数(R^2)和参数个数为依据从上述模型中选择最优的基础模型，具体为 R^2 越大模型越好，若 R^2 相同，模型参数越少越好。

2.6.2　空间回归模型

2.6.2.1　空间权重矩阵

空间权重矩阵在空间数据分析和建模过程中发挥着至关重要的作用，它是数据空间相关性的形式化表达，代表着相邻观测对象之间的空间结构或关系[19]。

按确定邻域标准的不同，空间权重可分为基于距离的空间权重和基于邻接关系的空间权重[115]。基于距离的空间权重的确定方法有基于距离带宽以及 K 最近邻域两种方法，已被应用于空间点数据分析中[116]。本书采用基于固定的距离带宽的方法构建空间权重矩阵，即空间权重矩阵是由指定的距离 d_s 确定空间点要素的邻域关系后转换而来。点要素间的距离使用欧氏距离 d_{ij} 来度量：

$$d_{ij} = \sqrt{(x_i - x_j)^2 + (y_i - y_j)^2} \tag{2-22}$$

式中，(x_i, y_i)和(x_j, y_j)分别是空间点要素 i 和 j 的坐标。若 d_{ij} 落于指定距离 d_s 内，点要素 i 和 j 为空间相邻要素，反之则不是。对于指定距离 d_s，本书将其指定为研究对象在空间中呈现聚类模式最为显著的距离，以此为依据构建全局空间回归模型和局部空间回归模型的空间权重矩阵。

2.6.2.2　全局空间回归模型

常用的全局空间回归模型有空间滞后模型(SLM)，也称空间自回归模型(spatial autoregressive rnodels，SAR)、空间误差模型(SEM)和空间杜宾模型(SDM)，这三种模型也称空间计量模型，目前已在国内外的各个学科中得到了应用，也得到了学术界的普遍认可。

空间滞后模型(SLM)适用于空间要素的解释变量受邻近要素的直接影响的情形，其充分考虑了响应变量的空间相关性并以空间滞后项的形式引入经典模型中构建空间滞后模型[117,118]。空间滞后模型表达式如下：

$$\boldsymbol{y} = \rho \boldsymbol{W}_y + \boldsymbol{X}\boldsymbol{\beta} + \boldsymbol{\varepsilon} \tag{2-23}$$

式中，$\boldsymbol{y}$ 是响应变量的向量；$\boldsymbol{X}$ 是解释变量的矩阵；$\boldsymbol{\beta}$ 是回归系数的向量；ρ 是空间回归系数；$\boldsymbol{\varepsilon}$ 是服从正态分布的误差项的向量；$\boldsymbol{W}$ 是空间权重矩阵。ρ 是空间自相关的指标，是以 $\boldsymbol{W}$ 为条件而估计得到的[119]。

空间误差模型(SEM)是一种非球形误差项回归的特例,其协方差矩阵的非对角要素表示空间依赖的结构[120,121]。空间误差模型认为空间相关性起源于误差，而不是模型的系统部分。其充分考虑了解释变量的空间相关性并以自相关误差项的形式添加到基础线性模型中从而构建空间误差模型，空间误差模型表达式如下：

$$\boldsymbol{y} = \boldsymbol{X}\boldsymbol{\beta} + \lambda \boldsymbol{W}_\xi + \boldsymbol{\varepsilon} \tag{2-24}$$

式中，λ 是空间自回归系数；其他模型参数定义同上。

然而，与 SLM 的 ρ 参数不同的是，λ 是一个比较特殊的参数，被用于校正空间依赖性，但其本身并没有太大意义。

空间杜宾模型(SDM)是 SLM 延伸、扩展而成的模型。其在空间滞后模型的基础上，将相邻要素的解释变量作为附加的预测变量添加到模型中[122,123]，即同时考虑了响应变量和解释变量的空间相关性。其基本形式为

$$\boldsymbol{y} = \rho \boldsymbol{W}_y + \boldsymbol{X}\boldsymbol{\beta} + \boldsymbol{W}\boldsymbol{X}_\gamma + \boldsymbol{\varepsilon} \tag{2-25}$$

式中，γ 是滞后解释变量的空间自回归系数；其他模型参数定义同上。

一般地，空间回归模型是以普通的线性模型为基础而构建的。在本书中，基础模型并非线性模型。因此，本书对非线性模型［式(2-10)］进行线性化变换，即在方程两端同时取自然对数，则有

$$\ln W_i = \ln \beta_0 + \beta_1 \times \ln x_1 + \ldots + \beta_p \times \ln x_p + \ln \varepsilon \tag{2-26}$$

令 $Y_i' = \ln W_i$，$\beta_0' = \ln \beta_0$，$\beta_1' = \beta_1$，…，$\beta_p' = \beta_p$，$x_1' = \ln x_1$，$x_2' = \ln x_2$，…，$x_p' = \ln x_p$，则有

$$Y_i' = \beta_0' + \beta_1' \times x_1' + \beta_2' \times x_2' + \cdots + \beta_p' \times x_p' \tag{2-27}$$

式中，Y_i' 是线性化后模型的因变量；β_0'、β_1'、β_2'、…、β_p' 是线性化后的模型回归系数；x_1'、x_2'、…、x_p' 是线性化后模型的自变量。

值得注意的是，上述三种空间回归模型并非都适合于相同的研究对象。因此，空间回归模型的选型极为关键。Anselin 针对这一问题提出了拉格朗日乘子检验(LM test)。基于 LM-Error 和 LM-Lag 两个统计量的显著与否选择合适的模型。若这两个统计量在统计学上均不显著，则说明不需要构建空间回归模型，选用 OLS 模型即可。若 LM-Error 统计量显著而 LM-Lag 统计量不显著，则说明模型选用空间误差模型最佳。若 LM-Lag 统计量显著而 LM-Error 统计量不显著，则说明空间滞后模型最佳。若两个统计量均具有显著的统计学意义，那么就需要再进行稳健性(robust)的拉格朗日乘子检验(robust LM Test)。该检验的结果可用 robust LM-Error 和 robust LM-Lag 两个统计量来表示。若前者具有显著性而后者没有则表明空间误差模型最好，反之则说明空间滞后模型最优[124]，若 robust LM-Error 和 robust LM-Lag 两个统计量均具有显著性则应构建空间杜宾模型。

2.6.2.3 地理加权回归模型(局部空间回归模型)

为了解决空间数据存在相关性的问题，Brunsdon 等提出了地理加权回归模型(GWR)[125]。近年来，该模型已被广泛应用于生态学、林学、环境科学以及气象学等学科中。在林业中，Zhang 和 Shi[126]、Wang 等[127]、顾凤岐和赵倩[128]、刘畅[77]先后基于地理加权回归模型对不同的林业问题做了研究。该模型的基本形式如下：

$$W(u_i,v_i)=\beta_0(u_i,v_i)+\beta_1(u_i,v_i)\times x_{1i}+\beta_2(u_i,v_i)\times x_{2i}+\ldots+\beta_p(u_i,v_i)\times x_{pi}+\varepsilon_i \tag{2-28}$$

式中，(u_i,v_i)是 i 点的坐标；$W(u_i,v_i)$表示 i 点处的因变量；p 表示样本个数；x_{pi}表示第 p 个变量在 i 点的值；β_0、β_1、β_2、β_3、…、β_p是模型参数；ε_i表示误差项，通常假定其服从 N～(0，σ^2)。

地理加权回归模型是一种普通线性回归模型的扩展模型。在该模型的构建过程中，空间效应的影响将会被以距离权重的形式加入到模型中。因此，地理加权回归模型的回归参数并不是唯一的，它在每个位置上都具有一套不同的回归参数。综上，空间权重矩阵的定义对于地理加权回归模型的构建起着至关重要的作用。它可以用不同的空间权函数来表示。目前，地理加权回归模型最常用的权函数有 Gauss 函数和 bi-square 函数两种[77]。

本书构建空间权重矩阵的依据是固定的距离带宽。对于指定的距离 d_s，若点要素 i 和 j 的距离 d_{ij}大于 d_s，则认为两者不是空间相邻关系，权重为 0。因此，本书采用 bi-square 函数作为权函数，其表达式如下[129]：

$$w_{ij}=\left[1-\left(\frac{d_{ij}}{d_s}\right)^2\right]^2 \tag{2-29}$$

式中，w_{ij}是权重；d_{ij}是要素 i 与 j 的距离；d_s是一个指定的距离，又称带宽(bandwidth)，本书将其设为空间要素聚类模式最显著的距离。若 d_{ij}大于 d_s，则 w_{ij}为 0，反之则为权重值 w_{ij}。

2.6.2.4 非线性混合效应模型

由于森林生长和收获数据会受到采样区域的影响，这将导致这些区域内的林木间存在相关性。因此，对于取自于同一采样单元的数据而言，空间相关性和空间异质性普遍存在于其中[81]。为了解决这一问题，许多学者尝试着引入混合效应建模技术发展新的生物量模型[21,87]。混合效应模型包含固定效应和随机效应两个部分，对于分组数据的分析而言，它是一种非常灵活且强大的工具[130]。固定效应可以表示解释变量和被解释变量间的“平均”关系，随机效应则反映了不同区组间的差异[131]。混合效应模型通过随机效应的校正可以使得模型的预估精度得到提升[132]。此外，该模型还可以通过组内方差和协方差结构在一定程度上消除数据间存在的空间异质性和空间自相关性[86]。

非线性混合效应模型可理解为非线性模型的扩展模型，它通过将随机参数添加到非线性模型的固定参数之中，使得不同的区组将具有不同的随机参数[133]。单水平非线性混合效应模型的基本形式为

$$\begin{cases} Y_{ij} = f(\boldsymbol{\phi}_{ij}, \boldsymbol{v}_{ij}) + \varepsilon_{ij} \\ \boldsymbol{\phi}_{ij} = \boldsymbol{A}_{ij}\boldsymbol{\beta} + \boldsymbol{B}_{ij}\boldsymbol{b}_i \\ \varepsilon \sim N(0,\sigma^2) \\ \boldsymbol{b}_i \sim N(0,\boldsymbol{D}) \\ \boldsymbol{b}_i = \hat{\boldsymbol{D}}\hat{\boldsymbol{Z}}_i^{\mathrm{T}}(\hat{\boldsymbol{R}}_i + \hat{\boldsymbol{Z}}_i\hat{\boldsymbol{D}}\hat{\boldsymbol{Z}}_i^{\mathrm{T}})^{-1}\hat{\varepsilon}_i \end{cases} \tag{2-30}$$

式中，Y_{ij}是第 i 个区组中第 j 次观测的解释变量值；f 是具有参数向量 $\boldsymbol{\Phi}_{ij}$ 和变量向量 $\boldsymbol{v}_{ij}$ 的可微函数；ε_{ij}是服从正态分布的误差项；$\boldsymbol{\beta}$ 是固定效应向量；$\boldsymbol{b}_i$是与 i 区组对应的带有方差-协方差矩阵 $\boldsymbol{D}$ 的随机效应向量；$\boldsymbol{A}_{ij}$、$\boldsymbol{B}_{ij}$是对应的设计矩阵；$\hat{\boldsymbol{D}}$是区组间方差-协方差矩阵；$\hat{\boldsymbol{R}}_i$是区组 i 的方差-协方差矩阵；$\hat{\varepsilon}_i$是残差向量；$\hat{\boldsymbol{Z}}_i$是估计参数 $\boldsymbol{\beta}$ 对应的矩阵。

结合本书实际，混合效应模型的构建分为以下 3 个步骤。

1）确定混合效应参数

Pinheiro 和 Bates[130]建议将模型中的所有参数均视为混合效应参数，使用 AIC、BIC 和 LogLik 值等指标对不同的混合参数组合的模型进行评价，最优的混合参数组合模型应具有更小的 AIC 和 BIC 值和更大的 LogLik 值。本书参照此方法以 AIC、BIC 和 LogLik 值等指标为依据确定混合效应模型的随机效应参数。

2）确定组内方差-协方差结构

组内方差-协方差结构又称为误差效应方差-协方差结构。它能描述混合模型产生的异方差和自相关性两个方面的问题。其公式如下：

$$R_i = \sigma_i^2 \times \boldsymbol{\psi}_i^{0.5} \times \boldsymbol{\Gamma}_i \times \boldsymbol{\psi}_i^{0.5} \tag{2-31}$$

式中，σ_i^2是未知的区组 i 的残差方差；$\boldsymbol{\psi}_i$是描述区组内误差方差的异质性的对角矩阵；$\boldsymbol{\Gamma}_i$是描述误差效应自相关结构矩阵。

组内方差结构常用的是幂函数（power）和指数函数（exponential）两种[130]，其一般形式如下：

$$V(\varepsilon_{ij}) = \sigma^2 g^2(u_{ij}, v_{ij}, \delta) \tag{2-32}$$

式中，$V(\varepsilon_{ij})$是方差函数；σ^2是残差方差；$g^2(u_{ij},v_{ij},\delta)$是方差结构形式。

组内协方差结构的类型很多，其中用来描述组内误差的自相关性的函数有高斯函数（Guassian）、球面函数（spherical）、spatial 函数和指数函数（exponential），其一般形式如下：

$$\mathrm{cor}(\varepsilon_{ij}, \varepsilon_{ij'}) = h\left[d(p_{ij}, p_{ij'}), \rho\right] \tag{2-33}$$

式中：$\mathrm{cor}(\varepsilon_{ij},\varepsilon_{ij'})$是自相关函数；$\rho$ 是自相关向量参数；h 是取值为[-1，1]的自相关方程；$d(p_{ij},p_{ij'})$是协方差结构式。

3）组间方差-协方差结构（D 矩阵）

组间方差-协方差结构也称为随机效应的方差-协方差结构，常见的有广义正定矩阵（generalized positive definite matricws，GPDM）、对角矩阵（diagonal matrix，DM）、复合对称（composite symmetricul，CS）三种类型。它反映出了区组间的变异性，是模型误差的主要来源。随着组间方差-协方差结构种类和混合效应参数个数的差异，其对应的 D 矩阵也存在不同。

基于此，本书以基础模型为基础，使用非线性混合效应建模技术，考虑组内和组间的方差和协方差结构，构建单水平的单木生物量混合效应模型。

2.6.2.5　空间模型建模规则

据表 2-2 可知，生物量的空间模型构建，首先进行生物量的全局空间自相关性分析（检验 1），若空间自相关性显著，则需要再进一步进行拉格朗日乘子检验（检验 2）选择合适的全局空间回归模型，两者均显著则构建全局空间回归模型、地理加权回归模型和混合效应模型；若检验 1 显著而检验 2 不显著则只构建地理加权回归模型和混合效应模型；若检验 1 不显著，则只构建混合效应模型。

表 2-2　空间模型建模规则

空间模型建模规则				应建模型		
检验 1	显著性	检验 2	显著性	全局空间回归模型	地理加权回归模型	混合效应模型
全局空间自相关性	是	拉格朗日乘子检验	是	√	√	√
			否	—	√	√
	否	—	—	—	—	√

2.7　模型评价

2.7.1　统计变量

在本书中，以决定系数 R^2（determination coefficient）为基础模型的选择指标；以 LogLik 值、Akaike 信息指数（Akaike information criterion，AIC）和均方根误差（root-mean-square error，RMSE）作为模型的评价指标；以似然比检验（likelihood ratio test，LRT）作为模型差异性检验指标。

（1）决定系数（R^2）：

$$R^2 = 1 - \frac{\sum_{i=1}^{n}(y_i - \hat{y}_i)^2}{\sum_{i=1}^{n}(y_i - \overline{y}_i)^2} \tag{2-34}$$

式中，y_i 为实测值；$\hat{y}_i$ 为估计值；$\overline{y}_i$ 为样本平均值。

（2）LogLik 值：

$$\text{LogLik} = \ln L(\hat{\theta}_L, x) \tag{2-35}$$

式中，$\hat{\theta}_L$ 为模型函数 $L(\hat{\theta}_L, x)$ 中 θ 的极大似然估计。

（3）Akaike 信息指数（AIC）：

$$\text{AIC} = -2\ln L(\hat{\theta}_L, x) + 2q \tag{2-36}$$

式中，$\hat{\theta}_L$ 为模型函数 $L(\hat{\theta}_L, x)$ 中 θ 的极大似然估计；x 是随机样本；q 为未知参数个数。

(4) 似然比检验(LRT)：

$$\text{LRT}=2\log\left(\frac{L_2}{L_1}\right)=2\left(\log L_2-\log L_1\right) \tag{2-37}$$

式中，L_2 是模型 2 的极大似然估计；L_1 是模型 1 的极大似然估计。该检验仅适用于嵌套模型，对于非嵌套模型并不适用。

(5) 均方根误差(RMSE)：

$$\text{RMSE}=\sqrt{\frac{\sum\left(y_i-\hat{y}_i\right)}{N}} \tag{2-38}$$

式中，y_i 为实测值；$\hat{y}_i$ 为估计值；N 为总观测量。

2.7.2 模型残差的空间效应检验

以模型残差的空间自相关图和组内方差图作为模型处理空间效应数据的能力参考指标。模型残差的空间自相关分析参考 2.5.1 节，空间异质性的分析参见 2.5.2 节。

2.7.3 独立性样本检验

以均方误差(MSE)、总相对误差(sum relative error，SRE)、平均相对误差(mean relative error，MRE)、绝对平均相对误差(absolute mean relative error，AMRE)和预估精度(predict precision，PP)作为模型独立性样本检验的指标。

(1) 总相对误差(SRE)：

$$\text{SRE}=\frac{\sum(y_i-\hat{y}_i)}{\sum\hat{y}_i} \tag{2-39}$$

(2) 平均相对误差(MRE)：

$$\text{MRE}=\frac{1}{N}\times\frac{\sum(y_i-\hat{y}_i)}{\sum\hat{y}_i}\times 100\% \tag{2-40}$$

(3) 绝对平均相对误差(AMRE)：

$$\text{AMRE}=\frac{1}{N}\times\sum\left|\frac{y_i-\hat{y}_i}{\hat{y}_i}\right|\times 100\% \tag{2-41}$$

(4) 预估精度：

$$\text{PP}=\left(1-\frac{t_\alpha\times\sqrt{\sum(y_i-\hat{y}_i)^2}}{\hat{\bar{y}}_i\times\sqrt{N(N-T)}}\right)\times 100\% \tag{2-42}$$

式中，y_i 是实测值；$\hat{y}_i$ 是估计值；N 是样本容量；t_α 为置信水平 α=0.05 时的 t 分布值；T 是回归曲线方程中的参数个数；$\hat{\bar{y}}_i$ 是估计值的平均值。

第3章　思茅松天然林地上部分生物量空间效应分析

3.1　基于生物量值的空间效应分析

3.1.1　思茅松天然林-全林生物量空间效应分析

3.1.1.1　Ripley's *K* 函数

以林木空间位置关系为基础计算并绘制了 Ripley's *K* 函数经变换后的 *L* 函数的变化曲线，以及以林木空间位置为基础，附加木材生物量、树皮生物量、树干生物量、树枝生物量、树叶生物量、树冠生物量和地上生物量为权重计算并绘制了加权 Ripley's *K* 函数经变换后的 $L_{mm}(d)$ 函数的变化曲线(图 3-1)。从图中可以看出，全林的空间分布格局随着距离尺度的增加基本呈现出聚集分布的趋势[$L(d)>0$]，蒙特卡洛检验表明：距离尺度为 0.15～1.45m、5.3～15m 时表现出显著的空间聚集分布特征[图 3-1(a)]。

从不同维量生物量空间分布格局变化看，全林的木材生物量的空间分布格局随着距离尺度的增加基本呈现出离散分布的趋势[$L_{mm}(d)<0$]，并在距离尺度为 2.4～2.7m 时呈现出显著的空间离散分布特征[图 3-1(b)]。全林树皮生物量的空间分布格局随着距离尺度的增加既出现聚集分布的趋势(如 3.7～5.15m、5.3～6.55m、12.35～12.75m 等)，又存在离散分布的趋势(如 7.5～8.8m、9.25～11.4m 等)，且在距离尺度为 0.4～0.8m 时呈现出显著的空间聚集分布特征[图 3-1(c)]。全林树干生物量的空间分布格局随着距离尺度的增加基本呈现出离散分布的趋势，并在 2.4～2.7m、2.85m、3m 以及 6.9m 等距离尺度下呈现出显著的空间离散分布特征[图 3-1(d)]。全林树枝生物量的空间分布格局随着距离尺度的增加既出现聚集分布的趋势(如 3.5～4m、4.45～6.5m、7.4～8.1m 等)，又存在离散分布的趋势(如 0.95～3.45m、6.55～7.35m、8.55～15m 等)，且通过蒙特卡洛检验结果可以看出，$L_{mm}(d)$ 值均落入包迹线之间，说明随着距离尺度的增加树枝生物量均未出现显著的空间聚集分布或离散分布特征，因而在空间中呈现随机分布[图 3-1(e)]。全林树叶生物量的空间分布格局在距离尺度为 0.25～0.35m 和 0.45～6.45m 时出现聚集分布的趋势，在距离尺度为 0.05～0.15m 和 6.5～15m 时出现离散分布的趋势，且在 4.55～4.9m、5.1m 的距离尺度下呈现出显著的空间聚集分布特征，而在 13.8m 处则表现出显著的离散分布特征[图 3-1(f)]。全林树冠生物量的空间分布格局随着距离尺度的增加既出现聚集分布的趋势(如 3.5～4m、4.45～6.35m、7.4～7.55m 等)，又存在离散分布的趋势(如 1.05～3.45m、6.4～7.35m、8.35～

15m 等)，然而 $L_{mm}(d)$ 值均落入包迹线之间，这说明随着距离尺度的增加树冠生物量均未出现显著的空间聚集分布或离散分布特征，因而在空间中呈现随机分布[图 3-1(g)]。全林地上生物量的空间分布格局随着距离尺度的增加基本呈现出离散分布的趋势。蒙特卡洛检验表明：在 2.4～2.75m、2.85m 和 3m 的距离尺度下表现出显著的离散分布特征[图 3-1(h)]。

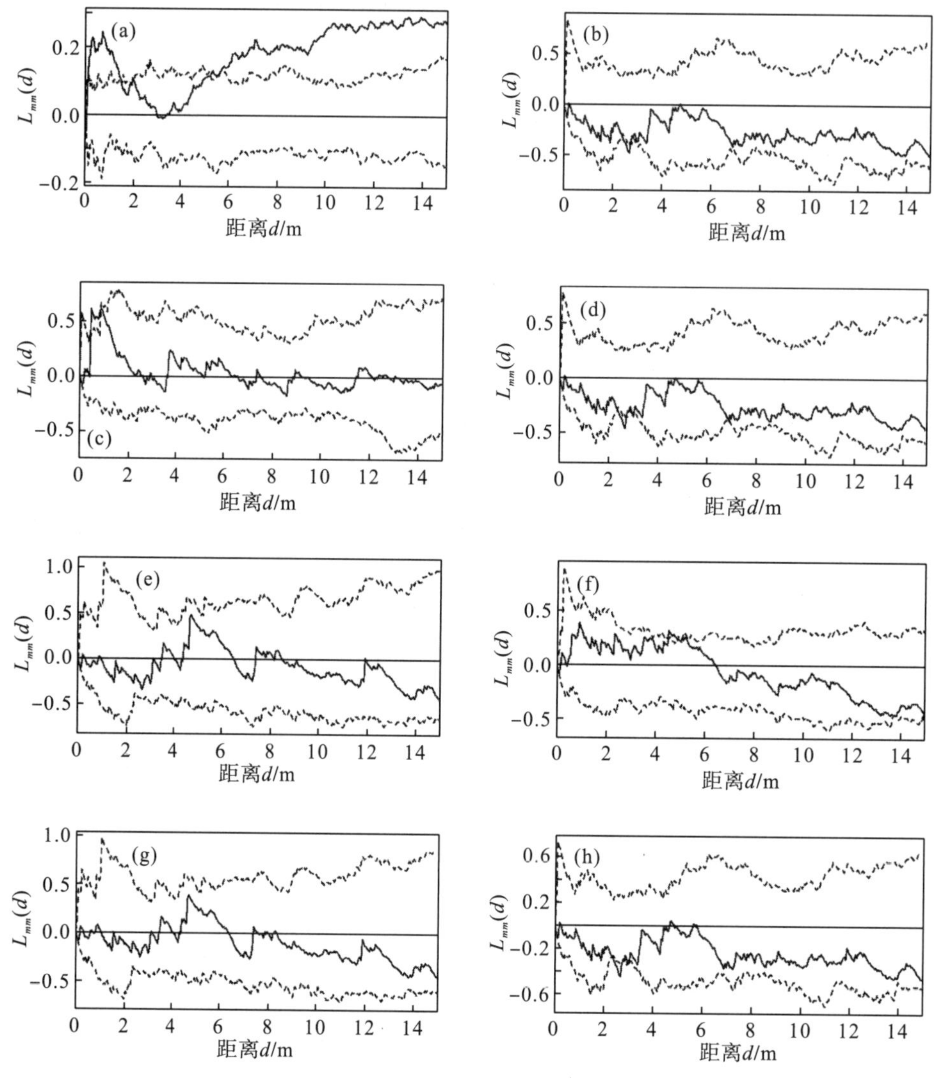

图 3-1　思茅松天然林全林各器官维量生物量 L 函数变化曲线

注：(a)无权重，普通 L 函数；(b)木材生物量；(c)树皮生物量；(d)树干生物量；(e)树枝生物量；(f)树叶生物量；(g)树冠生物量；(h)地上生物量。虚线表示包迹线；黑色实曲线表示实际值；黑色实直线表示理论值(α=0.05)

总而言之，思茅松天然林全林及各维量生物量的空间分布格局存在差异。随着距离尺度的增加，全林的林木空间格局呈现聚集分布的趋势，且在部分距离具有显著的空间聚集分布特征；木材生物量、树干生物量、地上生物量基本呈现出离散分布的趋势，且于部分距离表现出了显著的离散分布特征；但随着距离尺度的增加，树皮生物量、树枝生物量、树叶生物量和树冠生物量既存在聚集分布的趋势，又存在离散分布的趋势，其中树枝生物量和树冠生物量均不具有显著的空间分布特征，而树皮生物量和树叶生物量具有显著的空间离散分布特征。在整个距离尺度上，木材生物量、树干生物量和地上生物量的空间分布格局相似，树枝生物量和树冠生物量的空间分布格局相似，而树皮生物量和树叶生物量的空间分布格局各异。

3.1.1.2　全局 Moran's *I* 指数

思茅松天然林全林各维量的生物量增量空间自相关分析结果见图 3-2。从图 3-2 来看，木材生物量在 5.2～12.4m 和 18.8～30m 时呈现正空间自相关，表明思茅松林木材生物量在研究区域内呈现相似聚集的现象(即高值与高值或低值与低值相聚集)；除此之外，思茅松林木材生物量呈现负空间自相关，思茅松木材生物量在研究区域内呈现相异聚集的现象(即高值与低值或低值与高值相聚集)。然而，在整个研究尺度内思茅松林木材生物量均未出现显著的空间相关关系，但观测到的 $Z(I)$ (Z-score)的最大值对应的距离为 26m[图 3-2(a)]。树皮生物量在整个距离尺度上始终呈现正空间自相关关系，表明思茅松林树皮生物量在该范围内呈现相似聚集的现象。显著性检验结果表明：思茅松林树皮生物量在 11.4～11.8m、12.4m 和 23.8～30m 处呈现出显著的正空间自相关关系，$Z(I)$ 值达到显著后的第一个峰值的距离为 25.2m[图 3-2(b)]。树干生物量在 5.2～12.4m、17.4m、18.8～19m 和 19.6～30m 处呈正空间自相关关系，表明思茅松林树干生物量呈现相似聚集的现象；除此之外，思茅松林树干生物量呈现负空间自相关，表明思茅松树干生物量在研究区域内呈现相异聚集的现象。显著性检验结果表明：在整个研究尺度内思茅松林树干生物量均未出现显著的空间相关关系，但观测到的 $Z(I)$ 的最大值对应的距离为 26m[图 3-2(c)]。树叶生物量在 5.2～13.2m、14.2～16.4m、17.4～19.2m、19.6～22m 和 22.4～30m 时呈正空间自相关关系，表明思茅松林树叶生物量呈现相似聚集的现象；除此之外，思茅松林树叶生物量呈现负空间自相关关系，表明思茅松树叶生物量呈现相异聚集的现象。显著性检验结果表明：在整个研究尺度内思茅松林树叶生物量均未出现显著的空间相关关系，但观测到的 $Z(I)$ 的最大值对应的距离为 5.2m[图 3-2(d)]。树枝生物量在 5.2～30m 时始终呈现正空间自相关关系，表明思茅松林树枝生物量在该范围内呈现高值与高值或低值与低值聚集的聚类模式。显著性检验结果表明：思茅松林树枝生物量在 10.6～12.4m、17.4m、17.8m 和 18.4～30m 处呈现出显著的正空间自相关关系，$Z(I)$ 值达到显著后的第一个峰值的距离为 10.8m[图 3-2(e)]。树冠生物量在 5.2～30m 时始终呈现正空间自相关关系，表明思茅松林树冠生物量在该范围内呈现相似聚集的现象，且在 10.8m、11.2m、11.6m、19m 和 19.8～30m 处呈现出显著的空间正相关关系，$Z(I)$ 值达到显著后的第一个峰值的距离为 21m[图 3-2(f)]。地上生物量在 5.2～12.6m、17m、17.4m 和 18.6～30m 处呈现正空间自相关关系，表明地上生物量在该范围内呈现相似聚集的现象；除此之外，地上生物量呈负的空间自相关关系，表明该范围内的单木生物量呈现相异聚集的现象。然而，在整个研究尺度内思茅松林地上生物量均未出现显著的空间自相关关系，但观测到的 $Z(I)$ 的最大值对应的距离为 27m[图 3-2(g)]。

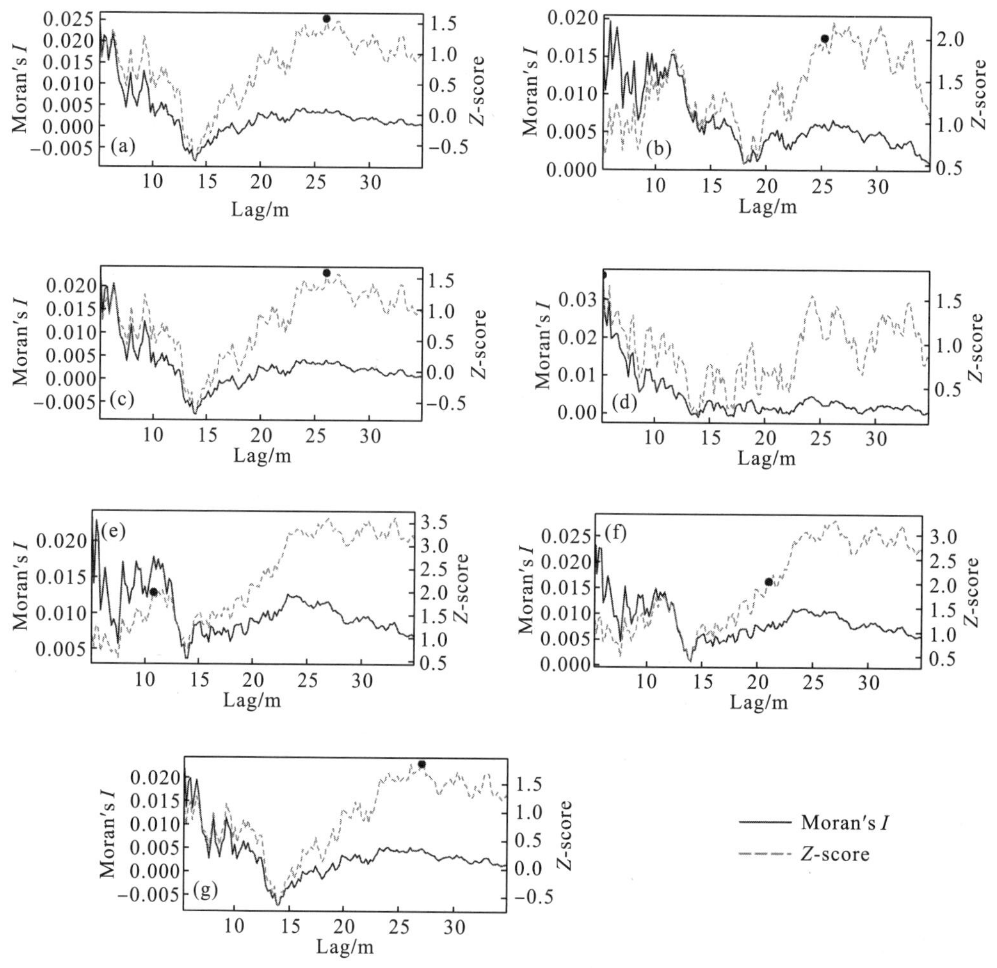

图 3-2 思茅松天然林全林各器官维量生物量全局 Moran's *I* 指数变化曲线(α=0.05)

注：(a) 木材生物量；(b) 树皮生物量；(c) 树干生物量；(d) 树叶生物量；(e) 树枝生物量；(f) 树冠生物量；(g) 地上生物量

总的来说，随着距离尺度的增加，木材生物量、树皮生物量、树干生物量、树枝生物量、树叶生物量、树冠生物量和地上生物量均表现出一定程度的空间自相关性。显著性检验结果表明：树皮生物量、树枝生物量、树冠生物量在空间中呈现出显著的空间自相关性，而木材生物量、树干生物量、树叶生物量和地上生物量并未出现显著的空间自相关性。随着距离尺度的增加，木材生物量、树干生物量和地上生物量的空间自相关性变化规律相似，树枝生物量和树冠生物量的空间分布规律相似，而树皮生物量和树叶生物量的空间分布规律各不相同。

3.1.1.3 局部 Moran's *I* 指数

在全局 Moran's 分析结果的基础上，以各维量生物量空间聚类模式到达显著后的第一个峰值所对应的距离(对于不存在显著的空间自相关关系的维量生物量，以空间聚类模式最强处，即 Z-score 的最大值所对应的距离)作为带宽，采用聚类与异常值分析工具对各维量生物量于对应带宽下在局部区域内的空间分布规律进行了分析并绘制气泡图(图 3-3)。由图 3-3 可知，对于全林各维量生物量而言，均表现出了不同程度的空间自相关关系。除了树叶生物量外，其他维量生物量在样地右侧主要呈现出了明显的高值聚集(HH)，即相邻的生物量均较高，在中部及左侧则主要呈现出了高值与低值聚集(HL)，即生物量高值被低值围绕。树叶生物量在样地内的空间聚类模式较为分散，高值聚集(HH)、低值聚集(LL)、高值与低值聚集(HL)和低值与高值聚集(LH)并存。

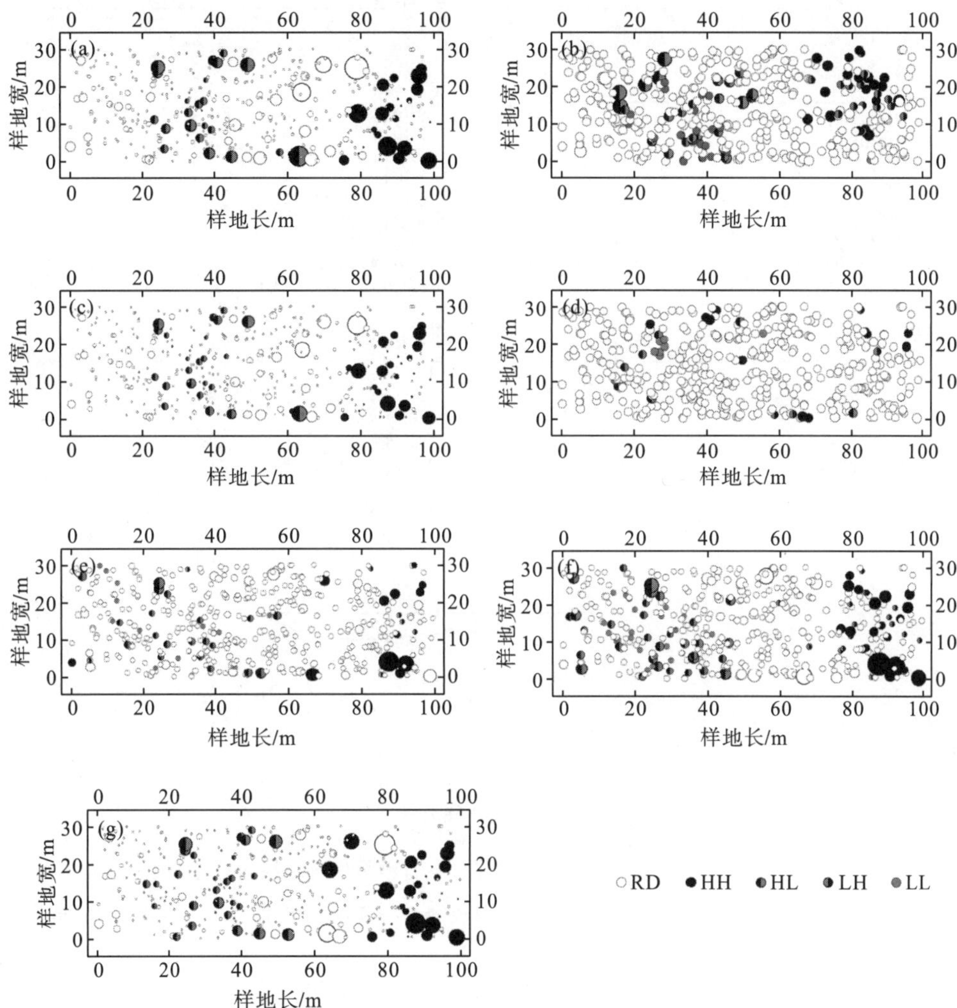

图 3-3　思茅松天然林全林各器官维量生物量局部 Moran's *I* 指数空间分布图

注：(a) 木材生物量；(b) 树皮生物量；(c) 树干生物量；(d) 树叶生物量；(e) 树枝生物量；(f) 树冠生物量；(g) 地上生物量。圆圈大小与生物量成正比

3.1.1.4　组内方差

由图 3-4 可知，全林各维量生物量的组内方差值随着分组距离的增加总体呈现出增大的趋势。这说明了全林各维量生物量的空间变异性随着距离尺度的增加逐步增大，在小尺

度范围内，全林各维量生物量的空间变异性较小，而随着尺度距离的增加，空间变异性逐渐增大。

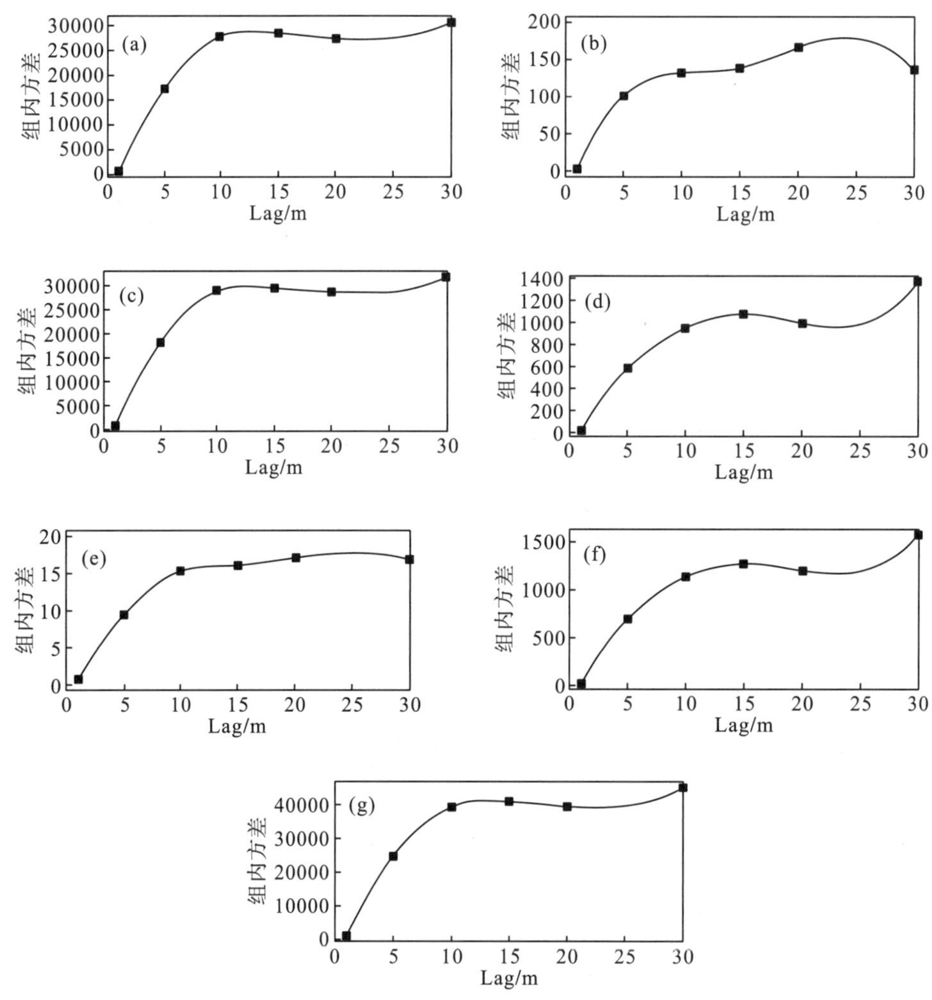

图 3-4 思茅松天然林全林生物量各器官维量生物量组内方差图

注：(a)木材生物量；(b)树皮生物量；(c)树干生物量；(d)树枝生物量；(e)树叶生物量；(f)树冠生物量；(g)地上生物量

3.1.2 思茅松天然林-思茅松各维量生物量空间效应分析

3.1.2.1 Ripley's *K* 函数

以林木空间位置关系为基础计算并绘制了 Ripley's *K* 函数经变换后的 *L* 函数的变化曲线，以及以林木空间位置为基础，附加木材生物量、树皮生物量、树干生物量、树枝生物量、树叶生物量、树冠生物量和地上生物量为权重计算并绘制了加权 Ripley's *K* 函数经变换后的 $L_{mm}(d)$ 函数的变化曲线(图 3-5)。从图 3-5 中可以看出，思茅松的空间分布格局随着距离尺度的增加基本呈现出聚集分布的趋势[$L_{mm}(d)>0$]，且在 0.95～2.05m、3.2～

8.05m、8.5～10.15m、10.35～12.75m 和 13.05～13.85m 等距离尺度下表现出显著的空间聚集分布特征[图 3-5(a)]。

从不同维量生物量空间分布格局变化看，思茅松的木材生物量的空间分布格局随着距离尺度的增加基本呈现出离散分布的趋势[$L_{mm}(d)<0$]，仅在距离尺度为 2.75m 时呈现出显著的空间离散分布特征[图 3-5(b)]。思茅松树皮生物量的空间分布格局随着距离尺度的增加基本呈现出聚集分布的趋势，且在 0.75～1.25m、1.75～1.8m、3.75～3.95m 和 10.8～11.05m 等距离尺度时呈现出显著的空间聚集分布特征[图 3-5(c)]。思茅松树干生物量的空间分布格局随着距离尺度的增加基本呈现出离散分布的趋势，蒙特卡洛检验结果表明：$L_{mm}(d)$值均落入包迹线之间，说明随着距离尺度的增加树干生物量均未出现显著的空间聚集分布或离散分布特征，因而在空间中呈现随机分布[图 3-5(d)]。思茅松树枝生物量的空间分布格局随着距离尺度的增加既出现聚集分布的趋势(如 3.5～4m、4.45～6.55m、7.4～9.5m 等)，又存在离散分布的趋势(如 0.05～1.5m、1.65～3.45m、6.6～7.35m、9.65～11.85m 和 12.45～15m 等)，然而，$L_{mm}(d)$值均落入包迹线之间，这说明随着距离尺度的增加树枝生物量均未出现显著的空间聚集分布或离散分布特征，因而在空间中呈现随机分布[图 3-5(e)]。思茅松树叶生物量的空间分布格局随着距离尺度的增加既存在聚集分布的趋势(如 1.4～2.25m、3.45～5.85m 等)，又存在离散分布的趋势(如 0.05～0.8m、2.6～3.1m、6.05～7.9m、8.1～15m 等)，且在 12.9～13.6m 的距离尺度下呈现出显著的空间离散分布特征[图 3-5(f)]。思茅松树冠生物量的空间分布格局随着距离尺度的增加既出现聚集分布的趋势(如 3.5～4m、4.45～6.4m、7.4～9.2m 等)，又存在离散分布的趋势(如 1.7～3.45m、6.45～7.35m、9.25～11.85m、12.05～15m 等)，然而，$L_{mm}(d)$值均落入包迹线之间，这说明随着距离尺度的增加树冠生物量均未出现显著的空间聚集分布或离散分布特征，因而在空间中呈现随机分布[图 3-5(g)]。思茅松地上生物量的空间分布格局随着距离尺度的增加基本呈现出离散分布的趋势，而蒙特卡洛检验结果却显示 $L_{mm}(d)$值均落入包迹线之间，这说明随着距离尺度的增加地上生物量均未出现显著的空间聚集分布或离散分布特征，因而在空间中呈现随机分布[图 3-5(h)]。

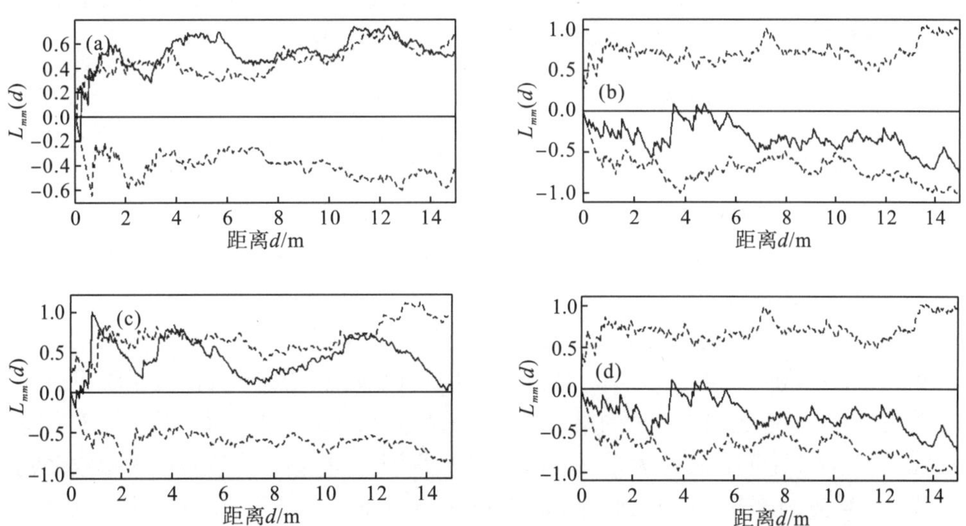

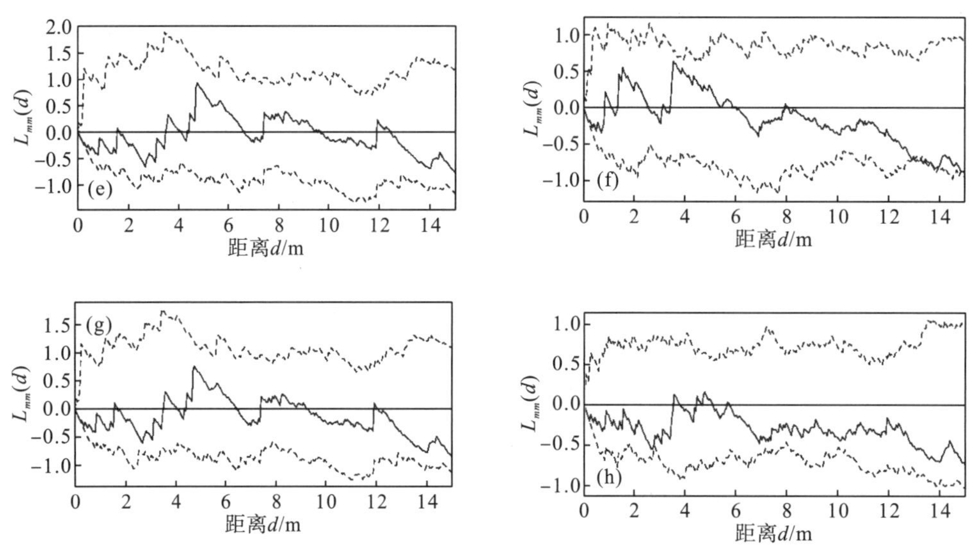

图 3-5 思茅松天然林-思茅松各维量生物量 L 函数变化图(α=0.05)

注：(a)无权重，普通 L 函数；(b)木材生物量；(c)树皮生物量；(d)树干生物量；(e)树枝生物量；(f)树叶生物量；(g)树冠生物量；(h)地上生物量。虚线表示包迹线；黑色实曲线表示实际值；黑色实直线表示理论值

总的来说，思茅松天然林内的思茅松及各维量生物量的空间分布格局存在差异。随着距离尺度的增加，思茅松的林木空间格局呈现聚集分布的趋势，且在部分距离具有显著的空间聚集分布特征；木材生物量、树干生物量、地上生物量基本呈现出离散分布的趋势，除了木材生物量在部分距离具有显著性外，其他均不具有显著的空间聚集分布或离散分布特征；树皮生物量基本呈现出聚集分布的趋势，且在部分距离具有显著的空间聚集分布特征；树枝生物量、树叶生物量和树冠生物量既存在聚集分布的趋势，又存在离散分布的趋势，但于不同的距离尺度下，不同维量间存在差异，且树枝生物量和树冠生物量不具有显著的空间分布特征，而树叶生物量具有显著的空间离散分布特征。在整个距离尺度上，木材生物量、树干生物量和地上生物量的空间分布格局相似，树枝生物量和树冠生物量的空间分布格局相似，而树皮和树叶生物量的空间分布格局各异。

3.1.2.2 全局 Moran's I 指数

思茅松天然林内的思茅松各维量生物量的增量空间自相关分析结果见图 3-6。从图来看，木材生物量在 7.2～30m 始终呈现正空间自相关关系，表明思茅松木材生物量在该范围内呈现相似聚集的现象，且在 11.6～12.6m、14.4m、15.6～15.8m、16.2～17.4m 和 17.8～30m 处呈现出显著的空间正相关关系，$Z(I)$ 值达到显著后的第一个峰值的距离为 18.8m[图 3-6(a)]。树皮生物量在整个研究尺度上基本呈正的空间自相关关系，表明思茅松树皮生物量在该范围内呈现相似聚集的现象，且在 17.6m、18.8m、19.2～19.6m 和 28.8～30m 处呈现出显著的空间正相关关系，$Z(I)$ 值达到显著后的第一个峰值的距离为 29.8m [图 3-6(b)]。树干生物量在 7.2～30m 均呈现正空间自相关关系，表明在该范围内思茅松树干生物量呈现相似聚集的空间聚类模式，且在 11.8～12.6m、14.4m 和 15.6～30m 处呈现出显著的空间正相关关系，$Z(I)$

值达到显著后的第一个峰值的距离为 18.6m[图 3-6(c)]。树叶生物量在 7.2～30m 均呈现正空间自相关关系，表明在该范围内思茅松树叶生物量呈现相似聚集的聚类模式，且在 7.2～20.2m、21.2～22m、23.4m、23.8～25m 和 27.4～30m 处呈现出显著的空间正相关关系，$Z(I)$ 值达到显著后的第一个峰值的距离为 7.2m[图 3-6(d)]。树枝生物量在 7.2～30m 均呈现正空间自相关关系，表明在该范围内思茅松树枝生物量呈现高值与高值或低值与低值聚集的聚类模式，并且在整个研究距离尺度上均呈现出显著的空间正相关关系，$Z(I)$ 值达到显著后的第一个峰值的距离为 7.4m[图 3-6(e)]。树冠生物量在 7.2～30m 均呈现正空间自相关关系，表明思茅松树冠生物量在该范围内呈现高值与高值或低值与低值聚集的聚类模式。显著性检验结果也表明：思茅松树冠生物量在整个研究尺度内均呈现出显著的空间正相关关系，$Z(I)$ 值达到显著后的第一个峰值的距离为 7.2m[图 3-6(f)]。地上生物量在 7.2～30m 均呈现正空间自相关关系，表明在该范围内思茅松地上生物量呈现相似聚集的聚类模式，且在 10.6m、11.6～13.2m、13.6m、14.2～15m 和 15.4～30m 处呈现出显著的空间正相关关系，$Z(I)$ 值达到显著后的第一个峰值的距离为 12m[图 3-6(g)]。

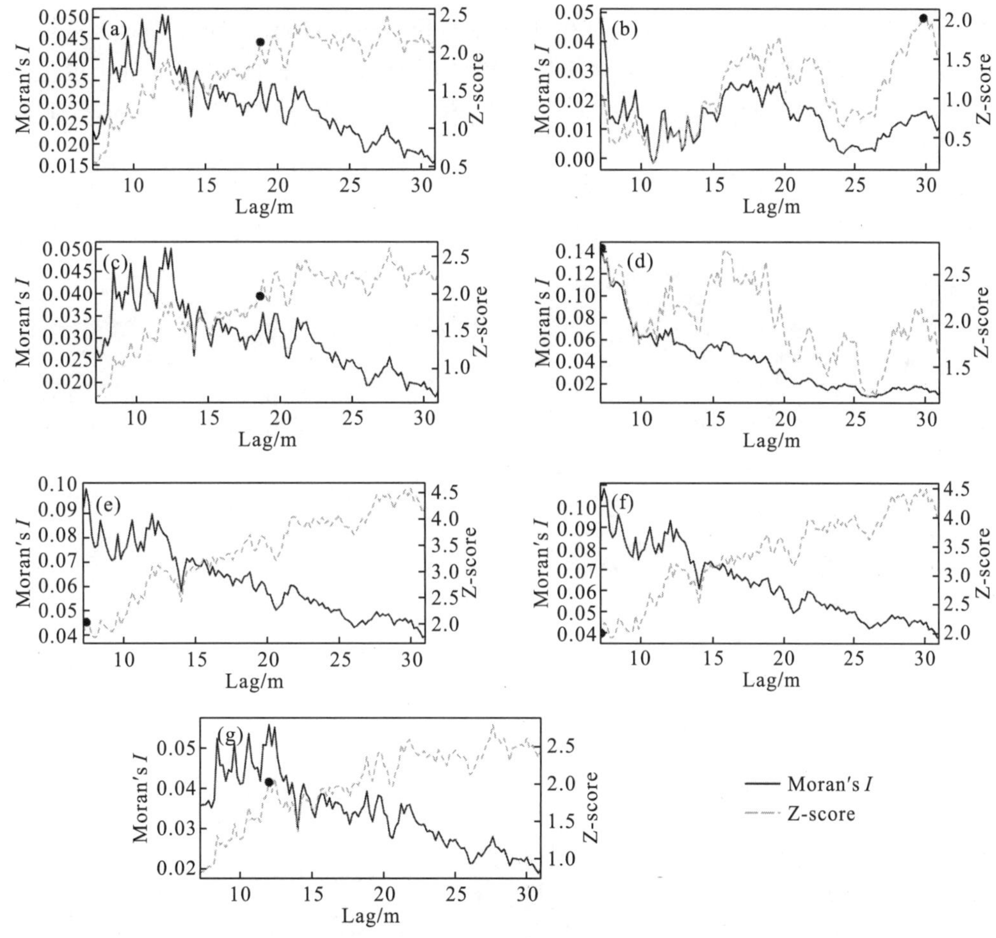

图 3-6　思茅松天然林-思茅松各维量生物量全局莫兰指数变化曲线(α=0.05)

注：(a)木材生物量；(b)树皮生物量；(c)树干生物量；(d)树叶生物量；(e)树枝生物量；(f)树冠生物量；(g)地上生物量

总的来说，随着距离尺度的增加，木材生物量、树皮生物量、树干生物量、树枝生物量、树叶生物量、树冠生物量和地上生物量均表现出了一定程度的空间自相关性。显著性检验结果表明：木材生物量、树皮生物量、树干生物量、树枝生物量、树叶生物量、树冠生物量和地上生物量均在空间中呈现出了显著的空间自相关性。随着距离尺度的增加，木材生物量、树干生物量和地上生物量的空间自相关性变化规律相似，树枝生物量和树冠生物量的空间分布规律相似，而树皮生物量和树叶生物量的空间分布规律各不相同。

3.1.2.3 *局部 Moran's I 指数*

在全局 Moran's 分析结果的基础上，以各维量生物量空间聚类模式到达显著后的第一个峰值所对应的距离(对于不存在显著的空间自相关关系的维量生物量，以空间聚类模式最强处，即 Z-score 的最大值所对应的距离)作为带宽，采用聚类与异常值分析工具对各维量生物量于对应带宽下在局部区域内的空间分布规律进行了分析并绘制气泡图(图 3-7)。由图 3-7 可知，对于思茅松各维量生物量而言，均表现出了不同程度的空间自相关关系。各维量生物量在样地右侧均主要呈现出了明显的高值聚集(HH)，即相邻的生物量均较高；而在左侧各维量生物量的空间聚类模式稍显差异，其中木材、树干和地上的生物量主要呈现出高值与低值聚集(HL)的现象，其余维量生物量则主要表现为低值聚集(LL)的聚类模式。

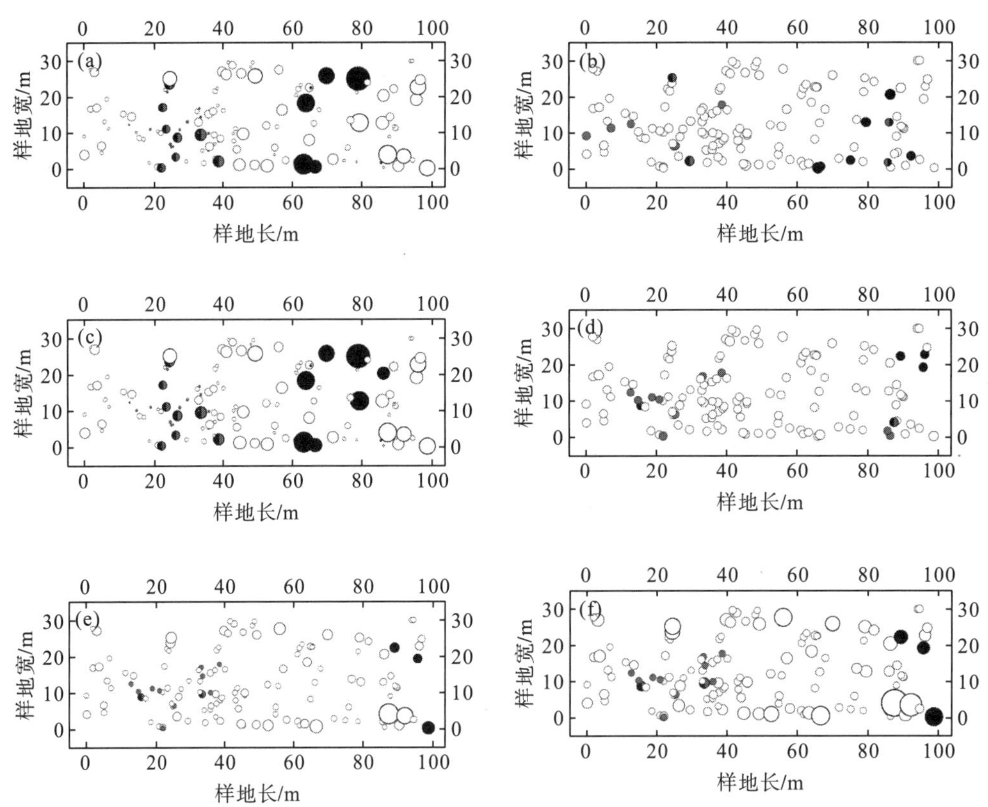

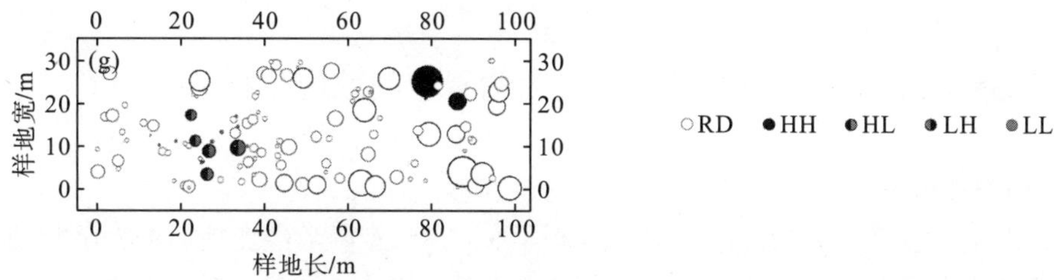

图 3-7 思茅松天然林-思茅松各维量生物量局部 Moran's *I* 指数空间分布图

注：(a)木材生物量；(b)树皮生物量；(c)树干生物量；(d)树叶生物量；(e)树枝生物量；(f)树冠生物量；(g)地上生物量圆圈大小与生物量成正比

3.1.2.4 组内方差

由图 3-8 可知，思茅松各维量生物量的组内方差值随着分组距离的增加总体呈现出增大的趋势。这说明了思茅松各维量生物量的空间变异性随着距离尺度的增加逐步增大，在小尺度范围内，思茅松各维量生物量的空间变异性较小，而随着尺度距离的增加，空间变异性逐渐增大。

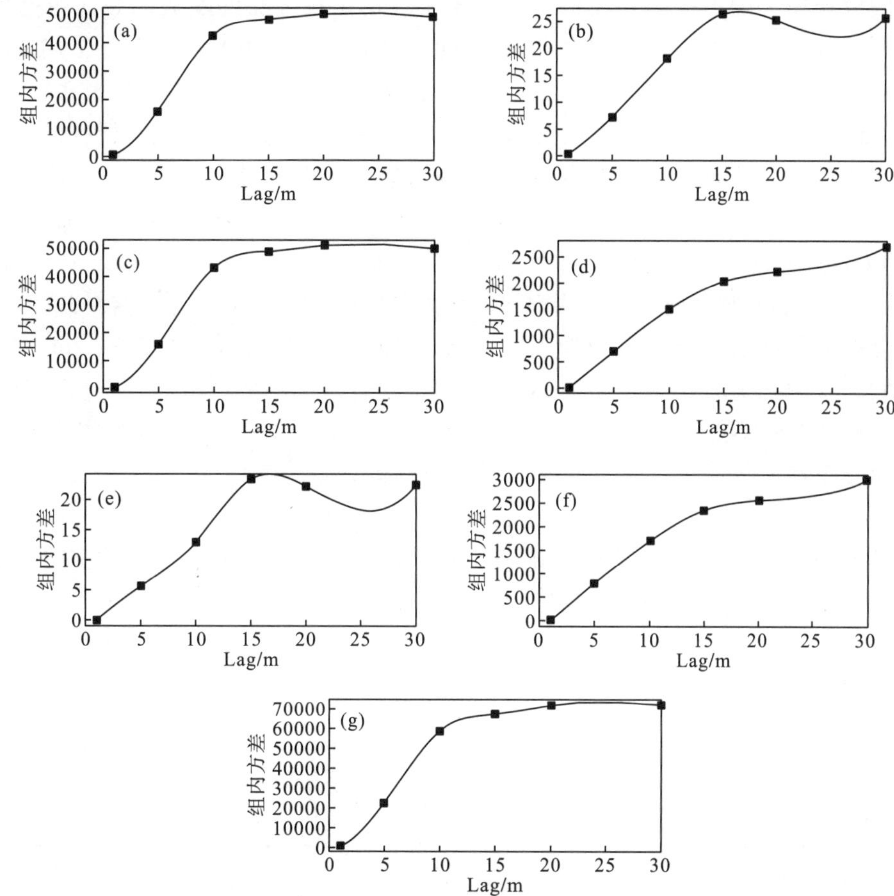

图 3-8 思茅松天然林-思茅松各维量生物量组内方差图

注：(a)木材生物量；(b)树皮生物量；(c)树干生物量；(d)树枝生物量；(e)树叶生物量；(f)树冠生物量；(g)地上生物量

3.1.3 思茅松天然林-其他树种各维量生物量空间效应分析

3.1.3.1 Ripley's K 函数

以林木空间位置关系为基础计算并绘制了 Ripley's K 函数经变换后的 L 函数的变化曲线，以及以林木空间位置为基础，附加木材生物量、树皮生物量、树干生物量、树枝生物量、树叶生物量、树冠生物量和地上生物量为权重计算并绘制了加权 Ripley's K 函数经变换后的 $L_{mm}(d)$ 函数的变化曲线(图 3-9)。从图中可以看出，其他树种的空间分布格局在距离尺度为 0.1～2.65m 和 4.55～15m 时出现聚集分布的趋势，在距离尺度为 2.7～4.5m 时呈离散分布的趋势。蒙特卡洛检验表明：其他树种在 0.15～1.55m、1.65m、1.85～2.05m、6.05～15m 等距离尺度下表现出显著的空间聚集分布特征[图 3-9(a)]。

从不同维量生物量空间分布格局变化看，其他树种的木材生物量的空间分布格局随着距离尺度的增加基本呈现出聚集分布的趋势[$L_{mm}(d)>0$]，且在距离尺度为 0.45m、0.65～0.7m、12.35～12.6m 时呈现出显著的空间聚集分布特征[图 3-9(b)]。其他树种树皮生物量的空间分布格局随着距离尺度的增加基本呈现出聚集分布的趋势，并在距离尺度为 0.45～1.05m 时呈现出显著的空间聚集分布特征[图 3-9(c)]。其他树种树干生物量的空间分布格局随着距离尺度的增加基本呈现出聚集分布的趋势，且在距离尺度为 0.45～0.5m、0.65～0.7m、12.4m 时呈现出显著的空间聚集分布特征[图 3-9(d)]。其他树种树枝生物量的空间分布格局随着距离尺度的增加既出现聚集分布的趋势(如 0.15～3.05m、3.6～3.95m、5.1～8.55m 等)，又存在离散分布的趋势(如 4～5.05m、8.6～9m、9.65～10.2m、13.55～14m 和 14.75～15m 等)。蒙特卡洛检验结果表明：其他树种的树枝生物量在距离尺度为 0.55～1.55m 时呈现出显著的空间聚集分布特征[图 3-9(e)]。其他树种树叶生物量的空间分布格局随着距离尺度的增加既出现聚集分布的趋势(如 0.15～2.2m、11.25～11.3m 等)，又存在离散分布的趋势(如 2.35～11.2m、11.5～15m 等)，且在 0.7～0.75m、0.9～1.05m 等距离尺度下呈现出显著的空间聚集分布特征[图 3-9(f)]。其他树种树冠生物量的空间分布格局随着距离尺度的增加既存在聚集分布的趋势(如 0.15～2.95m、5.1～5.95m、7～8.3m、11.25～11.7m 等)，又存在离散分布的趋势(如 3～3.2m、3.9～5.05m、12.65～14m、14.2～15m 等)，且于 0.55～1.55m 的距离尺度下呈现出显著的空间聚集分布特征[图 3-9(g)]。其他树种地上生物量的空间分布格局随着距离尺度的增加基本呈现出聚集分布的趋势，并在 0.45～0.5m 和 0.65～0.7m 的距离尺度下呈现出显著的空间聚集分布特征[图 3-9(h)]。

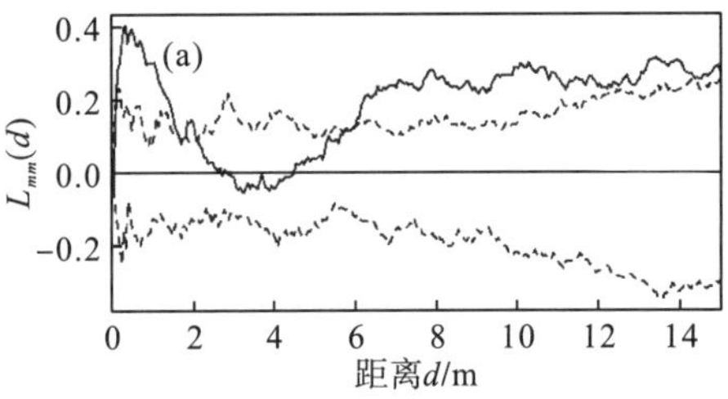

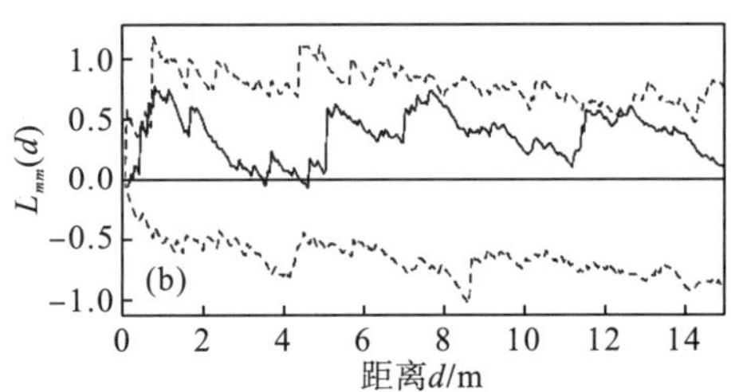

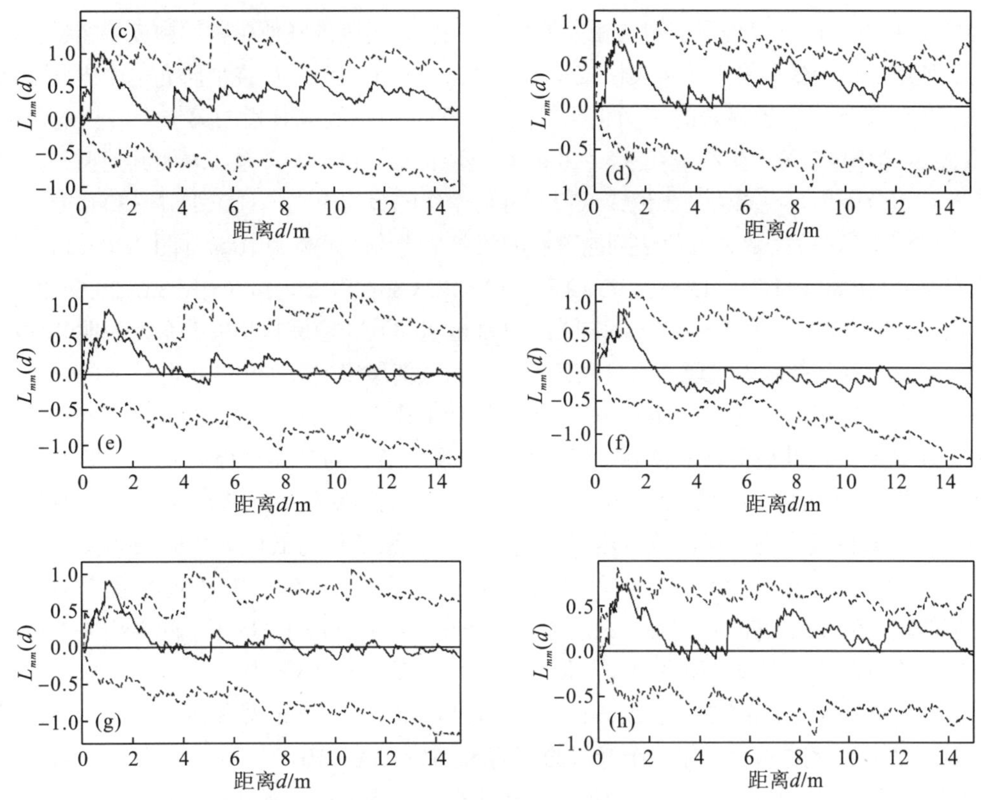

图 3-9　思茅松天然林其他树种各维量生物量 L 函数变化图(α=0.05)

注：(a)无权重，普通 L 函数；(b)木材生物量；(c)树皮生物量；(d)树干生物量；(e)树枝生物量；(f)树叶生物量；(g)树冠生物量；(h)地上生物量。虚线表示包迹线；黑色实曲线表示实际值；黑色实直线表示理论值

总的来说，思茅松天然林内的其他树种及各维量生物量的空间分布格局存在差异。随着距离尺度的增加，其他树种的林木空间格局基本呈现离散分布的趋势，且于部分距离呈现出了显著的空间离散分布特征；木材生物量、树皮生物量、树干生物量、地上生物量基本呈现出聚集分布的特征，且于部分距离具有显著性；树枝生物量、树叶生物量和树冠生物量既存在聚集分布的趋势，又存在离散分布的趋势，但于不同的距离尺度下，不同维量间存在差异，树枝生物量、树叶生物量和树冠生物量具有显著的空间聚集分布特征。在整个距离尺度上，木材生物量、树皮生物量、树干生物量和地上生物量的空间分布格局相似，树枝生物量和树冠生物量的空间分布格局相似，而树叶生物量的空间分布格局略微与其他维量生物量存在差异。

3.1.3.2　全局 Moran's I 指数

思茅松天然林内的其他树种各维量生物量的增量空间自相关分析结果见图 3-10。由图 3-10 可以看出，其他树种的木材生物量在 9.8～30m 均呈正空间自相关关系，表明在该范围内其他树种的木材生物量呈现高值与高值或低值与低值聚集的聚类模式，且在 15.6～30m 处呈现出显著的空间正相关关系，$Z(I)$ 值达到显著后的第一个峰值的距离为 16.6m[图 3-10(a)]。树皮生物量在 9.8～30m 均呈现正空间自相关关系，表明在该范围内其他树种的树皮生物量呈现高值与高值或低值与低值聚集的聚类模式。显著性检验结果表明：在整个研究范围内其他树种的树皮生物量均呈现出显著的空间正相关关系，$Z(I)$ 值达到显著后的第一个峰值的距离为 10m[图 3-10(b)]。树干生物量在 9.8～30m 均呈现正空间自相关关系，表明其他树种的树干生物量在该范围内呈现高值与高值或低值与低值聚集的聚类模式，且在 15.2～30m 处呈现出显著的空间正相关关系，$Z(I)$ 值达到显著后的第一个峰值的距离为 16.6m[图 3-10(c)]。树叶生物在 9.8～10.8m、11.2～11.6m、12～12.8m、13.6～13.8m、14.2m、14.6～16.8m、20.6～20.8m、21.4m、22.2～23.2m、23.6～28.2m 和 29.2～29.8m 处呈现正空间自相关关系，表明其他树种的树叶生物量在该范围内呈现高值与高值或低值与低值聚集的聚类模式；除此之外，树叶生物量呈负空间自相关关系，表明在该范围内的树叶生物量呈现相异聚集的聚类模式，然而，在整个研究尺度内其他树种的树叶生物量均未出现出显著的空间自相关关系，但观测到的 $Z(I)$ 的最大值对应的距离为 26m［图 3-10(d)］。树枝生物量在 9.8～30m 均呈现正空间自相关关系，表明树枝生物量在该范围内呈现高值与高值或低值与低值聚集的聚类模式，并在 11.4m、12.4m、14.2m、14.6～30m 呈现出显著的空间正相关关系，$Z(I)$ 值达到显著后的第一个峰值的距离为 15.2m[图 3-10(e)]。树冠生物量在 9.8～30m 均呈现正空间自相关关系，表明树冠生物量在该范围内呈现高值与高值或低值与低值聚集的聚类模式，且在 15.8～17m、17.6m、18.4m、20～21m、21.4～21.6m、22～28.4m 和 29.2～30m 处呈现出显著的空间正相关关系，$Z(I)$ 值达到显著后的第一个峰值的距离为 16.6m[图 3-10(f)]。地上生物量在 9.8～30m 处始终呈现正空间自相关关系，表明地上生物量在该范围内呈现高值与高值或低值与低值聚集的聚类模式。显著性检验结果表明：在 15.2～30m 处其他树种的地上生物量呈现出显著的空间正相关关系，$Z(I)$ 值达到显著后的第一个峰值的距离为 16.6m[图 3-10(g)]。

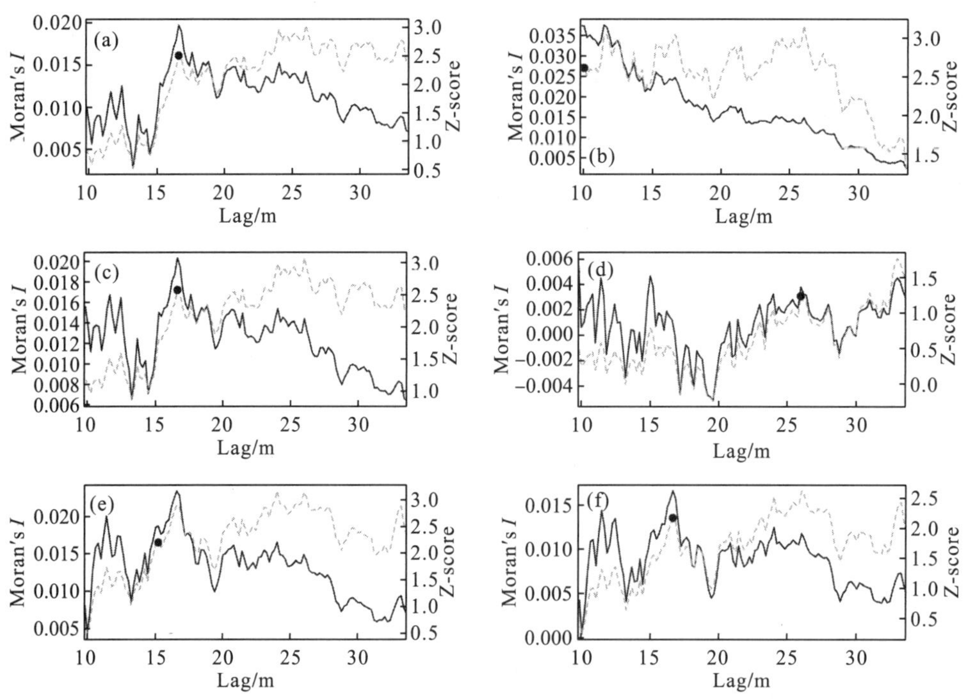

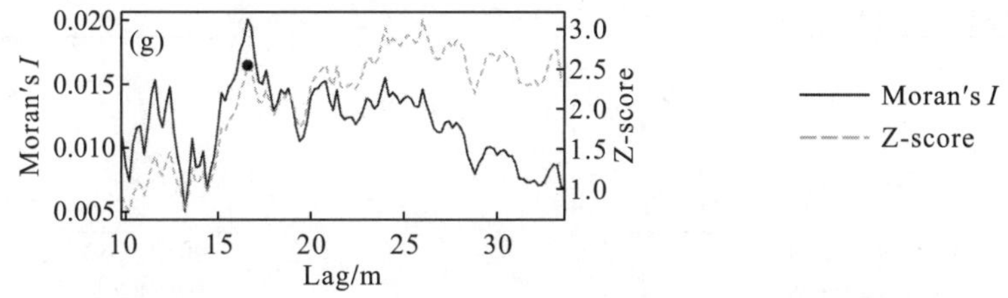

图 3-10 思茅松天然林其他树种各维量生物量全局莫兰指数变化曲线(α=0.05)

注：(a)木材生物量；(b)树皮生物量；(c)树干生物量；(d)树叶生物量；(e)树枝生物量；(f)树冠生物量；(g)地上生物量

总的来说，随着距离尺度的增加，木材生物量、树皮生物量、树干生物量、树枝生物量、树叶生物量、树冠生物量和地上生物量均表现出一定程度的空间自相关性。显著性检验结果表明：木材生物量、树皮生物量、树干生物量、树枝生物量、树冠生物量和地上生物量在空间中呈现出显著的空间自相关性，而树叶生物量并未出现显著的空间自相关性。但随着距离尺度的增加，木材生物量、树干生物量和地上生物量的空间自相关性变化规律相似，树枝生物量和树冠生物量的空间分布规律相似，而树皮生物量和树叶生物量的空间分布规律各不相同。

3.1.3.3 局部 Moran's *I* 指数

在全局 Moran's *I* 指数分析结果的基础上，以各维量生物量空间聚类模式到达显著后的第一个峰值所对应的距离(对于不存在显著的空间自相关关系的维量生物量，以空间聚类模式最强处，即 Z-score 的最大值所对应的距离)作为带宽，采用聚类与异常值分析工具对各维量生物量于对应带宽下在局部区域内的空间分布规律进行了分析并绘制气泡图(图3-11)。由图 3-11 可知，对于其他树种各维量生物量而言，均表现出了不同程度的空间自相关关系。各维量生物量在样地右侧均主要呈现出了明显的高值聚集(HH)，即相邻的生物量均较高；在中部以及左侧各维量生物量的空间聚类模式主要呈现出高值与低值聚集(HL)现象，部分维量生物量还伴有低值聚集(LL)的现象。

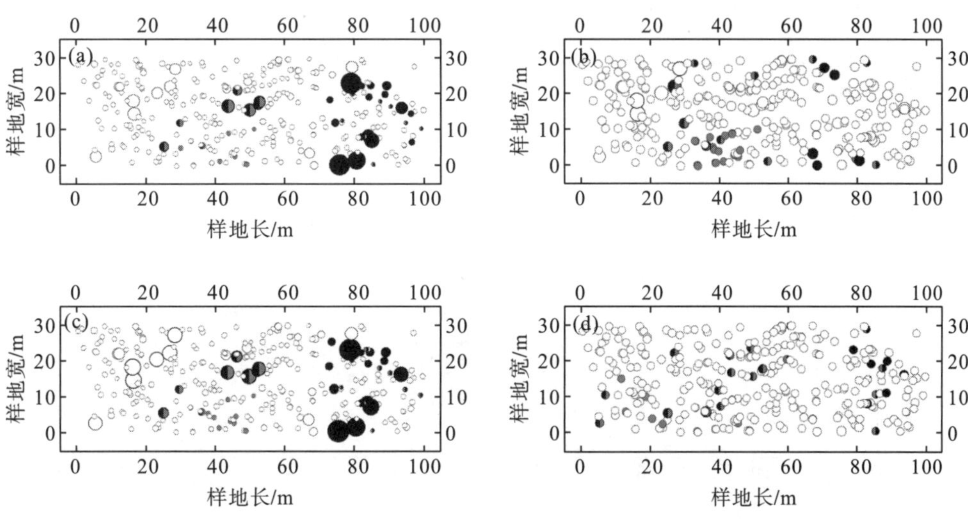

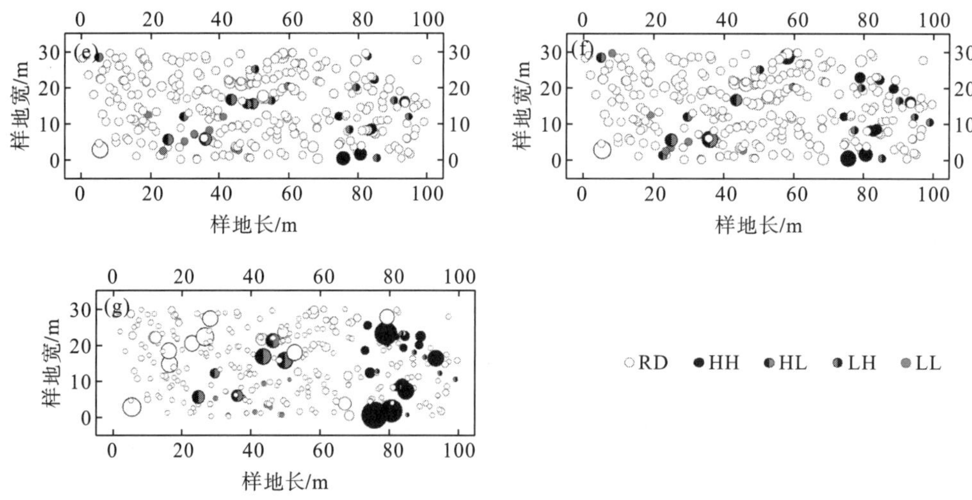

图 3-11 思茅松天然林其他树种各维量生物量局部 Moran's I 指数空间分布图

注：(a) 木材生物量；(b) 树皮生物量；(c) 树干生物量；(d) 树叶生物量；(e) 树枝生物量；(f) 树冠生物量；(g) 地上生物量圆圈大小与生物量成正比

3.1.3.4 组内方差

由图 3-12 可知，其他树种各维量生物量的组内方差值随着分组距离的增加总体呈现出增大的趋势。这说明了其他树种各维量生物量的空间变异性随着距离尺度的增加逐步增大，在小尺度范围内，其他树种各维量生物量的空间变异性较小，而随着尺度距离的增加，空间变异性逐渐增大。

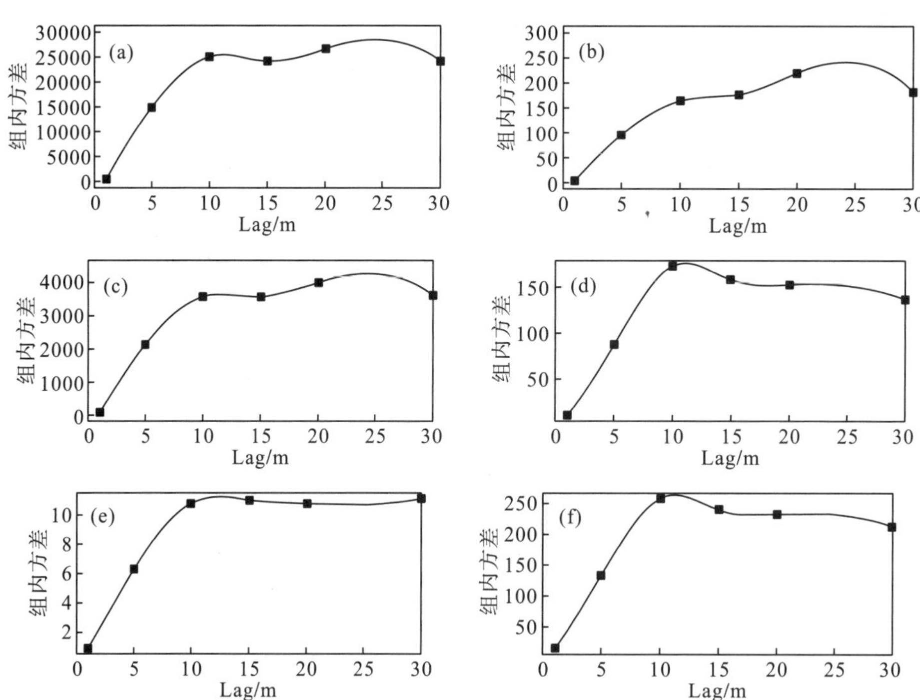

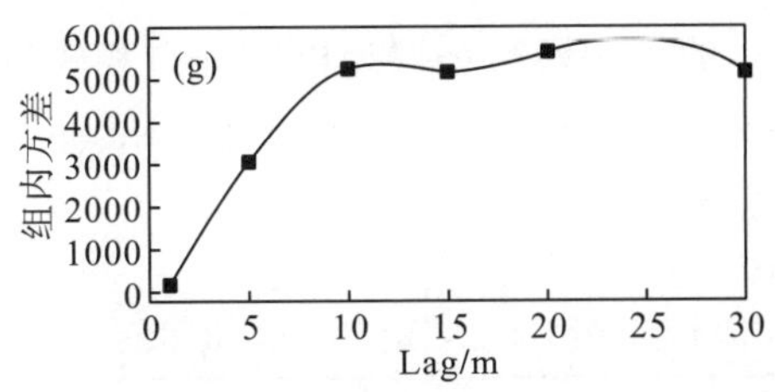

图 3-12　思茅松天然林其他树种各维量生物量组内方差图

注：(a) 木材生物量；(b) 树皮生物量；(c) 树干生物量；(d) 树枝生物量；(e) 树叶生物量；(f) 树冠生物量；(g) 地上生物量

3.2　生物量模型构建与评价

3.2.1　思茅松天然林-全林生物量模型构建

3.2.1.1　基础模型

思茅松林单木各维量生物量的最优基础模型列于表 3-1，由于基础模型较多，因此仅列出最优基础模型。在最优基础模型的基础上，分别构建思茅松林单木各维量生物量的空间回归模型、混合效应模型。

表 3-1　思茅松林单木各维量生物量最优基础模型

维量	模型	模型参数				R^2	AIC	LogLik
		a	b	c	d			
木材生物量	$W_i=a\cdot DBH^b\cdot H^c$	0.0109	1.8733	1.2944	—	0.923	3374.01	−1683.00
树皮生物量	$W_i=a\cdot DBH^b\cdot H^c\cdot CL^d$	0.3499	2.2343	−2.7030	1.7942	0.307	2488.66	−1239.33
树干生物量	$W_i=a\cdot(D^2H)^b$	0.0302	0.9469	—	—	0.921	3395.22	−1694.61
树枝生物量	$W_i=a\cdot DBH^b$	0.0066	2.6122	—	—	0.733	2644.58	−1319.29
树叶生物量	$W_i=a\cdot DBH^b\cdot H^c$	0.0639	2.0329	−0.7681	—	0.418	1692.22	−842.11
树冠生物量	$W_i=a\cdot DBH^b$	0.0147	2.4188	—	—	0.711	2750.76	−1372.38
地上生物量	$W_i=a\cdot DBH^b\cdot H^c$	0.0467	2.0310	0.6968	—	0.926	3479.33	−1735.66

3.2.1.2　木材生物量模型构建

全局空间自相关分析结果表明：木材生物量并无显著的空间自相关性。据此，本部分以木材生物量为例，探究空间回归模型对于空间自相关不显著的研究对象的解释能力。

空间回归模型一般为线性模型。因此，将最优的木材生物量基础模型线性化。以木材生物量聚类模式最强(Z-score 的最大值)的距离(26m)作为带宽构建空间回归模型。

1. 全局空间回归模型

线性基础模型(L-OLS)的模型参数和残差的空间自相关诊断结果如表 3-2 所示。L-OLS 模型残差空间自相关检验结果表明：模型残差的 Moran's I 不显著(p=0.2831)，说明模型残差不存在明显的空间自相关。

表 3-2 思茅松林木材生物量 L-OLS 模型参数及其残差的空间自相关检验结果

变量	系数	标准误差	t 值	p 值
常数项	−4.06662	0.07511	−54.14	<0.001
ln(DBH)	2.07653	0.05611	37.01	<0.001
ln H	0.88099	0.06889	12.79	<0.001
R^2	0.97			
LogLik	−73.13			
AIC	154.27			
Moran's I	−0.0008			0.2831
LM-Lag	0.152604			0.8962
Robust LM-Lag	0.148347			0.6961
LM-Error	0.017029			0.9100
Robust LM-Error	0.012772			0.9206

拉格朗日乘子检验(LM test)结果表明(表 3-2)：LM-Error 和 LM-Lag 两个统计量均不显著，这表明无构建空间回归模型的需要。但仍然构建空间滞后模型(SLM)、空间误差模型(SEM)和空间杜宾模型(SDM)，模型拟合结果如表 3-3 和表 3-4 所示，从拟合结果来看，SLM、SEM 和 SDM 的空间滞后项(λ)均不显著，剔除不显著的空间滞后项后 3 个全局空间模型都退变为 OLS 模型。另外，OLS 模型的 AIC 值(154.27)均优于全局模型，且 LogLik 差异不大。

表 3-3 思茅松林木材生物量 SLM 和 SEM 拟合结果

变量	SLM			SEM		
	系数	标准误差	p 值	系数	标准误差	p 值
常数项	−3.6011	0.9118	<0.01	−4.0663	0.07444	<0.01
ln(DBH)	2.0766	0.05586	<0.01	2.0753	0.0558	<0.01
ln H	0.8789	0.06880	<0.01	0.8824	0.0686	<0.01
W·ln(Bwood)	−0.1573	0.3074	0.60889			
Λ				−0.1062	0.5535	0.84792
R^2	0.99			0.99		
LogLik	−73.03			−73.12		
AIC	156.06			156.24		

注：Bwood 表示木材生物量。

表 3-4　思茅松林木材生物量 SDM 拟合结果

变量	系数	标准误差	p 值
常数项	−4.991	3.7052	0.1779
ln(DBH)	2.0778	0.05585	<0.01
W·ln(DBH)	−0.1313	1.3356	0.9217
ln H	0.8798	0.06885	<0.01
W·ln H	0.8576	1.1569	0.4585
W·ln(Bwood)	−0.2236	0.5894	0.7044
R^2	0.99		
LogLik	−72.61		
AIC	159.22		

2. 地理加权回归模型(GWR)

地理加权回归模型的拟合结果见表 3-5。GWR 模型的 AIC 值明显小于 OLS 模型，两者差值远大于 2，表明 GWR 模型相比于 OLS 模型具有更好的拟合表现。

表 3-5　思茅松林木材生物量 GWR 模型拟合结果

变量	最小值	1/4 分位数	中位数	3/4 分位数	最大值
常数项	-4.3156	-4.1409	-4.0626	-3.9397	-3.7931
ln(DBH)	1.9330	1.9979	2.0879	2.1341	2.3401
ln H	0.6050	0.7485	0.8614	0.9826	1.0910
R^2	0.97				
LogLik	—				
AIC	138.58				

方差分析结果如表 3-6 所示，GWR 模型的残差平方和相比 OLS 模型下降了 1.9002，均方残差下降了 0.1233，表明 GWR 模型在一定程度上解释了空间效应问题。

表 3-6　思茅松林木材生物量 GWR 模型方差分析

	自由度	平方和	平方均值	F 值
OLS 残差	3	30.0979	—	—
GWR 残差改进值	15.411	1.9002	0.1233	—
GWR 残差	311.589	28.1976	0.0905	1.3625

3. 非线性混合效应模型(NMEM)

从混合参数选择来看，将树种(思茅松、其他树种)作为随机效应，构建不同混合参数组合的混合效应模型，各模型的拟合指标见表 3-7，由该表可知选择 a、c 作为混合参数模型效果相对较好。

表 3-7 思茅松林木材生物量模型混合参数比较情况

混合参数	LogLik	AIC	LRT	p 值
无		不能收敛		
a	−1683.00	3376.02	—	—
b	−1682.78	3375.56	—	—
c	−1682.70	3375.40	—	—
a、b	−1682.01	3378.02	—	—
b、c	−1682.70	3379.40	—	—
a、c	−1680.96	3375.92	—	—
a、b、c		不能收敛		

考虑模型组内的方差-协方差结构后，仅有幂函数形式的方差方程能显著提高模型精度。考虑组内协方差结构的模型均不能收敛。由于混合参数不唯一，需要考虑模型组间的方差-协方差结构。本书在幂函数形式的方差方程的基础上，考虑广义正定矩阵(GPDM)、对角矩阵(DM)、复合对称(CS) 3 种组间方差和协方差结构。然而，对于木材生物量混合效应模型而言，3 类组间方差结构均不能改进模型性能，因此不予考虑。综合来看，以幂函数形式的方差结构来构建混合效应模型最佳(表 3-8)，其拟合结果见表 3-9。

表 3-8 思茅松林木材生物量混合效应模型比较

方差结构	协方差结构	LogLik	AIC	LRT	p 值
无	无	−1680.96	3375.92	—	—
幂函数	无	−1047.10	2110.20	1271.19	<0.001
指数函数	无		不能收敛		
无	高斯函数		不能收敛		
无	球面函数		不能收敛		
无	指数函数		不能收敛		
无	空间函数		不能收敛		

表 3-9 思茅松林木材生物量最优混合效应模型拟合结果

参数	估计值	标准差	t 值	p 值
a	0.0181	0.0013	13.8037	<0.001
b	2.0819	0.0546	38.0974	<0.001
c	0.8696	0.0675	12.8889	<0.001
R^2		0.92		
LogLik		−1047.10		
AIC		2110.21		
异方差函数值		0.9488		

4. 模型评价

从不同模型的拟合统计量来看(表 3-10)，非线性混合效应模型(NMEM)的拟合指标优于非线性基础模型(OLS)，但 RMSE 值略微高于 OLS 模型；而对于空间回归模型而言，除了 GWR 模型外，其他的空间模型的各项拟合指标均不及线性基础模型(L-OLS)。总的来说，NMEM 和 GWR 模型的拟合指标均优于基础模型(较小的 AIC 值和较大的 LogLik 值)，但 RMSE 值略高于基础模型。

表 3-10 思茅松林木材生物量模型统计量

类型	模型	AIC	LogLik	RMSE
非线性模型	OLS	3374.01	−1683.00	39.68
	NMEM	2110.21	−1047.10	40.91
线性模型	L-OLS	154.27	−73.13	—
	SLM	156.06	−73.03	42.14
	SEM	156.24	−73.12	42.31
	SDM	159.22	−72.61	42.89
	GWR	138.58	—	41.21

注：(1) OLS 为木材生物量最优的非线性基础模型；NMEM 是以该基础模型构建的非线性混合效应模型；L-OLS 是 OLS 线性化后的线性模型；SLM、SEM、SDM 和 GWR 是在该模型的基础上构建的。

(2) OLS 和 NMEM 的 RMSE 值直接通过式(2-38)求算，空间回归模型(SLM、SEM、SDM 和 GWR)的 RMSE 值是通过将模型拟合值反对数化后再通过式(2-38)计算。

从模型残差的空间效应来看(图 3-13)，随着距离尺度的增加，6 个模型残差的 Moran's I 指数变化趋势呈现出相对一致的变化趋势，基本呈现出空间负相关，且最终都趋近于 0。但是，与基础模型(OLS)相比，空间回归模型和混合效应模型的残差空间自相关性基本上大于基础模型(SDM 在 15m 以后其残差空间自相关性略小于基础模型)。

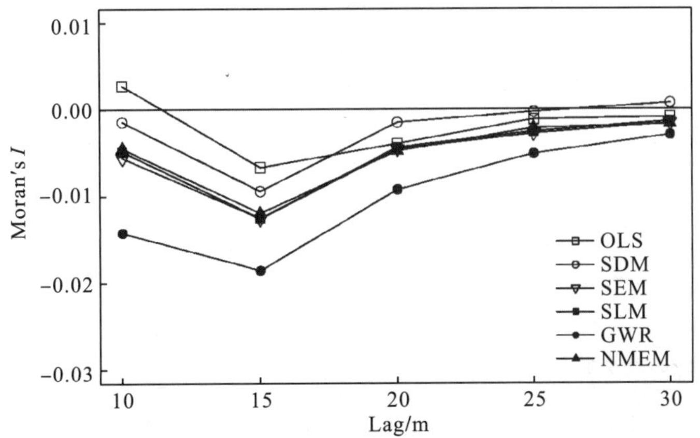

图 3-13 模型残差空间相关图

图 3-14 显示了 6 个模型残差在不同分组距离块内的组内方差变化。由图 3-14 可以看出，在分组距离为 1m 时，模型残差的组内方差均最小，此时，模型残差的空间异质性最低，但随着距离尺度的增大，模型残差的空间异质性也在不断增大。

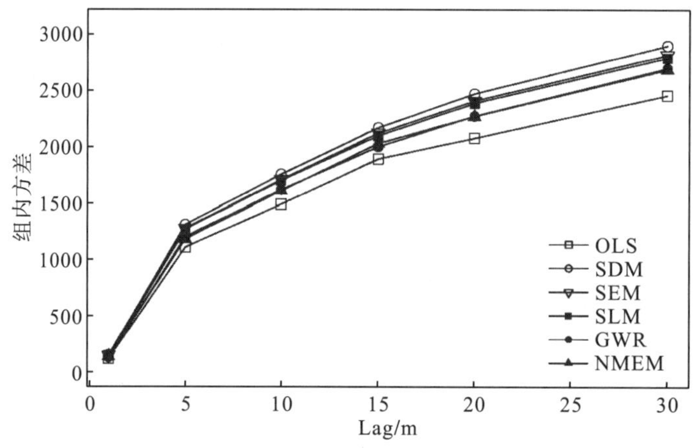

图 3-14 模型残差的组内方差

相对于基础模型而言，空间回归模型和混合效应模型残差的组内方差在不同距离尺度下相似，均大于基础模型，这表明空间回归模型和混合效应模型并不能有效地降低模型残差的空间异质性。

从模型独立性检验结果来看(表 3-11)，在空间回归模型和混合效应模型中，GWR 模型总相对误差、平均相对误差和绝对平均误差均最优，混合效应模型的预估精度表现最好。但是各类空间回归模型和混合效应模型的各项指标均不及非线性基础模型(OLS)。

表 3-11 模型独立性检验

模型	总相对误差	平均相对误差	绝对平均误差	预估精度
OLS	0.0209	0.0002	0.0002	0.89
SLM	0.1486	0.0014	0.0013	0.86
SEM	0.0881	0.0008	0.0008	0.87
SDM	0.0921	0.0008	0.0008	0.88
GWR	−0.0217	−0.0003	0.0003	0.86
NMEM	0.0451	0.0004	0.0004	0.89

注：OLS 和 NMEM 的各项指标是直接通过模型估计值与实测值计算得出，而 SLM、SEM、SDM 和 GWR 的各项指标是将相应模型的估计值反对数化后与实测值间接计算而来。

3.2.1.3 树皮生物量模型构建

全局空间自相关分析结果表明：树皮生物量在空间中呈现显著的空间自相关关系，其 $Z(I)$ 值达到显著后的第一个峰值的距离为 25.2m。因此，以该距离作为带宽构建空间回归模型。

1. 全局空间回归模型

线性基础模型(L-OLS)的模型参数和残差的空间自相关诊断结果如表 3-12 所示。L-OLS 模型残差空间自相关检验结果表明：模型残差的 Moran's I 不显著(p=0.886)，说明模型残差不存在明显的空间自相关。

表 3-12　思茅松林树皮生物量 L-OLS 模型参数及其残差的空间自相关检验结果

变量	系数	标准误差	t 值	p 值
常数项	−2.7484	0.1985	−13.849	<0.001
ln(DBH)	1.9734	0.1459	13.530	<0.001
ln H	−0.5547	0.1872	−2.963	0.0033
ln(CL)	0.1135	0.0703	1.6150	0.1073
R^2	0.64			
LogLik	−387.23			
AIC	784.45			
Moran's I	−0.0025			0.886
LM-Lag	0.0109			0.9167
Robust LM-Lag	0.9879			0.3203
LM-Error	0.1697			0.6804
Robust LM-Error	1.1467			0.2843

拉格朗日乘子检验结果(LM test)表明(表 3-12)：LM-Error 和 LM-Lag 两个统计量均不显著，这说明对于思茅松林树皮生物量而言，构建空间回归模型是没有必要的，选用 OLS 模型即可。

2. 地理加权回归模型(GWR)

地理加权回归模型拟合结果见表 3-13。GWR 模型的 AIC 值明显小于 OLS 模型，表明 GWR 模型相比于 OLS 模型具有更好的拟合表现。

表 3-13　思茅松林树皮生物量 GWR 模型拟合结果

变量	最小值	1/4 分位数	中位数	3/4 分位数	最大值
常数项	−3.1726	−3.0097	−2.8028	−2.5464	−1.3678
ln(DBH)	0.9891	1.6546	2.0521	2.2028	2.6599
ln H	−1.4863	−1.0462	−0.6348	−0.0435	0.4534
ln(CL)	−0.0671	0.0035	0.1159	0.2782	0.8358
R^2	0.68				
LogLik	—				
AIC	752.04				

方差分析结果如表 3-14 所示，GWR 模型的残差平方和相比 OLS 模型下降了 23.586，均方残差下降了 1.1458，表明 GWR 模型在一定程度上解释了空间效应问题。

表 3-14 思茅松林树皮生物量 GWR 模型方差分析

	自由度	平方和	平方均值	F 值
OLS 残差	4	201.953	—	—
GWR 残差改进值	20.585	23.586	1.1458	—
GWR 残差	305.415	178.367	0.58401	1.962

3. 非线性混合效应模型(NMEM)

从混合参数选择来看，将树种(思茅松、其他树种)作为随机效应，构建不同混合参数组合的混合效应模型，各模型的拟合指标见表 3-15，由该表可知选择 b 作为混合参数模型效果相对较好。

表 3-15 思茅松林树皮生物量模型混合参数比较情况

混合参数	LogLik	AIC	LRT	p 值
无	不能收敛			
a	−1239.33	2490.66	—	—
b	−1115.78	2243.55	—	—
c	−1116.95	2245.89	—	—
d	−1120.32	2244.03	—	—
a、b	−1120.33	2256.65	—	—
a、c	−1120.33	2256.65	—	—
a、d	−1120.33	2256.65	—	—
b、c	−1115.78	2247.56	—	—
b、d	−1115.78	2247.56	—	—
c、d	−1116.95	2249.89		—
a、b、c	−1118.67	2259.33	—	—
b、c、d	−1115.78	2253.56	—	—

考虑组内方差结构，仅有幂函数形式的方差方程能显著提高模型精度。考虑组内协方差结构的模型均不能收敛。综合来看，以幂函数形式的方差结构来构建混合效应模型最佳(表 3-16)，其拟合结果见表 3-17。

表 3-16 思茅松林树皮生物量混合效应模型比较

方差结构	协方差结构	LogLik	AIC	LRT	p 值
无	无	−1115.78	2243.55	—	—
幂函数	无	−746.83	1507.67	737.8856	<0.001
指数函数	无	不能收敛			
无	高斯函数	不能收敛			
无	球面函数	不能收敛			
无	指数函数	不能收敛			
无	空间函数	不能收敛			

表 3-17　思茅松林树皮生物量最优混合效应模型拟合结果

参数	估计值	标准差	t 值	p 值
a	0.0069	0.0018	3.8624	<0.001
b	1.9470	0.1925	10.1131	<0.001
c	0.7124	0.1769	4.0264	<0.001
d	−0.1581	0.0598	−2.6414	0.009
R^2		0.54		
LogLik		−746.83		
AIC		1507.67		
异方差函数值		1.1415		

4. 模型评价

从不同模型的拟合统计量来看(表 3-18)，非线性混合效应模型(NMEM)的拟合指标优于非线性基础模型(OLS)；GWR 模型的拟合指标中 AIC 优于线性基础模型(L-OLS)，而 RMSE 值不及基础模型。总的来说，NMEM 的拟合指标明显优于基础模型(较小的 AIC 值和较大的 LogLik 值)。

表 3-18　思茅松林树皮生物量模型统计量

类型	模型	AIC	LogLik	RMSE
非线性模型	OLS	2488.66	−1239.33	10.34
	NMEM	1507.67	−746.83	8.46
线性模型	L-OLS	784.45	−387.23	—
	GWR	752.04	—	11.01

注：(1) OLS 为树皮生物量最优的非线性基础模型，NMEM 是以该基础模型构建的非线性混合效应模型；L-OLS 是 OLS 线性化后的线性模型，GWR 是在该模型的基础上构建的。

(2) OLS 和 NMEM 的 RMSE 值直接通过式(2-38)计算，空间回归模型(GWR)的 RMSE 值是通过将模型拟合值反对数化后再通过式(2-38)计算。

从模型残差的空间效应来看(图 3-15)，随着距离尺度的增加，3 个模型残差的 Moran's I 指数总体呈现出大致一致的变化趋势，且最终都趋近于 0。GWR 模型和混合效应模型的残差空间自相关性在 20m 前大于基础模型(OLS)，但在 20m 后，残差空间自相关性小于基础模型。

图 3-16 显示了 3 个模型残差在不同分组距离块内的组内方差变化。由图 3-16 可以看出，在分组距离为 1m 时，模型残差的组内方差均最小，此时，模型残差的空间异质性最低，但随着距离尺度的增大，模型残差的空间异质性也在不断增大。

相对于基础模型而言，混合效应模型残差的组内方差在不同距离尺度下均小于基础模型，这表明混合效应模型能有效地降低模型残差的空间异质性。然而，GWR 模型残差的组内方差在不同距离尺度下均大于基础模型，这表明 GWR 模型并不能有效地降低模型残差的空间异质性。

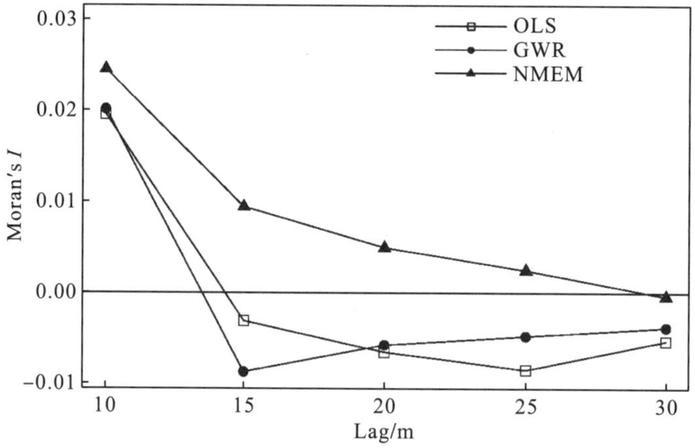

图 3-15 模型残差空间相关图

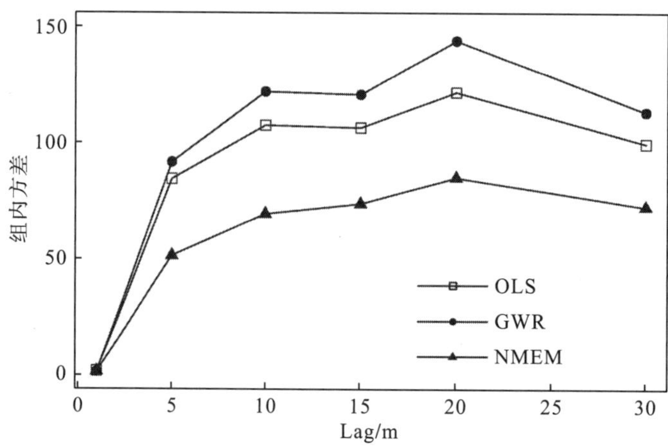

图 3-16 模型残差的组内方差

从模型独立性检验结果来看(表 3-19)，在 GWR 模型和混合效应模型中，GWR 模型总相对误差最优，混合效应模型的预估精度表现最好，除此之外，GWR 模型和混合效应模型的各项指标均不及非线性基础模型(OLS)。

表 3-19 模型独立性检验

模型	总相对误差	平均相对误差	绝对平均误差	预估精度
OLS	−0.1845	−0.0017	0.0017	0.78
GWR	−0.1666	−0.0020	0.0020	0.44
NMEM	−0.3387	−0.0031	0.0031	0.79

注：OLS 和 NMEM 的各项指标是直接通过模型估计值与实测值计算得出，而 GWR 的各项指标是将相应模型的估计值反对数化后与实测值间接计算而来。

3.2.1.4　树干生物量模型构建

全局空间自相关分析结果表明：树干生物量并无显著的空间自相关性。因此，不再构建空间回归模型。

1. 非线性混合效应模型(NMEM)

从混合参数选择来看，将树种(思茅松、其他树种)作为随机效应，构建不同混合参数组合的混合效应模型，各模型的拟合指标见表 3-20，综合考虑，选择 *b* 作为混合参数模型效果相对较好。

表 3-20　思茅松林树干生物量模型混合参数比较情况

混合参数	LogLik	AIC	LRT	*p* 值
无	−1694.61	3401.22	—	—
a	−1694.61	3397.22	<0.001	1
b	−1694.61	3397.22	<0.001	1
a、*b*	−1694.61	3401.22	—	—

考虑组内方差结构，仅有幂函数形式的方差方程能显著提高模型精度。组内协方差结构中仅球面函数形式能收敛，且能提高模型拟合精度，因此采用球面函数形式作为模型的协方差结构。但是，综合考虑幂函数和球面函数的模型不能收敛。综合来看，以幂函数形式的方差结构来构建混合效应模型最佳(表 3-21)，其拟合结果见表 3-22。

表 3-21　思茅松林树干生物量混合效应模型比较

方差结构	协方差结构	LogLik	AIC	LRT	*p* 值
无	无	−1694.61	3397.22	—	—
幂函数	无	−1047.10	2248.52	1150.69	<0.001
指数函数	无	不能收敛			
无	高斯函数	不能收敛			
无	球面函数	−1690.96	3391.94	7.28	0.007
无	指数函数	不能收敛			
无	空间函数	不能收敛			
幂函数	球面函数	不能收敛			

表 3-22　思茅松林树干生物量最优混合效应模型拟合结果

参数	估计值	标准差	*t* 值	*p* 值
a	0.0270	0.0019	14.1196	<0.001
b	0.9577	0.0093	102.1951	<0.001
R^2	0.92			
LogLik	−1047.10			
AIC	2248.52			
异方差函数值	0.9551			

2. 模型评价

从模型的拟合统计量来看(表 3-23),非线性混合效应模型(NMEM)的拟合指标优于非线性基础模型(OLS)(较小的 AIC 值和较大的 LogLik 值),但 RMSE 值略微高于 OLS 模型。

表 3-23 思茅松林树干生物量模型统计量

类型	模型	AIC	LogLik	RMSE
非线性模型	OLS	3395.22	−1694.61	41.10
	NMEM	2248.52	−1047.10	41.12

从模型独立性检验结果来看(表 3-24),混合效应模型除了总相对误差外,其他指标均与非线性基础模型相同。

表 3-24 模型独立性检验

模型	总相对误差	平均相对误差	绝对平均误差	预估精度
OLS	0.0125	0.0001	0.0001	0.90
NMEM	0.0195	0.0001	0.0001	0.90

3.2.1.5 树枝生物量模型构建

全局空间自相关分析结果表明:树枝生物量在空间中呈现显著的空间自相关关系,其 $Z(I)$ 值达到显著后的第一个峰值的距离为 10.8m。因此,以该距离作为带宽构建空间回归模型。

1. 全局空间回归模型

线性基础模型(L-OLS)的模型参数和残差的空间自相关诊断结果如表 3-25 所示。L-OLS 模型残差空间自相关检验结果表明:模型残差的 Moran's I 不显著(p=0.2096),说明模型残差不存在明显的空间自相关。

拉格朗日乘子检验结果(LM test)表明(表 3-25):LM-Error 和 LM-Lag 两个统计量均不显著,这说明对于思茅松林树枝生物量而言,构建空间回归模型是没有必要的,选用 OLS 模型即可。

表 3-25 思茅松林树枝生物量 OLS 模型参数及其残差的空间自相关检验结果

变量	系数	标准误差	t 值	p 值
常数项	−4.7452	0.1739	−27.28	<0.001
ln(DBH)	2.4742	0.0691	35.79	<0.001
R^2	0.80			
LogLik	−385.57			
AIC	777.15			
Moran's I	0.0110			0.2096
LM-Lag	2.2345			0.1350
Robust LM-Lag	1.4058			0.2358
LM-Error	0.8409			0.3591
Robust LM-Error	0.0122			0.9120

2. 地理加权回归模型(GWR)

地理加权回归模型的拟合结果见表 3-26。GWR 模型的 AIC 值明显小于 OLS 模型，两者差值远大于 2，表明 GWR 模型相比于 L-OLS 模型具有更好的拟合表现。

表 3-26　思茅松林树枝生物量 GWR 模型拟合结果

变量	最小值	1/4 分位数	中位数	3/4 分位数	最大值
常数项	−6.4851	−5.2905	−4.6438	−4.2504	−3.2802
ln(DBH)	1.8414	2.2621	2.4526	2.6674	3.1877
R^2	0.834				
LogLik	—				
AIC	742.57				

方差分析结果如表 3-27 所示，GWR 模型的残差平方和相比 OLS 模型下降了 37.3860，均方残差下降了 0.7335，表明 GWR 模型在一定程度上解释了空间效应问题。

表 3-27　思茅松林树枝生物量 GWR 模型方差分析

	自由度	平方和	平方均值	*F* 值
OLS 残差	2	199.9430		
GWR 残差改进值	50.9670	37.3860	0.7335	
GWR 残差	277.0330	162.5570	0.58678	1.2501

3. 非线性混合效应模型(NMEM)

从混合参数选择来看，将树种(思茅松、其他树种)作为随机效应，构建不同混合参数组合的混合效应模型，各模型的拟合指标见表 3-28，综合考虑，选择 *b* 作为混合参数模型效果相对较好。

表 3-28　思茅松林树枝生物量模型混合参数比较情况

混合参数	LogLik	AIC	LRT	*p* 值
无	不能收敛			
a	−1319.29	2646.58	—	—
b	−1318.37	2644.75	—	—
a、*b*	不能收敛			

考虑组内方差结构后，仅有幂函数形式的方差方程能显著提高模型精度。Gaussian(高斯函数)、Spherical(球面函数)、Exponential(指数函数)、Spatial(空间函数)这 4 种空间自相关方程形式的组内协方差结构中仅球面函数和空间函数两种形式的协方差结构的模型能收敛，但均不能提高模型精度。综合来看，以幂函数形式的方差结构来构建混合效应模型最佳(表 3-29)，其拟合结果见表 3-30。

表 3-29 思茅松林树枝生物量混合效应模型比较

方差结构	协方差结构	LogLik	AIC	LRT	p 值
无	无	−1318.37	2644.75	—	—
幂函数	无	−843.68	1697.37	949.38	<0.001
指数函数	无	不能收敛			
无	高斯函数	不能收敛			
无	球面函数	−1318.37	2646.75	<0.001	0.9941
无	指数函数	不能收敛			
无	空间函数	−1318.37	2646.75	<0.001	0.994

表 3-30 思茅松林树枝生物量最优混合效应模型拟合结果

参数	估计值	标准差	t 值	p 值
a	0.0070	0.0013	5.3191	<0.001
b	2.6416	0.0977	27.0247	<0.001
R^2	0.71			
LogLik	−843.68			
AIC	1697.37			
异方差函数值	0.9558			

4. 模型评价

从不同模型的拟合统计量来看(表 3-31)，非线性混合效应模型(NMEM)的拟合指标优于非线性基础模型(OLS)，但 RMSE 值略微高于 OLS 模型；而对于 GWR 模型而言，其 AIC 值优于线性基础模型(L-OLS)，RMSE 值优于非线性基础模型(OLS)。总的来说，GWR 模型由于其较小的 AIC 值和 RMSE 值，模型性能相对更好。

表 3-31 思茅松林树枝生物量模型统计量

类型	模型	AIC	LogLik	RMSE
非线性模型	OLS	2644.58	−1319.29	13.18
	NMEM	1697.37	−843.68	13.72
线性模型	L-OLS	777.14	−385.57	—
	GWR	742.57	—	10.43

注：(1) OLS 为树枝生物量最优的非线性基础模型，NMEM 是以该基础模型构建的非线性混合效应模型；L-OLS 是 OLS 线性化后的线性模型，GWR 是在该模型的基础上构建的。

(2) OLS 和 NMEM 的 RMSE 值直接通过式(2-38)计算，空间回归模型(GWR)的 RMSE 值是通过将模型拟合值反对数化后再通过式(2-38)计算。

从模型残差的空间效应来看(图 3-17)，随着距离尺度的增加，NMEM 的残差空间自相关性的变化趋势与基础模型基本一致，呈先降低后增加而后再降低的趋势，而 GWR 模型残差的空间自相关性则依次逐渐降低。总体而言，GWR 模型和 NMEM 均不能很好地降低模型残差的空间自相关性。

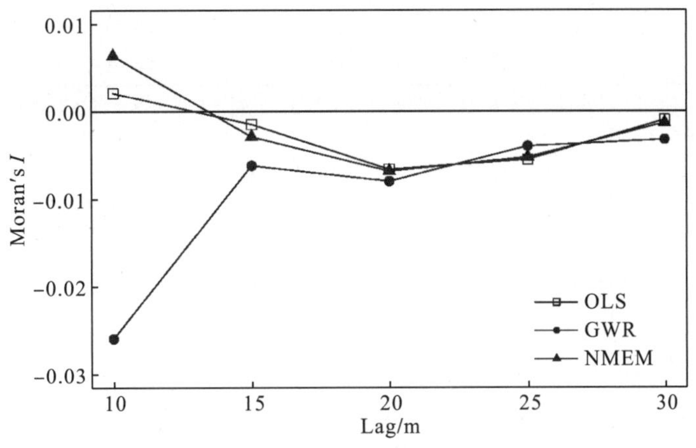

图 3-17　模型残差空间相关图

图 3-18 显示了 3 个模型残差在不同分组距离块内的组内方差变化，在分组距离为 1m 时，模型残差的组内方差均最小，此时，模型残差的空间异质性最低，但随着距离尺度的增大，模型残差的空间异质性也在不断增大。

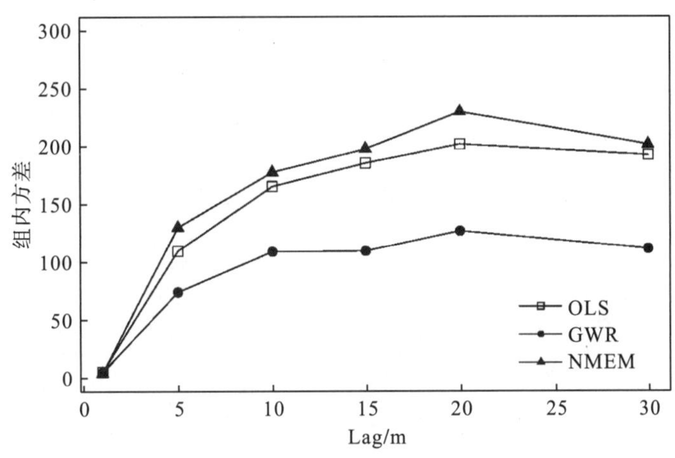

图 3-18　模型残差的组内方差

相对于基础模型而言，GWR 模型残差的组内方差在不同距离尺度下均小于基础模型，这表明 GWR 模型能有效地降低模型残差的空间异质性。然而，NMEM 残差的组内方差在不同距离尺度下均大于基础模型，这表明 NMEM 并不能有效地降低模型残差的空间异质性。

从模型独立性检验结果来看(表 3-32)，GWR 模型的各项指标均不及基础模型，而混合效应模型的各项指标均优于基础模型。

表 3-32 模型独立性检验

模型	总相对误差	平均相对误差	绝对平均误差	预估精度
OLS	0.0730	0.0007	0.0006	0.72
GWR	−0.3863	−0.0148	0.0148	0.65
NMEM	0.0112	0.0001	0.0001	0.70

注：OLS 和 NMEM 的各项指标是直接通过模型估计值与实测值计算得出，而 GWR 的各项指标是将相应模型的估计值反对数化后与实测值间接计算而来。

3.2.1.6 树叶生物量模型构建

全局空间自相关分析结果表明：树叶生物量并无显著的空间自相关性。因此，不再构建空间回归模型。

1. 非线性混合效应模型(NMEM)

从混合参数选择来看，将树种(思茅松、其他树种)作为随机效应，构建不同混合参数组合的混合效应模型，各模型的拟合指标见表 3-33，由该表可知选择 c 作为混合参数模型效果相对较好。

表 3-33 思茅松林树叶生物量模型混合参数比较情况

混合参数	LogLik	AIC	LRT	p 值
无		不能收敛		
a	−841.18	1692.370	—	—
b	−840.75	1691.51	—	—
c	−840.49	1690.99	—	—
a、b	−842.11	1698.22	—	—
a、c		不能收敛		
b、c	−840.06	1694.13	—	—
a、b、c		不能收敛		

考虑组内方差结构后，仅有幂函数形式的方差方程能显著提高模型精度。考虑组内协方差结构的模型虽然均能收敛，但都不能提高模型性能。综合来看，以幂函数形式的方差结构来构建混合效应模型最佳(表 3-34)，其拟合结果见表 3-35。

表 3-34 思茅松林树叶生物量混合效应模型比较

方差结构	协方差结构	LogLik	AIC	LRT	p 值
无	无	−840.49	1690.99	—	—
幂函数	无	−560.47	1132.94	560.04	<0.001
指数函数	无			不能收敛	
无	高斯函数	−840.49	1692.99	<0.001	0.999
无	球面函数	−840.49	1692.99	<0.001	0.999
无	指数函数	−840.49	1692.99	<0.001	0.999
无	空间函数	−840.49	1692.99	<0.001	0.999

表 3-35　思茅松林树叶生物量最优混合效应模型拟合结果

参数	估计值	标准差	t 值	p 值
a	0.0157	0.0039	3.9834	<0.001
b	2.1472	0.1870	11.4812	<0.001
c	−0.3654	0.2296	−1.5914	0.112
R^2		0.37		
LogLik		−560.47		
AIC		1132.94		
异方差函数值		1.0112		

2. 模型评价

从模型的拟合统计量来看(表 3-36)，除了 RMSE 值略高外，NMEM 模型的拟合指标均优于基础模型。

表 3-36　思茅松林树叶生物量模型统计量

类型	模型	AIC	LogLik	RMSE
非线性模型	OLS	1692.22	−842.11	3.10
	NMEM	1132.94	−560.47	3.21

从模型独立性检验结果来看(表 3-37)：除了预估精度外，NMEM 的各项指标均不及基础模型。

表 3-37　模型独立性检验

模型	总相对误差	平均相对误差	绝对平均误差	预估精度
OLS	−0.1451	−0.0013	0.0013	0.79
NMEM	−0.2083	−0.0019	0.0019	0.79

3.2.1.7　树冠生物量模型构建

全局空间自相关分析结果表明：树冠生物量在空间中呈现显著的空间自相关关系，其 $Z(I)$ 值达到显著后的第一个峰值的距离为 21m。因此，以该距离作为带宽构建空间回归模型。

1. 全局空间回归模型

线性基础模型(L-OLS)的模型参数和残差的空间自相关诊断结果如表 3-38 所示。L-OLS 模型残差空间自相关检验结果表明：模型残差的 Moran's I 不显著(p=0.593)，说明模型残差不存在明显的空间自相关。

表 3-38 思茅松林树冠生物量 L-OLS 模型参数及其残差的空间自相关检验结果

变量	系数	标准误差	t 值	p 值
常数项	−4.1543	0.1636	−25.3900	<0.001
ln(DBH)	2.3434	0.0650	36.0400	<0.001
R^2	0.798			
LogLik	−365.36			
AIC	736.72			
Moran's I	−0.0002			0.593
LM-Lag	0.1769			0.441
Robust LM-Lag	0.5920			0.978
LM-Error	0.0007			0.519
Robust LM-Error	0.4158			0.674

拉格朗日乘子检验结果(LM test)表明(表 3-38)：LM-Error 和 LM-Lag 两个统计量均不显著，这说明对于思茅松林树冠生物量而言，构建空间回归模型是没有必要的。

2. 地理加权回归模型(GWR)

地理加权回归模型的拟合结果见表 3-39。GWR 模型的 AIC 值明显小于 OLS 模型，两者差值远大于 2，表明 GWR 模型相比于 OLS 模型具有更好的拟合表现。

表 3-39 思茅松林树冠生物量 GWR 模型拟合结果

变量	最小值	1/4 分位数	中位数	3/4 分位数	最大值
常数项	−4.8309	−4.2779	−4.0554	−3.9010	−3.6105
ln(DBH)	2.0899	2.2172	2.3116	2.4252	2.6312
R^2	0.81				
LogLik	—				
AIC	723.63				

方差分析结果如表 3-40 所示，GWR 模型的残差平方和相比 OLS 模型下降了 10.5780，均方残差下降了 0.6696，表明 GWR 模型在一定程度上解释了空间效应问题。

表 3-40 思茅松林树冠生物量 GWR 模型方差分析

	自由度	平方和	平方均值	F 值
OLS 残差	2.0000	176.8910		
GWR 残差改进值	15.7980	10.5780	0.6696	
GWR 残差	312.2020	166.3130	0.5327	1.2569

3. 非线性混合效应模型(NMEM)

从混合参数选择来看，将树种(思茅松、其他树种)作为随机效应，构建不同混合参数组合的混合效应模型，各模型的拟合指标见表 3-41，由该表可知选择 a 作为混合参数模型效果相对较好。

表 3-41　思茅松林树冠生物量模型混合参数比较情况

混合参数	LogLik	AIC	LRT	p 值
无		不能收敛		
a	−1370.57	2749.13	—	—
b	−1370.79	2749.57	—	—
a、b		不能收敛		

考虑组内方差结构，仅有幂函数形式的方差方程能显著提高模型精度。考虑组内协方差结构的模型虽然均能收敛，但都不能提高模型性能。综合来看，以幂函数形式的方差结构来构建混合效应模型最佳(表 3-42)，其拟合结果见表 3-43。

表 3-42　思茅松林树冠生物量混合效应模型比较

方差结构	协方差结构	LogLik	AIC	LRT	p 值
无	无	−1370.57	2749.13	—	—
幂函数	无	−925.05	1860.11	891.01	<0.001
指数函数	无		不能收敛		
无	高斯函数	−1370.56	2751.13	<0.001	0.999
无	球面函数	−1370.56	2751.13	<0.001	0.999
无	指数函数	−1370.56	2751.13	<0.001	0.999
无	空间函数	−1370.56	2751.13	<0.001	0.999

表 3-43　思茅松林树冠生物量最优混合效应模型拟合结果

参数	估计值	标准差	t 值	p 值
a	0.0088	0.0026	3.3801	<0.001
b	2.6403	0.0772	34.2195	<0.001
R^2		0.70		
LogLik		−925.05		
AIC		1860.11		
异方差函数值		0.9626		

4. 模型评价

从不同模型的拟合统计量来看(表 3-44)，非线性混合效应模型(NMEM)的拟合指标除了 RMSE 值略微不及非线性基础模型(OLS)外，其余指标均优于非线性基础模型；同样地，GWR 模型亦是如此。

表 3-44　思茅松林树冠生物量模型统计量

类型	模型	AIC	LogLik	RMSE
非线性模型	OLS	2750.76	-1372.38	15.48
	NMEM	1860.11	-925.05	15.66

续表

类型	模型	AIC	LogLik	RMSE
线性模型	L-OLS	736.72	-365.36	—
	GWR	723.63	—	15.85

注：(1) OLS 为树皮生物量最优的非线性基础模型，NMEM 是以该基础模型构建的非线性混合效应模型；L-OLS 是 OLS 线性化后的线性模型，GWR 是在该模型的基础上构建的。

(2) OLS 和 NMEM 的 RMSE 值直接通过式(2-38)计算，空间回归模型(GWR)的 RMSE 值是通过将模型拟合值反对数化后再通过式(2-38)计算。

从模型残差的空间效应来看(图 3-19)，随着距离尺度的增加，NMEM 的残差空间自相关性的变化趋势与基础模型基本一致，呈先降低后增加而后再降低的趋势，而 GWR 模型残差的空间自相关性则依次逐渐降低。但总体而言，GWR 模型和 NMEM 均不能很好地降低模型残差的空间自相关性。

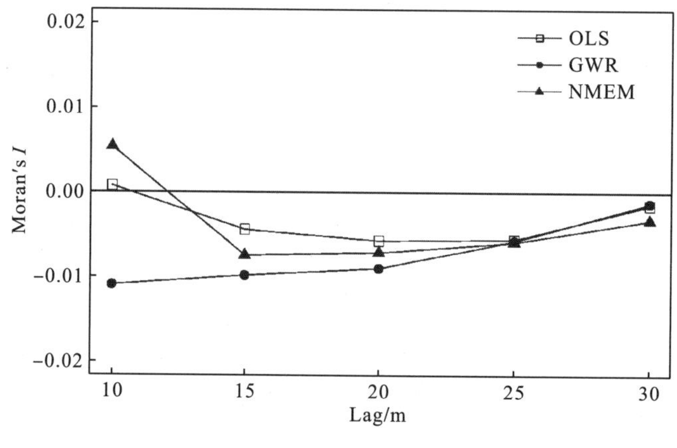

图 3-19 模型残差空间相关图

图 3-20 显示了 3 个模型残差在不同分组距离块内的组内方差变化，在分组距离为 1m 时，模型残差的组内方差均最小，此时，模型残差的空间异质性最低，但随着距离尺度的增大，模型残差的空间异质性也在不断增大。

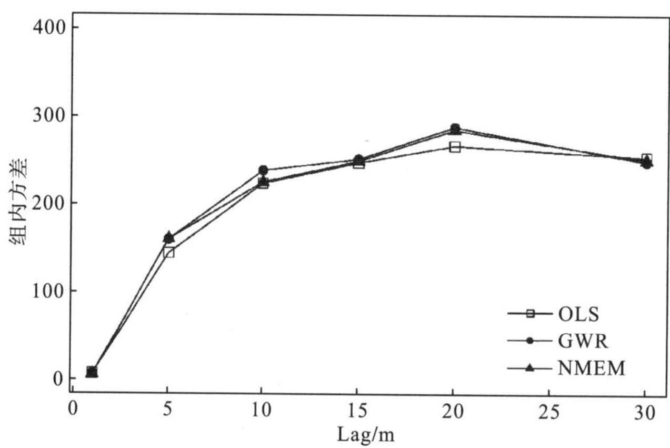

图 3-20 模型残差的组内方差

相对于基础模型而言，GWR 模型和混合效应模型残差的组内方差在不同距离尺度下相似，但均略大于基础模型，这表明 GWR 模型和 NMEM 并不能有效地降低模型残差的空间异质性。

从模型独立性检验结果来看(表 3-45)，NMEM 的平均相对误差和绝对平均误差与基础模型偏差相同，但总相对误差的偏差和预估精度略微不及基础模型；GWR 模型的预估精度明显高于基础模型，除此之外的指标均不及基础模型。

表 3-45　模型独立性检验

模型	总相对误差	平均相对误差	绝对平均误差	预估精度
OLS	0.0520	0.0005	0.0005	0.75
NMEM	−0.0602	−0.0005	0.0005	0.74
GWR	0.2243	0.0007	0.0007	0.87

注：OLS 和 NMEM 的各项指标是直接通过模型估计值与实测值计算得出，而 GWR 的各项指标是将相应模型的估计值反对数化后与实测值间接计算而来。

3.2.1.8　地上生物量模型构建

全局空间自相关分析结果表明：地上生物量并无显著的空间自相关性。因此，不再构建空间回归模型。

1. 非线性混合效应模型(NMEM)

从混合参数选择来看，将树种(思茅松、其他树种)作为随机效应，构建不同混合参数组合的混合效应模型，各模型的拟合指标见表 3-46，由 LRT 值可知，混合参数均未能提高模型性能，因此不添加混合参数。

表 3-46　思茅松林地上生物量模型混合参数比较情况

混合参数	LogLik	AIC	LRT	p 值
无	−1735.67	3491.34	—	—
a	−1735.67	3481.34	<0.001	1
b	−1735.67	3481.34	<0.001	1
c	−1735.67	3481.34	<0.001	1
a、b	−1735.67	3485.34	<0.001	1
a、c	−1735.67	3485.34	<0.001	1
b、c		不能收敛		
a、b、c	−1735.67	3491.34	—	—

考虑组内方差结构，仅有幂函数形式的方差方程能显著提高模型精度。考虑组内协方差结构的模型均不能收敛。综合来看，以幂函数形式的方差结构来构建混合效应模型最佳(表 3-47)，其拟合结果见表 3-48。

表 3-47 思茅松林地上生物量混合效应模型比较

方差结构	协方差结构	LogLik	AIC	LRT	p 值
无	无	−1735.67	3491.34	—	—
幂函数	无	不能收敛			
指数函数	无	不能收敛			
无	高斯函数	不能收敛			
无	球面函数	不能收敛			
无	指数函数	不能收敛			
无	空间函数	−1730.33	3482.66		0.001

表 3-48 思茅松林地上生物量最优混合效应模型拟合结果

参数	估计值	标准差	t 值	p 值
a	0.0452	0.0115	3.9285	<0.001
b	2.0400	0.0906	22.5054	<0.001
c	0.6965	0.1158	6.0143	<0.001
R^2	0.92			
LogLik	−1730.33			
AIC	3482.66			
空间协方差值	1.6642			

2. 模型评价

从模型的拟合统计量来看(表 3-49)，非线性混合效应模型(NMEM)的拟合指标，除 RMSE 值与基础模型(OLS)持平外，其余指标均优于基础模型。

表 3-49 思茅松林地上生物量模型统计量

类型	模型	AIC	LogLik	RMSE
非线性模型	OLS	3479.33	−1735.66	46.55
	NMEM	3482.66	−1730.33	46.55

从模型独立性检验结果来看(表 3-50)，混合效应模型(NMEM)除了总相对误差略大于基础模型(OLS)外，其余指标均与基础模型持平。

表 3-50 模型独立性检验

模型	总相对误差	平均相对误差	绝对平均误差	预估精度
OLS	0.0148	0.0001	0.0001	0.897
NMEM	0.0162	0.0001	0.0001	0.897

3.2.2　思茅松天然林-思茅松各维量生物量模型构建

3.2.2.1　基础模型

思茅松单木各维量生物量的最优基础模型列于表 3-51，由于基础模型较多，因此仅列出最优基础模型。在最优基础模型的基础上，分别构建思茅松单木各维量生物量的空间回归模型、混合效应模型。

表 3-51　思茅松单木各维量生物量最优基础模型

维量	模型	模型参数				R^2	AIC	LogLik
		a	b	c	d			
木材生物量	$W_i=a\cdot(D^2H)^b$	0.0192	0.9892	—	—	0.877	1156.68	-575.34
树皮生物量	$W_i=a\cdot\text{DBH}^b$	0.8640	0.649	—	—	0.130	612.98	-303.49
树干生物量	$W_i=a\cdot(D^2H)^b$	0.0236	0.9706	—	—	0.878	1157.77	-575.88
树枝生物量	$W_i=a\cdot\text{DBH}^b$	0.0017	2.9846	—	—	0.698	907.07	-450.53
树叶生物量	$W_i=a\cdot(D^2H)^b\cdot(\text{CW}^2\text{CL})^c$	0.0023	0.5664	0.3550	—	0.430	555.75	-273.87
树冠生物量	$W_i=a\cdot\text{DBH}^b$	0.0030	2.8593	—	—	0.688	930.67	-462.33
地上生物量	$W_i=a\cdot(D^2H)^b$	0.0218	0.9940	—	—	0.886	1183.54	-588.77

3.2.2.2　木材生物量模型构建

全局空间自相关分析结果表明：木材生物量在空间中呈现显著的空间自相关关系，其 $Z(I)$ 值达到显著后的第一个峰值的距离为 18.8m。因此，以该距离作为带宽构建空间回归模型。

1. 全局空间回归模型

线性基础模型(L-OLS)的模型参数和残差的空间自相关诊断结果如表 3-52 所示。L-OLS 模型残差空间自相关检验结果表明：模型残差的 Moran's I 不显著(p=0.535)，说明模型残差不存在明显的空间自相关。

表 3-52　思茅松木材生物量 L-OLS 模型参数及其残差的空间自相关检验结果

变量	系数	标准误差	t 值	p 值
常数项	−4.6694	0.1843	−25.3300	<0.001
$\ln(D^2H)$	1.0583	0.0206	51.5100	<0.001
R^2	0.96			
LogLik	−1.79			
AIC	9.59			
Moran's I	−0.0228			0.535
LM-Lag	0.3108			0.577
Robust LM-Lag	0.5861			0.444
LM-Error	0.8418			0.359
Robust LM-Error	1.1171			0.291

拉格朗日乘子检验结果(LM test)表明(表 3-52)：LM-Error 和 LM-Lag 两个统计量均不显著，这说明对于思茅松木材生物量而言，无须构建空间回归模型。

2. 地理加权回归模型(GWR)

地理加权回归模型的拟合结果见表 3-53。GWR 模型的 AIC 值明显小于线性基础模型(L-OLS)，两者差值远大于 2，表明 GWR 模型相比于 L-OLS 模型具有更好的拟合表现。

表 3-53 思茅松木材生物量 GWR 模型拟合结果

变量	最小值	1/4 分位数	中位数	3/4 分位数	最大值
常数项	−5.5060	−4.9278	−4.7049	−4.5018	−2.8432
$\ln(D^2H)$	0.8737	1.0421	1.0627	1.0899	1.1522
R^2	0.969				
LogLik	—				
AIC	0.37				

方差分析结果如表 3-54 所示，GWR 模型的残差平方和相比 OLS 模型下降了 1.0397，均方残差下降了 0.0583，表明 GWR 模型在一定程度上解释了空间效应问题。

表 3-54 思茅松木材生物量 GWR 模型方差分析

	自由度	平方和	平方均值	F 值
OLS 残差	2.0000	6.1864		
GWR 残差改进值	17.8210	1.0397	0.0583	
GWR 残差	82.1790	5.1467	0.0626	0.9315

3. 非线性混合效应模型(NMEM)

从混合参数选择来看，不考虑随机效应，构建不同混合参数组合的混合效应模型，各模型的拟合指标见表 3-55，从 LRT 值可看出，添加随机参数未能改变模型性能。因此，不考虑混合参数。

表 3-55 思茅松木材生物量模型混合参数比较情况

混合参数	LogLik	AIC	LRT	p 值
无	−575.34	1162.68	—	—
a	−575.34	1158.68	<0.001	1
b	−575.34	1158.68	<0.001	1
a、b	−575.34	1162.68	—	—

考虑组内方差结构，仅有幂函数形式的方差方程能显著提高模型精度。考虑组内协方差结构的模型均不能收敛。综合来看，以幂函数形式的方差结构来构建混合效应模型最佳(表 3-56)，其拟合结果见表 3-57。

表 3-56　思茅松木材生物量混合效应模型比较

方差结构	协方差结构	LogLik	AIC	LRT	p 值
无	无	−575.34	1162.68	—	—
幂函数	无	986.95	−486.47	177.72	<0.001
指数函数	无		不能收敛		
无	高斯函数		不能收敛		
无	球面函数		不能收敛		
无	指数函数		不能收敛		
无	空间函数		不能收敛		

表 3-57　思茅松木材生物量最优混合效应模型拟合结果

参数	估计值	标准差	t 值	p 值
a	0.0100	0.0019	5.2104	<0.001
b	1.0545	0.0211	50.0787	<0.001
R^2		0.88		
LogLik		−486.47		
AIC		986.95		
异方差函数值		0.9479		

4. 模型评价

从不同模型的拟合统计量来看(表 3-58)，混合效应模型(NMEM)的拟合指标除了RMSE 值略微高于 OLS 模型，其余指标均优于基础模型(OLS)；GWR 模型相比于基础模型(OLS)，由于更小的 AIC 值和 RMSE 值，其表现出了更好的模型性能。总的来说，GWR 模型由于其较小的 AIC 值和 RMSE 值，模型性能相对更好。

表 3-58　思茅松木材生物量模型统计量

类型	模型	AIC	LogLik	RMSE
非线性模型	OLS	1156.68	−575.34	68.14
	NMEM	986.95	−486.47	68.67
线性模型	L-OLS	9.59	−1.79	—
	GWR	0.37	—	63.30

注：(1) OLS 为木材生物量最优的非线性基础模型，NMEM 是以该基础模型构建的非线性混合效应模型；L-OLS 是 OLS 线性化后的线性模型，GWR 是在该模型的基础上构建的。

(2) OLS 和 NMEM 的 RMSE 值直接通过式(2-38)计算，空间回归模型(GWR)的 RMSE 值是通过将模型拟合值反对数化后再通过式(2-38)计算。

从模型残差的空间效应来看(图 3-21)，随着距离尺度的增加，NMEM 和 GWR 模型的残差空间自相关性的变化趋势与基础模型基本一致，呈逐步降低的趋势。但总体而言，GWR 模型和 NMEM 均不能很好地降低模型残差的空间自相关性。

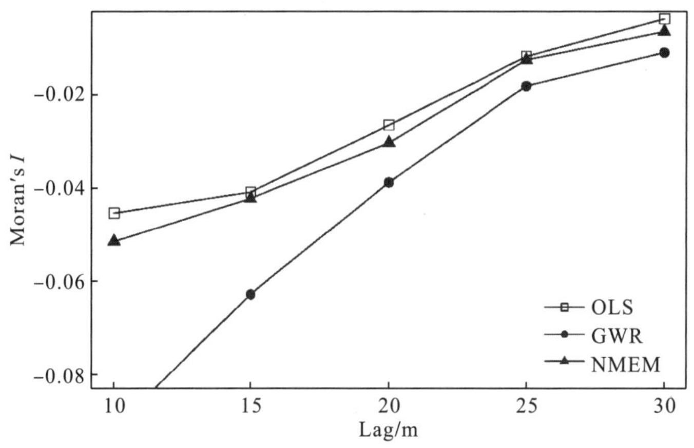

图 3-21 模型残差空间相关图

图 3-22 显示了 3 个模型残差在不同分组距离块内的组内方差变化。由图 3-22 可以看出，在分组距离为 1m 时，模型残差的组内方差均最小，此时，模型残差的空间异质性最低，但随着距离尺度的增大，模型残差的空间异质性也在不断增大。

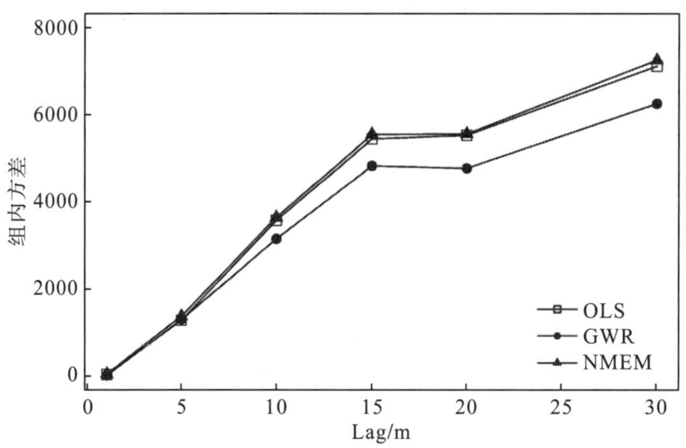

图 3-22 模型残差的组内方差

相对于基础模型而言，GWR 模型残差的组内方差在不同距离尺度下均小于基础模型，这表明 GWR 模型能有效地降低模型残差的空间异质性。然而，NMEM 残差的组内方差在不同距离尺度下与基础模型相仿，甚至大于基础模型，这表明 NMEM 并不能有效地降低模型残差的空间异质性。

从模型独立性检验结果来看(表 3-59)：NMEM 的各项指标均优于基础模型；而 GWR 模型的各项指标均不及基础模型。

表 3-59　模型独立性检验

模型	总相对误差	平均相对误差	绝对平均误差	预估精度
OLS	0.0518	0.0017	0.0017	0.86
GWR	−0.0607	−0.0067	0.0067	0.83
NMEM	0.0435	0.0014	0.0014	0.87

注：OLS 和 NMEM 的各项指标是直接通过模型估计值与实测值计算得出，而 GWR 的各项指标是将相应模型的估计值反对数化后与实测值间接计算而来。

3.2.2.3　树皮生物量模型构建

全局空间自相关分析结果表明：树皮生物量在空间中呈现显著的空间自相关关系，其 $Z(I)$ 值达到显著后的第一个峰值的距离为 29.8m。因此，以该距离作为带宽构建空间回归模型。

1. 全局空间回归模型

线性基础模型(L-OLS)的模型参数和残差的空间自相关诊断结果如表 3-60 所示。L-OLS 模型残差空间自相关检验结果表明：模型残差的 Moran's I 不显著(p=0.253)，说明模型残差不存在明显的空间自相关。

表 3-60　思茅松树皮生物量 L-OLS 模型参数及其残差的空间自相关检验结果

变量	系数	标准误差	t 值	p 值
常数项	−1.6105	0.4666	−3.4510	<0.001
ln(DBH)	1.0482	0.1511	6.9390	<0.001
R^2	0.32			
LogLik	−107.33			
AIC	220.67			
Moran's I	0.0018			0.253
LM-Lag	0.4603			0.497
Robust LM-Lag	1.7979			0.180
LM-Error	0.0106			0.918
Robust LM-Error	1.3482			0.245

拉格朗日乘子检验结果(LM test)表明(表 3-60)：LM-Error 和 LM-Lag 两个统计量均不显著，这说明对于思茅松树皮生物量而言，无须构建空间回归模型。

2. 地理加权回归模型(GWR)

地理加权回归模型的拟合结果见表 3-61。GWR 模型的 AIC 值明显小于线性基础模型(L-OLS)，两者差值远大于 2，表明 GWR 模型相比于 L-OLS 模型具有更好的拟合表现。

方差分析结果如表 3-62 所示，GWR 模型的残差平方和相比 L-OLS 模型下降了 6.4900，均方残差下降了 0.8095，表明 GWR 模型在一定程度上解释了空间效应问题。

表 3-61 思茅松树皮生物量 GWR 模型拟合结果

变量	最小值	1/4 分位数	中位数	3/4 分位数	最大值
常数项	−3.9543	−2.2730	−1.5392	−0.7593	0.9054
ln(DBH)	0.3067	0.7742	1.0308	1.2628	1.7385
R^2	0.41				
LogLik	—				
AIC	207.71				

表 3-62 思茅松树皮生物量 GWR 模型方差分析

	自由度	平方和	平方均值	*F* 值
OLS 残差	2.0000	48.9970		
GWR 残差改进值	8.0170	6.4900	0.8095	
GWR 残差	91.9830	42.5070	0.4621	1.7516

3. 非线性混合效应模型(NMEM)

从混合参数选择来看，不考虑随机效应，构建不同混合参数组合的混合效应模型，各模型的拟合指标见表 3-63，综合考虑，选择 *b* 作为混合效应模型的随机参数。

表 3-63 思茅松树皮生物量模型混合参数比较情况

混合参数	LogLik	AIC	LRT	*p* 值
无		不能收敛		
a	−303.49	614.98	—	—
b	−303.49	614.98	—	—
a、*b*		不能收敛		

考虑组内方差结构的模型均能收敛，但均不能提高模型精度。同样地，考虑组内协方差结构的模型虽能收敛，也不能提高模型精度(表 3-64)。综合来看，各种混合参数组合的混合效应模型的拟合指标均不及基础模型(OLS)。因此，不构建混合效应模型。

表 3-64 思茅松树皮生物量混合效应模型比较

方差结构	协方差结构	LogLik	AIC	LRT	*p* 值
无	无	−303.49	614.98	—	—
幂函数	无	−303.21	616.42	0.5597	0.454
指数函数	无	−303.48	616.97	0.0175	0.894
无	高斯函数	−302.62	615.25	1.733	0.187
无	球面函数	−302.62	615.25	1.7314	0.188
无	指数函数	−302.59	615.19	1.7976	0.180
无	空间函数	−302.62	615.25	1.7314	0.188

4. 模型评价

从不同模型的拟合统计量来看(表 3-65)，GWR 模型相比于非线性基础模型(OLS)，具有更小的 AIC 值，RMSE 值近似相等，表现出了更好的模型性能。总的来说，GWR 模型的模型性能相对更好。

表 3-65　思茅松树皮生物量模型统计量

类型	模型	AIC	RMSE
非线性模型	OLS	612.98	4.74
线性模型	L-OLS	220.67	—
	GWR	207.71	4.75

注：(1) OLS 为树皮生物量最优的非线性基础模型，NMEM 是以该基础模型构建的非线性混合效应模型；L-OLS 是 OLS 线性化后的线性模型，GWR 是在该模型的基础上构建的。

(2) OLS 和 NMEM 的 RMSE 值直接通过式(2-38)计算，空间回归模型(GWR)的 RMSE 值是通过将模型拟合值反对数化后再通过式(2-38)计算。

从模型残差的空间效应来看(图 3-23)，随着距离尺度的增加，两个模型残差的 Moran's I 指数表现出一致的变化趋势，基本呈现出空间负相关，且最终都趋近于 0。但 GWR 模型的残差空间自相关性却始终大于基础模型。

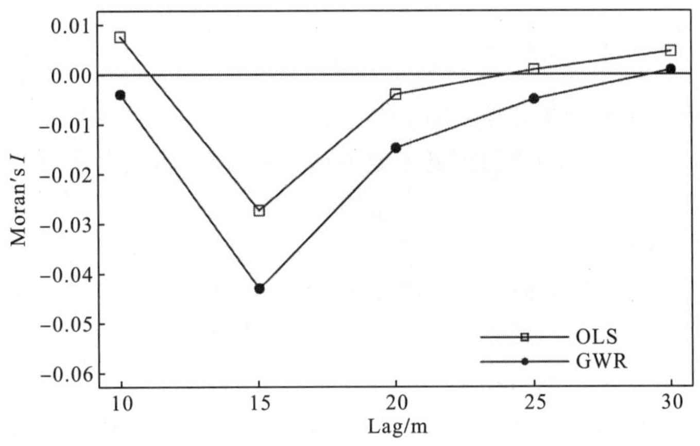

图 3-23　模型残差空间相关图

图 3-24 显示了两个模型残差在不同分组距离块内的组内方差变化，在分组距离为 1m 时，模型残差的组内方差均最小，此时，模型残差的空间异质性最低，但随着距离尺度的增大，模型残差的空间异质性也在不断增大。

相对于基础模型而言，GWR 模型残差的组内方差在不同距离尺度下均小于基础模型，这表明 GWR 模型能有效地降低模型残差的空间异质性。

从模型独立性检验结果来看(表 3-66)，相比于基础模型，GWR 模型的预估精度较小，平均相对误差和绝对平均误差的偏差相同，总相对误差的偏差相对较小。

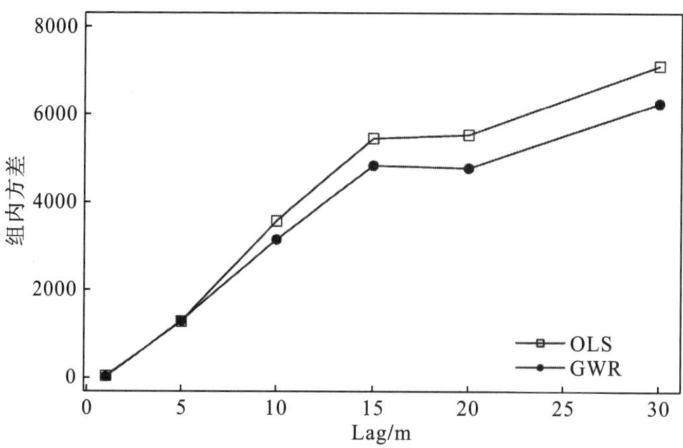

图 3-24 模型残差的组内方差

表 3-66 模型独立性检验

模型	总相对误差	平均相对误差	绝对平均误差	预估精度
OLS	0.0503	0.0016	0.0016	0.71
GWR	−0.0472	−0.0016	0.0016	0.61

注：OLS 的各项指标是直接通过模型估计值与实测值计算得出，而 GWR 的各项指标是将相应模型的估计值反对数化后与实测值间接计算而来。

3.2.2.4 树干生物量模型构建

全局空间自相关分析结果表明：树干生物量在空间中呈现显著的空间自相关关系，其 $Z(I)$ 值达到显著后的第一个峰值的距离为 18.6m。因此，以该距离作为带宽构建空间回归模型。

1. 全局空间回归模型

线性基础模型(L-OLS)的模型参数和残差的空间自相关诊断结果如表 3-67 所示。线性基础模型残差空间自相关检验结果表明：模型残差的 Moran's I 不显著(p=0.5123)，说明模型残差不存在明显的空间自相关。

拉格朗日乘子检验(LM test)结果表明(表 3-67)：LM-Error 和 LM-Lag 两个统计量均不显著，这说明对于思茅松树干生物量而言，无须构建全局空间回归模型。

表 3-67 思茅松树干生物量 L-OLS 模型参数及其残差的空间自相关检验结果

变量	系数	标准误差	t 值	p 值
常数项	-4.1991	0.1830	-22.9500	<0.001
$\ln(D^2H)$	1.0135	0.0204	49.6900	<0.001
R^2	0.96			
LogLik	-1.04			
AIC	8.09			

续表

变量	系数	标准误差	t 值	p 值
Moran's I	0.0032			0.5123
LM-Lag	1.2915			0.2558
Robust LM-Lag	1.2883			0.2564
LM-Error	0.0167			0.8971
Robust LM-Error	0.0135			0.9073

2. 地理加权回归模型(GWR)

地理加权回归模型的拟合结果见表 3-68。GWR 模型的 AIC 值明显小于线性基础模型(L-OLS)，两者差值远大于 2，表明 GWR 模型相比于 L-OLS 模型具有更好的拟合表现。

表 3-68　思茅松树干生物量 GWR 模型拟合结果

变量	最小值	1/4 分位数	中位数	3/4 分位数	最大值
常数项	−5.2312	−4.5255	−4.2925	−3.9823	−2.6123
$\ln(D^2H)$	0.8526	0.9888	1.0227	1.0481	1.1128
R^2	0.97				
LogLik	—				
AIC	−3.939				

方差分析结果如表 3-69 所示，GWR 模型的残差平方和相比 L-OLS 模型下降了 1.1736，均方残差下降了 0.0648，表明 GWR 模型在一定程度上解释了空间效应问题。

表 3-69　思茅松树干生物量 GWR 模型方差分析

	自由度	平方和	平方均值	F 值
OLS 残差	2.0000	6.0960		
GWR 残差改进值	18.1050	1.1736	0.0648	
GWR 残差	81.8950	4.9224	0.0601	1.0785

3. 非线性混合效应模型(NMEM)

从混合参数选择来看，不考虑随机效应，构建不同混合参数组合的混合效应模型，各模型的拟合指标见表 3-70，综合考虑，选择 b 作为混合效应模型的随机参数。

表 3-70　思茅松树干生物量模型混合参数比较情况

混合参数	LogLik	AIC	LRT	p 值
无		不能收敛		
a	−575.88	1159.77	—	—
b	−575.88	1159.77	—	—
a、b		不能收敛		

考虑组内方差结构，仅有幂函数形式的方差方程能显著提高模型拟合精度。考虑组内协方差结构的模型虽均能收敛，但都不能提高模型精度。综合来看，以幂函数形式的方差结构来构建混合效应模型最佳(表 3-71)，其拟合结果见表 3-72。

表 3-71 思茅松树干生物量混合效应模型比较

方差结构	协方差结构	LogLik	AIC	LRT	p 值
无	无	−575.88	1159.77	—	—
幂函数	无	−489.96	989.93	171.83	<0.001
指数函数	无	不能收敛			
无	高斯函数	−574.75	1159.51	2.25	0.133
无	球面函数	−574.73	1159.47	2.29	0.129
无	指数函数	−575.18	1160.37	1.39	0.237
无	空间函数	−574.73	1159.47	2.29	0.129

表 3-72 思茅松树干生物量最优混合效应模型拟合结果

参数	估计值	标准差	t 值	p 值
a	0.0162	0.0030	5.4648	<0.001
b	1.0082	0.0201	50.0745	<0.001
R^2	0.88			
LogLik	−489.96			
AIC	989.93			
异方差函数值	0.9557			

4. 模型评价

从不同模型的拟合统计量来看(表 3-73)，非线性混合效应模型(NMEM)的拟合指标除了 RMSE 值略微不及非线性基础模型(OLS)外，其余指标均优于非线性基础模型；GWR 模型的各项指标均优于基础模型。

表 3-73 思茅松树干生物量模型统计量

类型	模型	AIC	LogLik	RMSE
非线性模型	OLS	1157.77	−575.88	68.51
	NMEM	989.93	−489.96	68.69
线性模型	L-OLS	8.09	−1.04	—
	GWR	−3.93	—	63.58

注：(1) OLS 为树干生物量最优的非线性基础模型，NMEM 是以该基础模型构建的非线性混合效应模型；L-OLS 是 OLS 线性化后的线性模型，GWR 是在该模型的基础上构建的。

(2) OLS 和 NMEM 的 RMSE 值直接通过式(2-38)计算，空间回归模型(GWR)的 RMSE 值则是通过将模型拟合值反对数化后再通过式(2-38)计算。

从模型残差的空间效应来看(图 3-25)，随着距离尺度的增加，3 个模型残差的 Moran's *I* 指数表现出一致的变化趋势，基本呈现出空间负相关，且最终都趋近于 0。但 GWR 和 NMEM 的残差空间自相关性分别大于和略大于基础模型。

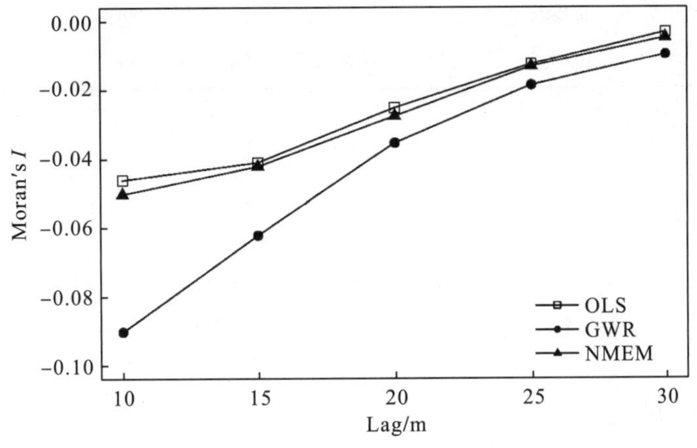

图 3-25　模型残差空间相关图

图 3-26 显示了 3 个模型残差在不同分组距离块内的组内方差变化。由图 3-26 可以看出，在分组距离为 1m 时，模型残差的组内方差均最小，此时，模型残差的空间异质性最低，但随着距离尺度的增大，模型残差的空间异质性也在不断增大。

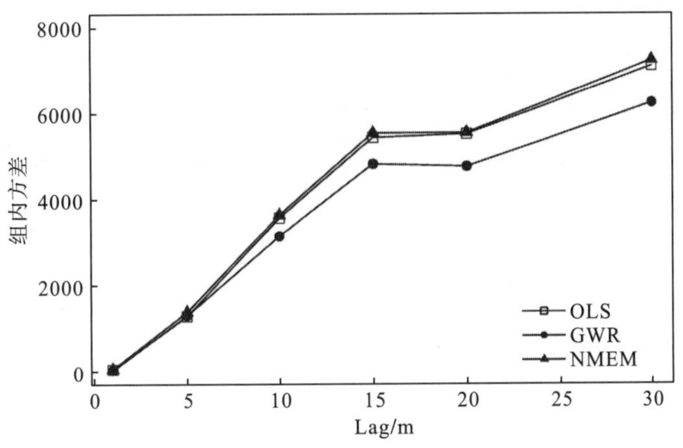

图 3-26　模型残差的组内方差

相对于基础模型而言，GWR 模型残差的组内方差在不同距离尺度下均小于基础模型，这表明 GWR 模型能有效地降低模型残差的空间异质性。但是，随着距离尺度的增加，NMEM 模型残差的组内方差与基础模型相似，甚至略大于基础模型。

从模型独立性检验结果来看(表 3-74)，相比于基础模型，NMEM 模型的总相对误差略大于基础模型，平均相对误差和绝对平均误差与基础模型持平，预估精度高于基础模型；相对于基础模型，GWR 模型的多项指标不及基础模型。

表 3-74 模型独立性检验

模型	总相对误差	平均相对误差	绝对平均误差	预估精度
OLS	0.0544	0.0018	0.0018	0.86
NMEM	0.0545	0.0018	0.0018	0.87
GWR	−0.0557	−0.0061	0.0061	0.82

注：OLS 和 NMEM 的各项指标是直接通过模型估计值与实测值计算得出，而 GWR 的各项指标是将相应模型的估计值反对数化后与实测值间接计算而来。

3.2.2.5 树枝生物量模型构建

全局空间自相关分析结果表明：树枝生物量在空间中呈现显著的空间自相关关系，其 $Z(I)$ 值达到显著后的第一个峰值的距离为 7.4m。因此，以该距离作为带宽构建空间回归模型。

1. 全局空间回归模型

线性基础模型(L-OLS)的模型参数和残差的空间自相关诊断结果如表 3-75 所示。L-OLS 模型残差空间自相关检验结果表明：模型残差的 Moran's I 不显著(p=0.267)，说明模型残差不存在明显的空间自相关。

表 3-75 思茅松树枝生物量 OLS 模型参数及其残差的空间自相关检验结果

变量	系数	标准误差	t 值	p 值
常数项	−6.5403	0.4332	−15.1000	<0.001
ln(DBH)	2.9842	0.1403	21.2800	<0.001
R^2	0.81			
LogLik	−99.75			
AIC	205.51			
Moran's I	0.0521			0.267
LM-Lag	4.6211			0.032
Robust LM-Lag	3.8767			0.049
LM-Error	0.8224			0.365
Robust LM-Error	0.0781			0.780

拉格朗日乘子检验结果(LM test)表明(表 3-75)：LM-Lag 统计量显著(p=0.032)，且 Robust LM-Lag 也显著(p=0.049)，这说明对于思茅松树枝生物量而言，空间滞后模型 SLM 最优。SLM 的拟合结果如表 3-76，从拟合结果来看，SLM 的空间滞后性显著，且 AIC(203.43)和 LogLik(−97.71)均优于基础模型(AIC=205.51，LogLik=−99.75)，LRT 检验结果也表明 SLM 优于线性基础模型(p=0.043)。

表 3-76　思茅松树枝生物量 SLM 拟合结果

变量	系数	标准误差	p 值
常数项	−6.9620	0.4676	<0.001
ln(DBH)	2.9832	0.1358	<0.001
W·ln(Bbranch)	0.1681	0.0823	0.041
R^2	0.99		
LogLik	−97.71		
LRT	4.07		0.043
AIC	203.43		

注：Bbranch 表示树枝生物量。

2. 地理加权回归模型(GWR)

地理加权回归模型的拟合结果见表 3-77。GWR 模型的 AIC 值明显小于线性基础模型(L-OLS)，两者差值远大于 2，表明 GWR 相比于基础模型具有更好的拟合表现。

表 3-77　思茅松树枝生物量 GWR 模型拟合结果

变量	最小值	1/4 分位数	中位数	3/4 分位数	最大值
常数项	−18.3358	−7.1520	−5.9506	−4.9112	16.0768
ln(DBH)	−3.1655	2.5368	2.8019	3.1175	6.4992
R^2	0.95				
LogLik	—				
AIC	115.80				

方差分析结果如表 3-78 所示，GWR 模型的残差平方和相比基础模型下降了 31.0010，均方残差下降了 0.5328，表明 GWR 模型在一定程度上解释了空间效应问题。

表 3-78　思茅松树枝生物量 GWR 模型方差分析

	自由度	平方和	平方均值	F 值
OLS 残差	2.0000	42.2280		
GWR 残差改进值	58.1860	31.0010	0.5328	
GWR 残差	41.8140	11.2270	0.2685	1.9843

3. 非线性混合效应模型(NMEM)

从混合参数选择来看，不考虑随机效应，构建不同混合参数组合的混合效应模型，各模型的拟合指标见表 3-79，综合考虑，选择 b 作为混合参数模型效果相对较好。

表 3-79　思茅松树枝生物量模型混合参数比较情况

混合参数	LogLik	AIC	LRT	p 值
无	不能收敛			
a	−450.53	909.07	—	—
b	−450.53	909.07	—	—
a、b	不能收敛			

考虑组内方差结构，仅有幂函数形式的方差方程能显著提高模型性能。考虑组内协方差结构的模型虽均能收敛，但都不能提高模型性能。综合来看，以幂函数形式的方差结构来构建混合效应模型最佳(表 3-80)，其拟合结果见表 3-81。

表 3-80 思茅松树枝生物量混合效应模型比较

方差结构	协方差结构	LogLik	AIC	LRT	p 值
无	无	−450.53	909.07	—	—
幂函数	无	−369.80	749.61	161.45	<0.001
指数函数	无	不能收敛			
无	高斯函数	−450.53	911.07	<0.001	0.997
无	球面函数	−450.53	911.07	<0.001	0.998
无	指数函数	−450.53	911.07	<0.001	0.999
无	空间函数	−450.53	911.07	<0.001	0.998

表 3-81 思茅松树枝生物量最优混合效应模型拟合结果

参数	估计值	标准差	t 值	p 值
a	0.0021	0.0009	2.3125	0.0228
b	2.9232	0.1354	21.5940	<0.001
R^2	0.70			
LogLik	−369.80			
AIC	749.61			
异方差函数值	0.9004			

4. 模型评价

从不同模型的拟合统计量来看(表 3-82)，非线性混合效应模型(NMEM)的拟合指标除了 RMSE 值略微不及非线性基础模型(OLS)外，其余指标均优于基础模型；空间滞后模型(SLM)与混合效应模型相仿，也是除了 RMSE 值不及基础模型外，其余指标皆优于基础模型；GWR 模型的各项指标皆优于基础模型。

表 3-82 思茅松树枝生物量模型统计量

类型	模型	AIC	LogLik	RMSE
非线性模型	OLS	907.07	−450.53	20.04
	NMEM	749.61	−369.80	20.08
线性模型	L-OLS	205.51	−99.75	—
	SLM	203.43	−97.71	20.92
	GWR	115.80	—	7.86

注：(1) OLS 为树枝生物量最优的非线性基础模型，NMEM 是以该基础模型构建的非线性混合效应模型；L-OLS 是 OLS 线性化后的线性模型，SLM 和 GWR 是在该模型的基础上构建的。

(2) OLS 和 NMEM 的 RMSE 值直接通过式(2-38)计算，空间回归模型(SLM 和 GWR)的 RMSE 值则是通过将模型拟合值反对数化后再通过式(2-38)计算。

从模型残差的空间效应来看(图 3-27)，随着距离尺度的增加，混合效应模型和空间滞后模型的残差空间自相关性皆同基础模型相似，且均表现出一致的变化趋势，基本呈现出空间负相关。而 GWR 模型在小尺度时模型残差空间自相关性大于基础模型，在偏大尺度时小于基础模型。

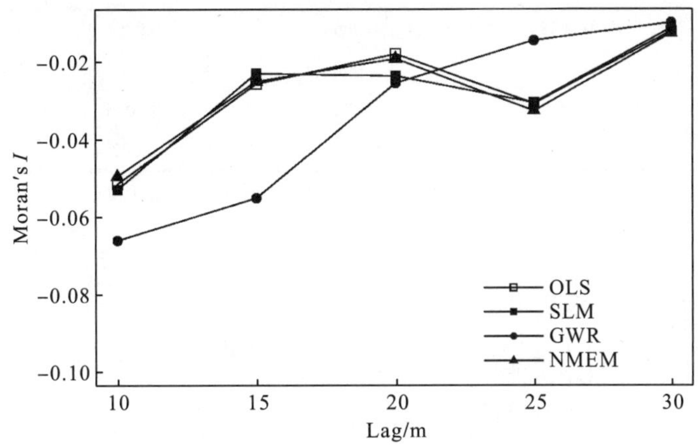

图 3-27　模型残差空间相关图

图 3-28 显示了 3 个模型残差在不同分组距离块内的组内方差变化。在分组距离为 1m 时，模型残差的组内方差均最小，此时，模型残差的空间异质性最低，但随着距离尺度的增大，模型残差的空间异质性也在不断增大。

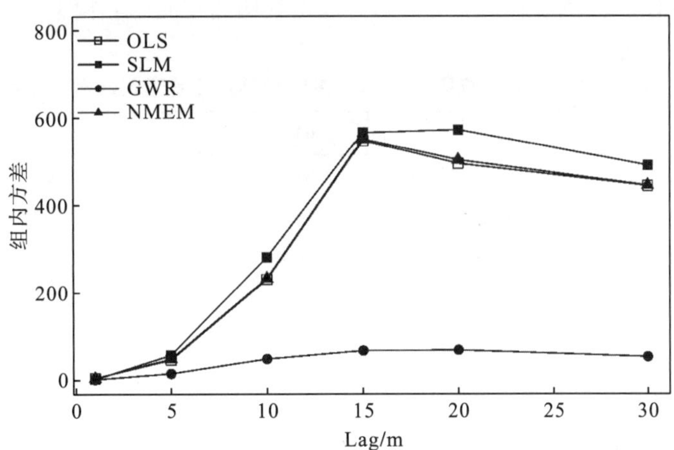

图 3-28　模型残差的组内方差

相对于基础模型而言，GWR 模型残差的组内方差在不同距离尺度下均小于基础模型，这表明 GWR 模型能有效地降低模型残差的空间异质性。但是，随着距离尺度的增加，SLM 和 NMEM 的残差的组内方差与基础模型相似，甚至略大于基础模型。

从模型独立性检验结果来看(表 3-83)，SLM、GWR 和 NMEM 的各项指标均不及基础模型。

表 3-83 模型独立性检验

模型	总相对误差	平均相对误差	绝对平均误差	预估精度
OLS	0.1909	0.0063	0.0063	0.61
SLM	0.2518	0.0083	0.0083	0.55
GWR	−0.7030	−0.7030	0.7030	—
NMEM	0.2266	0.007	0.007	0.60

注：OLS 和 NMEM 的各项指标是直接通过模型估计值与实测值计算得出，而 SLM 和 GWR 的各项指标是将相应模型的估计值反对数化后与实测值间接计算而来。

3.2.2.6 树叶生物量模型构建

全局空间自相关分析结果表明：树叶生物量在空间中呈现显著的空间自相关关系，其 $Z(I)$ 值达到显著后的第一个峰值的距离为 7.2m。因此，以该距离作为带宽构建空间回归模型。

1. 全局空间回归模型

线性基础模型(L-OLS)的模型参数和残差的空间自相关诊断结果如表 3-84 所示。L-OLS 模型残差空间自相关检验结果表明：模型残差的 Moran's I 不显著(p=0.510)，说明模型残差不存在明显的空间自相关。

拉格朗日乘子检验结果(LM test)表明(表 3-84)：LM-Error 和 LM-Lag 两个统计量均不显著，这说明对于思茅松树叶生物量而言，无须构建空间回归模型。

表 3-84 思茅松树叶生物量 OLS 模型参数及其残差的空间自相关检验结果

变量	系数	标准误差	t 值	p 值
常数项	−6.4961	0.8106	−8.0140	<0.001
$\ln(D^2H)$	0.8027	0.1404	5.7180	<0.001
$\ln(CW^2CL)$	0.0280	0.1080	0.2590	0.7960
R^2	0.55			
LogLik	−133.68			
AIC	275.37			
Moran's I	0.0270			0.510
LM-Lag	3.2669			0.070
Robust LM-Lag	5.2619			0.021
LM-Error	0.2145			0.643
Robust LM-Error	2.2095			0.137

2. 地理加权回归模型(GWR)

地理加权回归模型无法拟合。

3. 非线性混合效应模型(NMEM)

从混合参数选择来看，不考虑随机效应，构建不同混合参数组合的混合效应模型，各模型的拟合指标见表 3-85，仅有考虑 b 参数时模型收敛，因此以 b 作为混合参数构建混合效应模型。

表 3-85　思茅松树叶生物量模型混合参数比较情况

混合参数	LogLik	AIC	LRT	p 值
无		不能收敛		
a		不能收敛		
b	273.87	557.75	—	—
c		不能收敛		
a、b		不能收敛		
a、c		不能收敛		
b、c		不能收敛		
a、b、c		不能收敛		

考虑组内方差结构和协方差结构的模型均不能收敛(表 3-86)，且考虑 b 为随机参数的混合效应参数模型的拟合指标不及基础模型(OLS)。因此，不构建混合效应模型。

表 3-86　思茅松树叶生物量混合效应模型比较

方差结构	协方差结构	LogLik	AIC	LRT	p 值
无	无	273.87	557.75	—	—
幂函数	无		不能收敛		
指数函数	无		不能收敛		
无	高斯函数		不能收敛		
无	球面函数		不能收敛		
无	指数函数		不能收敛		
无	空间函数		不能收敛		

3.2.2.7　树冠生物量模型构建

全局空间自相关分析结果表明：树冠生物量在空间中呈现显著的空间自相关关系，其 $Z(I)$ 值达到显著后的第一个峰值的距离为 7.2m。因此，以该距离作为带宽构建空间回归模型。

1. 全局空间回归模型

线性基础模型(L-OLS)的模型参数和残差的空间自相关诊断结果如表 3-87 所示。L-OLS 模型残差空间自相关检验结果表明：模型残差的 Moran's I 不显著(p=0.130)，说明模型残差不存在明显的空间自相关。

拉格朗日乘子检验结果(LM test)表明(表 3-87)：LM-Lag 统计量显著(p=0.017)，且 Robust LM-Lag 也显著(p=0.046)，这说明对于思茅松树冠生物量而言，SLM 最优。SLM 的拟合结果见表 3-88，从拟合结果来看，SLM 的空间滞后性显著，且 AIC(206.64)和

LogLik(−99.31)均优于基础模型(AIC=209.62，LogLik=−101.81)，LRT 检验结果也表明 SLM 优于线性基础模型(p=0.025)。

表 3-87 思茅松树冠生物量 OLS 模型参数及其残差的空间自相关检验结果

变量	系数	标准误差	t 值	p 值
常数项	−5.9665	0.4420	−13.5000	<0.001
ln(DBH)	2.8571	0.1431	19.9600	<0.001
R^2	0.79			
LogLik	−101.81			
AIC	209.62			
Moran's I	0.0760			0.130
LM-Lag	5.6605			0.017
Robust LM-Lag	3.9697			0.046
LM-Error	1.6915			0.193
Robust LM-Error	0.0007			0.979

表 3-88 思茅松树冠生物量 SLM 拟合结果

变量	系数	标准误差	p 值
常数项	−6.4601	0.4771	<0.001
ln(DBH)	2.8504	0.1379	<0.001
W·ln(Bcrow)	0.1895	0.0832	0.023
R^2	0.99		
LogLik	−99.31		
LRT	4.98		0.025
AIC	206.64		

注：Bcrow 表示树冠生物量。

2. 地理加权回归模型(GWR)

地理加权回归模型拟合结果见表 3-89。GWR 模型的 AIC 值明显小于线性基础模型(L-OLS)，两者差值远大于 2，表明 GWR 模型相比于基础模型具有更好的拟合表现。

表 3-89 思茅松树冠生物量 GWR 模型拟合结果

变量	最小值	1/4 分位数	中位数	3/4 分位数	最大值
常数项	−18.7660	−6.6678	−5.2938	−4.3177	17.0548
ln(DBH)	−3.4054	2.3595	2.6619	3.0122	6.6855
R^2	0.95				
LogLik	—				
AIC	120.98				

方差分析结果如表 3-90 所示，GWR 模型的残差平方和相比 L-OLS 下降了 32.3180，均方残差下降了 0.5421，表明 GWR 模型在一定程度上解释了空间效应问题。

表 3-90　思茅松树冠生物量 GWR 模型方差分析

	自由度	平方和	平方均值	*F* 值
OLS 残差	2.0000	43.9640		
GWR 残差改进值	59.6110	32.3180	0.5421	
GWR 残差	40.3890	11.6460	0.2884	1.8801

3. 非线性混合效应模型(NMEM)

从混合参数选择来看，不考虑随机效应，构建不同混合参数组合的混合效应模型，各模型的拟合指标见表 3-91，综合考虑，选择 b 作为模型的混合参数。

表 3-91　思茅松树冠生物量模型混合参数比较情况

混合参数	LogLik	AIC	LRT	p 值
无	不能收敛			
a	−462.33	932.67	—	—
b	−462.33	932.67	—	—
a、b	不能收敛			

考虑组内方差结构，仅有幂函数形式的方差方程能显著提高模型精度。考虑组内协方差结构的模型虽均能收敛，但都不能提高模型精度。综合来看，以幂函数形式的方差结构来构建混合效应模型最佳(表 3-92)，其拟合结果见表 3-93。

表 3-92　思茅松树冠生物量混合效应模型比较

方差结构	协方差结构	LogLik	AIC	LRT	p 值
无	无	−462.33	932.67	—	—
幂函数	无	−388.73	787.46	147.20	<0.001
指数函数	无	不能收敛			
无	高斯函数	−462.33	934.67	<0.001	0.997
无	球面函数	−462.33	934.67	<0.001	0.998
无	指数函数	−462.33	934.67	<0.001	0.999
无	空间函数	−462.33	934.67	<0.001	0.998

表 3-93　思茅松树冠生物量最优混合效应模型拟合结果

参数	估计值	标准差	t 值	p 值
a	0.0040	0.0018	2.2700	0.0254
b	2.7708	0.1370	20.2225	<0.001
R^2	0.68			
LogLik	−388.73			
AIC	787.46			
异方差函数值	0.8716			

4. 模型评价

从不同模型的拟合统计量来看(表 3-94)，混合效应模型(NMEM)的拟合指标除了 RMSE 值略微高于 OLS 模型，其余指标均优于基础模型(OLS)；同样地，SLM 亦是如此；GWR 模型相比于基础模型，由于更小的 AIC 值和 RMSE 值，其表现出了更好的模型性能。总的来说，由于 GWR 模型具有较小的 AIC 值和 RMSE 值，其模型性能相对更好。

表 3-94 思茅松树冠生物量模型统计量

类型	模型	AIC	LogLik	RMSE
非线性模型	OLS	930.67	−462.33	22.50
	NMEM	787.46	−388.73	22.55
线性模型	L-OLS	209.62	−101.81	—
	SLM	206.64	−99.31	23.13
	GWR	120.98	—	8.60

注：(1) OLS 为树冠生物量最优的非线性基础模型，NMEM 是以该基础模型构建的非线性混合效应模型；L-OLS 是 OLS 线性化后的线性模型，SLM 和 GWR 是在该模型的基础上构建的。

(2) OLS 和 NMEM 的 RMSE 值直接通过式(2-38)计算，空间回归模型(SLM 和 GWR)的 RMSE 值则是通过将模型拟合值反对数化后再通过式(2-38)计算。

从模型残差的空间效应来看(图 3-29)，随着距离尺度的增加，除了 GWR 模型外，其余模型残差的 Moran's I 指数差异并不明显，且均表现出一致的变化趋势，基本呈现出负空间自相关。小尺度范围内，NMEM 的残差自相关性要低于基础模型，大尺度范围内 GWR 和 SLM 的空间自相关性要低于基础模型。

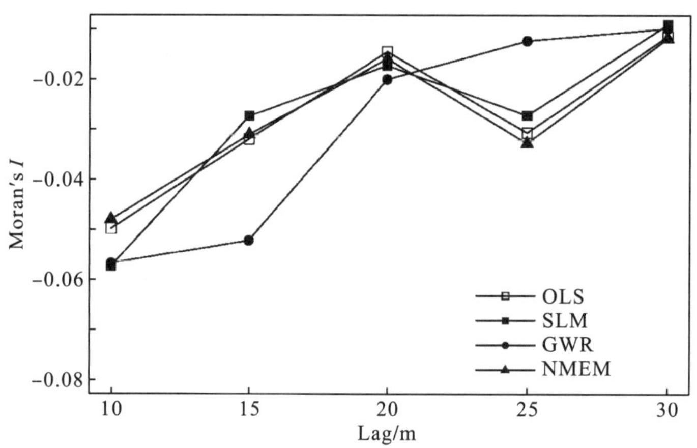

图 3-29 模型残差空间相关图

图 3-30 显示了 4 个模型残差在不同分组距离块内的组内方差变化。在分组距离为 1m 时，模型残差的组内方差均最小，此时，模型残差的空间异质性最低，但随着距离尺度的增大，模型残差的空间异质性也在不断增大后趋于稳定或下降。

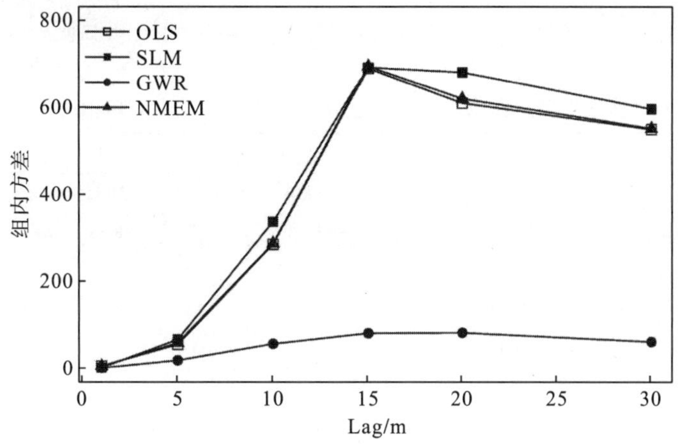

图 3-30　模型残差的组内方差

相对于基础模型而言，GWR 模型残差的组内方差在不同距离尺度下均小于基础模型，这表明 GWR 模型能有效地降低模型残差的空间异质性；除 GWR 模型外，其他模型残差的组内方差在不同距离尺度下与基础模型相仿，甚至大于基础模型。

从模型独立性检验结果来看(表 3-95)，NMEM、SLM 和 GWR 模型的各项指标均不及基础模型，前两个模型的各项指标与基础模型差异较小，而 GWR 模型的各项指标偏差较大。

表 3-95　模型独立性检验

模型	总相对误差	平均相对误差	绝对平均误差	预估精度
OLS	0.1574	0.0052	0.0052	0.64
NMEM	0.1911	0.0063	0.0063	0.63
SLM	0.1968	0.0065	0.0065	0.58
GWR	−0.7085	−0.7085	0.7085	—

注：OLS 和 NMEM 的各项指标是直接通过模型估计值与实测值计算得出，而 SLM 和 GWR 的各项指标是将相应模型的估计值反对数化后与实测值间接计算而来。

3.2.2.8　地上生物量模型构建

全局空间自相关分析结果表明：地上生物量在空间中呈现显著的空间自相关关系，其 $Z(I)$ 值达到显著后的第一个峰值的距离为 12m。因此，以该距离作为带宽构建空间回归模型。

1. 全局空间回归模型

线性基础模型(L-OLS)的模型参数和残差的空间自相关诊断结果如表 3-96 所示。L-OLS 模型残差空间自相关检验结果表明：模型残差的 Moran's I 不显著(p=0.685)，说明模型残差不存在明显的空间自相关。

拉格朗日乘子检验结果(LM test)表明(表 3-96)：LM-Error 和 LM-Lag 两个统计量均

不显著，这说明对于思茅松地上生物量而言，无须构建全局空间回归模型。

表 3-96 思茅松地上生物量 OLS 模型参数及其残差的空间自相关检验结果

变量	系数	标准误差	t 值	p 值
常数项	−4.1019	0.1881	−21.81	<0.001
$\ln(D^2H)$	1.0184	0.0210	48.58	<0.001
R^2	0.95			
LogLik	−3.84			
AIC	13.69			
Moran's I	−0.0237			0.685
LM-Lag	1.8979			0.168
Robust LM-Lag	2.5735			0.108
LM-Error	0.4220			0.515
Robust LM-Error	1.0977			0.294

2. 地理加权回归模型(GWR)

地理加权回归模型的拟合结果见表 3-97。GWR 模型的 AIC 值明显小于线性基础模型(L-OLS)，两者差值远大于 2，表明 GWR 模型相比于 L-OLS 模型具有更好的拟合表现。

表 3-97 思茅松地上生物量 GWR 模型拟合结果

变量	最小值	1/4 分位数	中位数	3/4 分位数	最大值
常数项	−5.2199	−4.6275	−3.9574	−3.6922	−2.2582
$\ln(D^2H)$	0.8406	0.9763	0.9987	1.0755	1.1436
R^2	0.98				
LogLik	—				
AIC	−17.38				

方差分析结果如表 3-98 所示，GWR 模型的残差平方和相比 L-OLS 模型下降了 2.6268，均方残差下降了 0.0783，表明 GWR 模型在一定程度上解释了空间效应问题。

表 3-98 思茅松地上生物量 GWR 模型方差分析

	自由度	平方和	平方均值	F 值
OLS 残差	2.0000	6.4398		
GWR 残差改进值	33.5490	2.6268	0.0783	
GWR 残差	66.4510	3.8131	0.0574	1.3645

3. 非线性混合效应模型(NMEM)

从混合参数选择来看，不考虑随机效应，构建不同混合参数组合的混合效应模型，各模型的拟合指标见表 3-99，混合参数均不能提高模型性能，因此不添加混合参数。

表 3-99 思茅松地上生物量模型混合参数比较情况

混合参数	LogLik	AIC	LRT	p 值
无	−588.77	1189.54	—	—
a	−588.77	1185.54	<0.001	1
b	−588.77	1185.54	<0.001	1
a、b	−588.77	1189.54	—	—

考虑组内方差结构，仅有幂函数形式的方差方程能显著提高模型性能。考虑组内协方差结构，仅有 Exponential 形式的模型能收敛，但不能提高模型精度。综合来看，以幂函数形式的方差结构来构建混合效应模型最佳(表 3-100)，其拟合结果见表 3-101。

表 3-100 思茅松地上生物量混合效应模型比较

方差结构	协方差结构	LogLik	AIC	LRT	p 值
无	无	−588.77	1189.54	—	—
幂函数	无	−508.44	1030.89	160.65	<0.001
指数函数	无	不能收敛			
无	高斯函数	不能收敛			
无	球面函数	不能收敛			
无	指数函数	−587.52	1189.05	2.49	0.114
无	空间函数	不能收敛			

表 3-101 思茅松地上生物量最优混合效应模型拟合结果

参数	估计值	标准差	t 值	p 值
a	0.0177	0.0035	5.0542	<0.001
b	1.0144	0.0216	47.0611	<0.001
R^2	0.89			
LogLik	−508.44			
AIC	1030.89			
空间相关性	0.9190			

4. 模型评价

从不同模型的拟合统计量来看(表 3-102)，混合效应模型(NMEM)的拟合指标除了 RMSE 值略微高于 OLS 模型，其余指标均优于基础模型(OLS)；GWR 模型相比于基础模型，由于更小的 AIC 值和 RMSE 值，其表现出了更好的模型性能。总的来说，GWR 模型由于其较小的 AIC 值和 RMSE 值，模型性能相对更好。

表 3-102 思茅松地上生物量模型统计量

类型	模型	AIC	LogLik	RMSE
非线性模型	OLS	1183.54	-588.77	77.73
	NMEM	1030.89	-508.44	77.84

续表

类型	模型	AIC	LogLik	RMSE
线性模型	L-OLS	13.69	-3.84	—
	GWR	-17.38	—	63.77

注：(1) OLS 为地上生物量最优的非线性基础模型，NMEM 是以该基础模型构建的非线性混合效应模型；L-OLS 是 OLS 线性化后的线性模型，GWR 是在该模型的基础上构建的。

(2) OLS 和 NMEM 的 RMSE 值直接通过公式(2-38)计算，空间回归模型(GWR)的 RMSE 值是通过将模型拟合值反对数化后再通过公式(2-38)计算。

从模型残差的空间效应来看(图 3-31)，随着距离尺度的增加，3 个模型残差的 Moran's I 指数均表现出一致的下降趋势，呈现出空间负相关。但相对而言，同等尺度下 GWR 模型残差空间自相关性更强，NMEM 与基础模型基本一致。

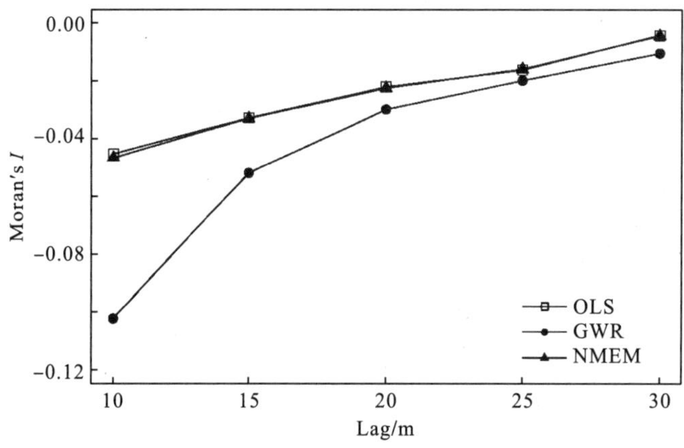

图 3-31 模型残差空间相关图

图 3-32 显示了 3 个模型残差在不同分组距离块内的组内方差变化。在分组距离为 1m 时，模型残差的组内方差均最小，此时，模型残差的空间异质性最低，但随着距离尺度的增大，模型残差的空间异质性也在不断增大后趋于稳定或下降。

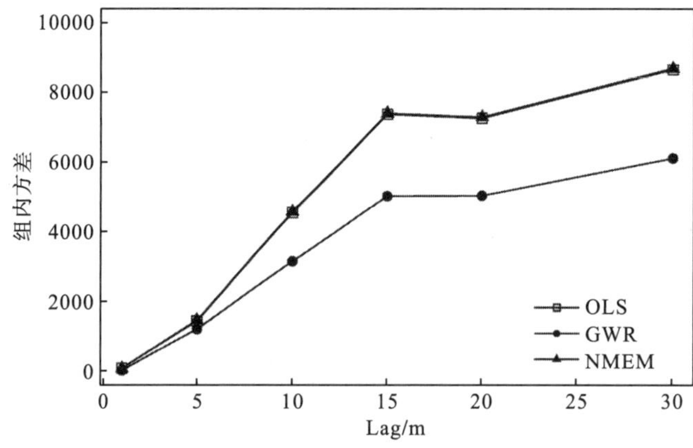

图 3-32 模型残差的组内方差

相对于基础模型而言，GWR 模型残差的组内方差在不同距离尺度下均小于基础模型，这表明 GWR 模型能有效地降低模型残差的空间异质性；NMEM 残差的组内方差在不同距离尺度下与基础模型相仿。

从模型独立性检验结果来看(表 3-103)，NMEM 和 GWR 模型的各项指标均不及基础模型，但 NMEM 与基础模型间差异较小，而 GWR 模型的各项指标相对偏差较大。

表 3-103　模型独立性检验

模型	总相对误差	平均相对误差	绝对平均误差	预估精度
OLS	0.0755	0.0025	0.0025	0.85
NMEM	0.0833	0.0027	0.0027	0.85
GWR	−0.1160	−0.0232	0.0232	0.84

注：OLS 和 NMEM 的各项指标是直接通过模型估计值与实测值计算得出，而 GWR 的各项指标则是将相应模型的估计值反对数化后与实测值间接计算而来。

3.3　小　　结

3.3.1　思茅松天然林空间效应分析

思茅松天然林全林、思茅松和其他树种的各维量生物量的空间分布格局、空间聚类模式以及空间异质性均表现出了一定的相似性，也呈现出了一定的差异性。

3.3.1.1　思茅松天然林-全林空间效应分析

随着距离尺度的增加，全林的林木空间格局呈现聚集分布的趋势，且在部分距离具有显著的空间聚集分布特征；木材生物量、树干生物量、地上生物量基本呈现出离散分布的趋势，且于部分距离表现出了显著的离散分布特征；但于不同的距离尺度下，树皮生物量、树枝生物量、树叶生物量和树冠生物量既存在聚集分布的趋势，又存在离散分布的趋势，其中树枝生物量和树冠生物量均不具有显著的空间分布特征，而树皮生物量和树叶生物量具有显著的空间离散分布特征。在整个距离尺度上，木材生物量、树干生物量和地上生物量的空间分布格局相似，树枝生物量和树冠生物量的空间分布格局相似，而树皮生物量和树叶生物量的空间分布格局各异。综上，思茅松天然林全林各维量生物量在空间中的分布格局并不是随机的，或者说均具有某种趋势，且与全林的林木分布格局存在差异。尽管树枝生物量和树冠生物量不具有显著的空间聚集分布或离散分布特征，但是其仍然存在着空间聚集分布或离散分布的趋势。

随着距离尺度的增加，木材生物量、树皮生物量、树干生物量、树枝生物量、树叶生物量、树冠生物量和地上生物量均表现出一定程度的空间自相关性。显著性检验结果表明：树皮生物量、树枝生物量、树冠生物量在空间中呈现出显著的空间自相关性，而木材生物量、树干生物量、树叶生物量和地上生物量并未出现显著的空间自相关性。随着距离尺度的增加，木材生物量、树干生物量和地上生物量的空间自相关性变化规律相似，树枝生物量和树冠生物量的空间分布规律相似，而树皮生物量和树叶生物量的空间分布规律各不相同。局部空间自相关分析结果进一步表明，全林各维量生物量均表现出了一定的空间自相关关系，其中，木材生物量、树干生物量和地上生物量在空间中的分布模式相似，树枝生物量和树冠生物量在空间中的分布模式相似，而树皮生物量和树叶生物量在空间中的分布模式各不相同。综上，思茅松天然林全林各维量生物量在空间中的分布并非随机的，而是存在一定的规律性，虽然部分维量的生物量的全局空间自相关性并不显著，但在局部区域仍然存在空间自相关性。

总的来说，全林各维量生物量的组内方差值随着分组距离的增加总体呈现出增大的趋势。这说明了全林各维量生物量的空间变异性随着距离尺度的增加逐步增大，在小尺度范围内，全林各维量生物量的空间变异性较小，而随着尺度距离的增加，空间变异性逐渐增大。木材生物量、树干生物量、树枝生物量、树冠生物量和地上生物量随着距离尺度的增加表现出了相似的空间变异性规律，但空间变异性程度各异，相比而言，地上生物量的空间变异性最大；树皮生物量和树叶生物量随着距离尺度的增加表现出了相似的空间变异性规律，但空间变异性程度各异，其中树叶生物量变异性最小，树皮生物量变异性最大。

3.3.1.2 思茅松天然林-思茅松空间效应分析

随着距离尺度的增加，思茅松的林木空间格局呈现聚集分布的趋势，且在部分距离具有显著的空间聚集分布特征；木材生物量、树干生物量、地上生物量基本呈现出离散分布的趋势，除了木材生物量在部分距离具有显著性外，其余均不具有显著的空间聚集分布或离散分布特征；树皮生物量基本呈现出聚集分布的趋势，且在部分距离具有显著的空间聚集分布特征；树枝生物量、树叶生物量和树冠生物量既存在聚集分布的趋势，又存在离散分布的趋势，但于不同的距离尺度下，各维量间存在差异，且树枝生物量和树冠生物量不具有显著的空间分布特征，而树叶生物量具有显著的空间离散分布特征。在整个距离尺度上，木材生物量、树干生物量和地上生物量的空间分布格局相似，树枝生物量和树冠生物量的空间分布格局相似，而树皮生物量和树叶生物量的空间分布格局各异。综上，思茅松天然林思茅松各维量生物量在空间中的分布格局并不是随机的，或者说均具有某种趋势，且与思茅松的林木空间分布格局存在差异。尽管树干生物量、树枝生物量、树冠生物量和地上生物量不具有显著的空间聚集分布或离散分布特征，但是其仍然存在空间聚集分布或离散分布的趋势。

随着距离尺度的增加，木材生物量、树皮生物量、树干生物量、树枝生物量、树叶生物量、树冠生物量和地上生物量均表现出一定程度的空间自相关性。显著性检验结果表明：木材生物量、树皮生物量、树干生物量、树枝生物量、树叶生物量、树冠生物量和地上生物量均在空间中呈现出显著的空间自相关性。随着距离尺度的增加，木材生物量、树干生物量和地上生物量的空间自相关性变化规律相似，树枝生物量和树冠生物量的空间分布规律相似，而树皮生物量和树叶生物量的空间分布规律各不相同。局部空间自相关分析结果进一步表明，思茅松各维量生物量均表现出了一定的空间自相关关系，其中，木材生物量、树干生物量和地上生物量在空间中的分布模式相似，树枝生物量和树冠生物量在空间中的分布模式相似，而树皮生物量和树叶生物量分布模式各不相同。综上，思茅松天然林思茅松各维量生物量在空间中的分布并非随机的，而是存在一定的规律性。

总的来说，思茅松各维量生物量的组内方差值随着分组距离的增加总体呈现出增大的趋势。这说明了思茅松各维量生物量的空间变异性随着距离尺度的增加逐步增大，在小尺度范围内，思茅松各维量生物量的空间变异性较小，而随着尺度距离的增加，空间变异性逐渐增大。木材生物量、树干生物量和地上生物量随着距离尺度的增加表现出了相似的空间变异性规律，但空间变异性程度各异，相比而言，地上生物量的空间变异性最大；树枝生物量和树冠生物量随着距离尺度的增加表现出了相似的空间变异性规律；树皮生物量和树叶生物量表现出了相似的空间变异性规律。

3.3.1.3　思茅松天然林-其他树种空间效应分析

随着距离尺度的增加，其他树种的林木空间格局基本呈现离散分布的趋势，且于部分距离呈现出了显著的空间离散分布特征；木材生物量、树皮生物量、树干生物量、地上生物量基本呈现出聚集分布的特征，且于部分距离具有显著性；树枝生物量、树叶生物量和树冠生物量既存在聚集分布的趋势，又存在离散分布的趋势，但于不同的距离尺度下，各维量间存在差异，树枝生物量、树叶生物量和树冠生物量具有显著的空间聚集分布特征。在整个距离尺度上，木材生物量、树皮生物量、树干生物量和地上生物量的空间分布格局相似，树枝生物量和树冠生物量的空间分布格局相似，而树叶生物量的空间分布格局略微与其他维量生物量存在不同。综上，思茅松天然林其他树种及各维量生物量在空间中的分布格局并不是随机的，或者说均具有某种趋势。

随着距离尺度的增加，木材生物量、树皮生物量、树干生物量、树枝生物量、树叶生物量、树冠生物量和地上生物量均表现出一定程度的空间自相关性。显著性检验结果表明：木材生物量、树皮生物量、树干生物量、树枝生物量、树冠生物量和地上生物量在空间中呈现出显著的空间自相关性，而树叶生物量并未出现显著的空间自相关性。随着距离尺度的增加，木材生物量、树干生物量和地上生物量的空间自相关性变化规律相似，树枝生物量和树冠生物量的空间分布规律相似，而树皮生物量和树叶生物量的空间分布规律各不相同。局部空间自相关分析结果表明，其他树种各维量生物量均表现出了一定的空间自相关关系，其中，木材生物量、树干生物量和地上生物量在空间中的分布模式相似，树枝生物量和树冠生物量在空间中的分布模式相似，而树皮生物量和树叶生物量分布模式各有不同。综上，思茅松天然林其他树种各维量生物量在空间中的分布并非随机的，而是存在一定的规律性，虽然树叶生物量的全局空间自相关性并不显著，但其在局部区域内仍表现出了一定的空间自相关性。

总的来说，其他树种各维量生物量的组内方差值随着分组距离的增加总体呈现出增大的趋势。这说明了其他树种各维量生物量的空间变异性随着距离尺度的增加逐步增大，在小尺度范围内，其他树种各维量生物量的空间变异性较小，而随着尺度距离的增加，空间变异性逐渐增大。木材生物量、树干生物量和地上生物量随着距离尺度的增加表现出了相似的空间变异性规律，但空间变异性程度各异，相比而言，地上生物量的空间变异性最大；树枝生物量和树冠生物量随着距离尺度的增加表现出了相似的空间变异性规律；树皮生物量和树叶生物量随着距离尺度的增加表现出了相似的空间变异性规律。

3.3.2 思茅松天然林各维量生物量模型构建

3.3.2.1 思茅松天然林-全林单木生物量模型构建

本章 3.1.1.2 节对思茅松天然林全林各维量生物量的全局空间自相关性进行了分析，结果表明木材生物量、树干生物量、树叶生物量和地上生物量的空间自相关均不显著；树皮生物量、树枝生物量和树冠生物量存在显著的空间自相关性。

研究表明，对于空间聚类模式不显著的研究对象无须构建空间回归模型(SLM、SEM、SDM、GWR)。本书针对该问题，于 3.2.1.2 节以木材生物量为例进行了讨论。通过该部分的研究发现，对于空间聚类模式不显著的生物量数据而言，空间回归模型(SLM、SEM、SDM、GWR)残差的空间自相关和异质性基本不及非线性基础模型(OLS)。再者，除了GWR 模型的 AIC 低于线性基础模型(L-OLS)外，空间回归模型的拟合指标均不及线性基础模型；且空间回归模型的各项独立性检验指标均不及线性基础模型。因此，空间聚类模式不显著即意味着无须构建空间回归模型。

结合前人的研究以及本章 3.2.1.2 节的探究可得出：空间自相关不显著的生物量数据，空间回归模型并不能很好地提高模型的性能和精度。因此，本书在后续的各维量生物量空间回归模型构建的过程中，对于空间自相关性不显著的维量生物量不再构建此类模型。因此，思茅松天然林全林的木材生物量、树干生物量、树叶生物量和地上生物量只需构建混合效应模型，而树皮生物量、树枝生物量和树冠生物量由于空间自相关性显著，既要构建混合效应模型又要构建空间回归模型。

从模型拟合统计量来看，各维量生物量的混合效应模型(NMEM)的拟合指标中，AIC 值和 LogLik 值均优于基础模型，除了树皮生物量和地上生物量的 RMSE 指标外，其他维量的生物量模型的偏差均略微大于基础模型。同样地，除了 RMSE 指标外，地理加权回归模型(GWR)的各项指标也均优于基础模型，在 RMSE 指标中，除树枝生物量外，其他维量均不及基础模型。

从模型残差的空间效应检验结果来看，树皮生物量的 NMEM 和 GWR 模型在偏大尺度上能很好地降低残差空间自相关性，NMEM 能很好地降低模型残差的空间异质性，而 GWR 模型却不能。树枝生物量的 NMEM 和 GWR 模型均不能很好地降低模型残差的空间自相关性，但 GWR 模型能有效地降低模型残差的空间异质性。树冠生物量的 GWR 模型和 NMEM 均不能很好地降低模型残差的空间自相关性，也不能有效地降低模型残差的空间异质性。

从独立性样本检验指标结果来看，混合效应模型的各项指标除了树枝生物量优于基础模型外，其余维量基本上与基础模型相持平或不及；各维量生物量的 GWR 模型除了个别指标优于基础模型外，其余指标基本上不及或略低于基础模型。

3.3.2.2　思茅松天然林-思茅松单木生物量模型构建

本章 3.1.2.2 节对思茅松天然林思茅松各维量生物量的全局空间自相关性进行了分析，结果表明木材生物量、树皮生物量、树干生物量、树叶生物量、树枝生物量、树冠生物量和地上生物量存在显著的空间自相关性。

由于思茅松人工林-思茅松的木材生物量、树皮生物量、树干生物量、树叶生物量、树枝生物量、树冠生物量和地上生物量空间自相关性显著，因此，既要构建混合效应模型又要构建空间回归模型。

从模型拟合统计量来看，不同维量生物量的混合效应模型(NMEM)除了 RMSE 值略低于基础模型外，其他各项指标均优于基础模型(树皮和树叶生物量的混合效应模型的各项指标均不及基础模型，故不构建)。各维量生物量的地理加权回归模型(GWR)中，树叶生物量不收敛，树枝生物量、树冠生物量和地上生物量的各项指标均优于基础模型，木材生物量、树皮生物量和树干生物量除了 RMSE 值不及基础模型外，均优于基础模型。此外，树枝生物量和树冠生物量还构建了空间滞后模型(SLM)，与混合效应模型类似，除了 RMSE 值略低于基础模型外，其他各项指标均优于基础模型。

从模型残差的空间效应检验结果来看，木材生物量的 GWR 模型和 NMEM 均不能很好地降低模型残差的空间自相关性，GWR 模型能有效地降低模型残差的空间异质性而 NMEM 不能。树皮生物量的 GWR 模型不能很好地降低模型残差的空间自相关性，但能有效地降低模型残差的空间异质性。树干生物量的 GWR 模型和 NMEM 均不能很好地降低模型残差的空间自相关性，GWR 模型能有效地降低模型残差的空间异质性。树枝生物量的 GWR 模型在偏大尺度时能明显地降低模型残差的空间自相关性，GWR 模型能有效地降低模型残差的空间异质性。树冠生物量的 SLM 和 GWR 模型在偏大尺度时能明显地降低模型残差的空间自相关性，仅有 GWR 模型能有效地降低模型残差的空间异质性。地上生物量的 GWR 模型和 NMEM 均不能有效地降低模型残差空间自相关性，仅有 GWR 模型能有效地降低模型残差的空间异质性。

从独立性样本检验指标结果来看，混合效应模型的各项指标除了木材优于基础模型外，其余维量基本上与基础模型相持平或不及(树皮生物量和树叶生物量的混合效应模型的各项指标均不及基础模型，故不构建)；各维量生物量的 GWR 模型除了个别指标优于基础模型外，其余指标基本上不及基础模型；树枝生物量和树冠生物量的 SLM 均不及基础模型。

第4章　思茅松人工林地上部分生物量空间效应分析

4.1　基于生物量值的空间效应分析

4.1.1　思茅松人工林-全林各维量生物量空间效应分析

4.1.1.1　Ripley's *K* 函数

以林木空间位置关系为基础计算并绘制 Ripley's *K* 函数经变换后的 *L* 函数的变化曲线，以及以林木空间位置为基础，附加木材生物量、树皮生物量、树干生物量、树枝生物量、树叶生物量、树冠生物量和地上生物量为权重计算并绘制加权 Ripley's *K* 函数经变换后的 $L_{mm}(d)$ 函数的变化曲线（图 4-1）。从图 4-1 来看，全林的空间分布格局在 0.05～1.25m 和 7.75～15m 时表现为聚集分布的趋势，而在 1.3～7.7m 时呈现出离散分布的趋势。蒙特卡洛检验表明：思茅松林全林在距离尺度为 0.05～0.85m、1.05m 时表现出显著的空间聚集分布特征，而在距离尺度为 1.8～3.8m 时呈现出显著的离散分布特征[图 4-1（a）]。

从不同维量生物量空间分布格局变化看，全林的木材生物量的空间分布格局随着距离尺度的增加基本呈现出离散分布的趋势[$L_{mm}(d)<0$]，且在 0.45～7.7m 和 8.95～9.3m 等距离尺度下呈现出显著的空间离散分布特征[图 4-1（b）]。全林树皮生物量的空间分布格局随着距离尺度的增加基本呈现出离散分布的趋势，并在距离尺度为 0.45～6m、6.2～7.55m 和 9.2～9.25m 时呈现出显著的空间离散分布特征[图 4-1（c）]。全林树干生物量的空间分布格局随着距离尺度的增加基本呈现出离散分布的趋势，且在距离尺度为 0.45～7.8m、8m 和 9～9.3m 时呈现出显著的空间离散分布特征[图 4-1（d）]。全林树枝生物量的空间分布格局随着距离尺度的增加基本呈现出离散分布的趋势，且在 0.8～4.05m、5～5.2m 和 6～6.25m 等距离尺度下呈现出显著的空间离散分布特征[图 4-1（e）]。全林树叶生物量的空间分布格局随着距离尺度的增加均呈现出离散分布的趋势。蒙特卡洛检验表明：树叶生物量在 3.2～3.4m 的距离尺度下呈现出显著的空间离散分布特征[图 4-1（f）]。全林树冠生物量的空间分布格局随着距离尺度的增加基本呈现出离散分布的趋势，并于 0.9～1.1m、1.4～1.6m 和 3.15～3.5m 的距离尺度下呈现出显著的空间离散分布特征[图 4-1（g）]。全林地上生物量的空间分布格局随着距离尺度的增加基本呈现出离散分布的趋势，且当距离尺度为 0.4～4m 时表现出显著的离散分布特征[图 4-1（h）]。

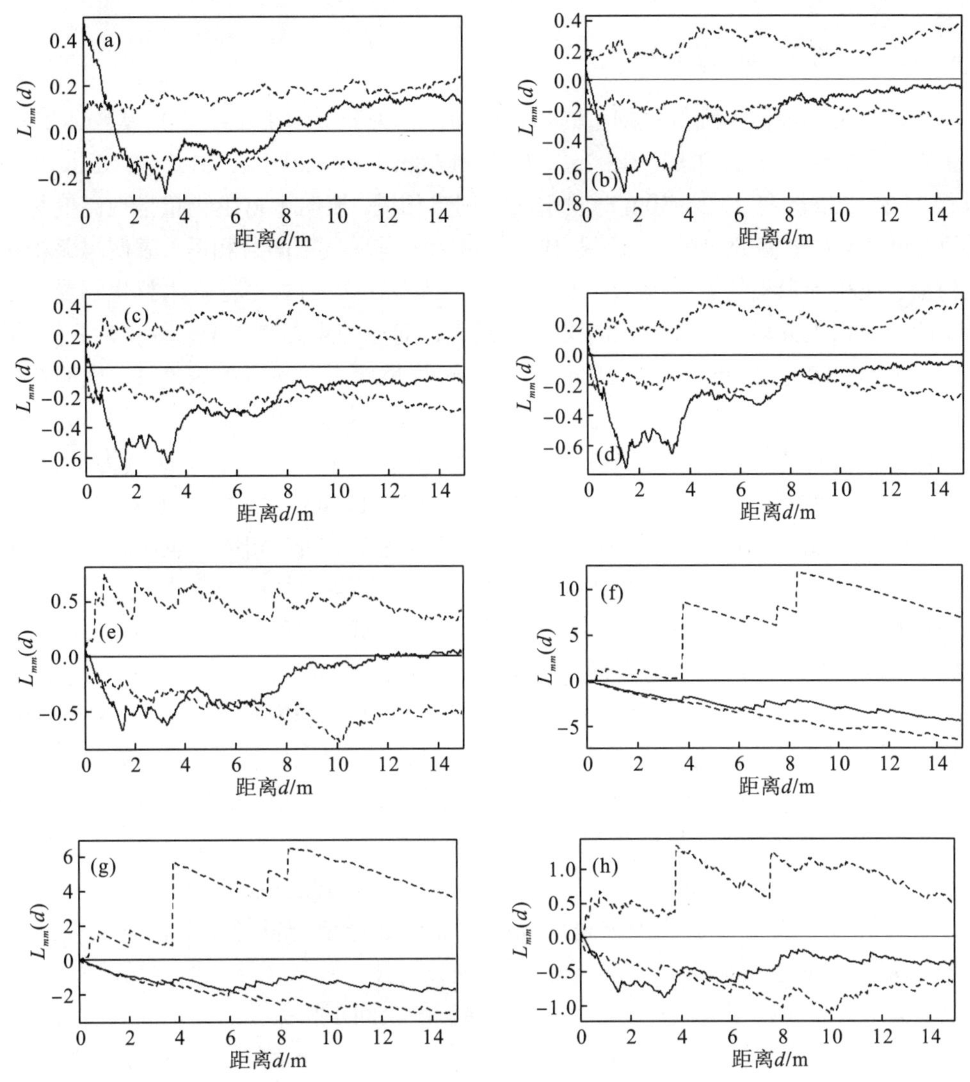

图 4-1　思茅松人工林全林各维量生物量 L 函数变化图(α=0.05)

注：(a)无权重，普通 L 函数；(b)木材生物量；(c)树皮生物量；(d)树干生物量；(e)树枝生物量；(f)树叶生物量；(g)树冠生物量；(h)地上生物量。虚线表示包迹线；黑色实曲线表示实际值；黑色实直线表示理论值

总的来说，思茅松人工林全林及各维量生物量的空间分布格局存在差异。随着距离尺度的增加，全林的林木空间格局既有聚集分布的趋势，又有离散分布的特征，且表现出了显著的空间分布特征；木材生物量、树皮生物量、树干生物量、树枝生物量、树叶生物量、树冠生物量和地上生物量基本呈现出离散分布的特征，且于部分距离具有显著的离散分布特征。在整个研究尺度上，木材生物量、树皮生物量、树干生物量的空间分布格局相似，树叶生物量、树冠生物量的分布格局相似，而树枝生物量和地上生物量的空间格局变化趋势各异。

4.1.1.2 全局 Moran's I 指数

思茅松人工林全林各维量生物量的增量空间自相关分析结果见图 4-2。从图 4-2 来看，木材生物量在 8.6～8.8m、10.2～13.2m、14.2～17.8m、19～20.6m、21.2～22.2m、25.2～25.6m、26.2～27.8m 和 29.2～30m 时呈现正空间自相关，表明木材生物量呈现高值与高值或低值与低值聚集；除此之外，思茅松林木材生物量呈现负空间自相关，表明思茅松林木材生物量呈现相异聚集的聚类模式。然而，在整个研究尺度内思茅松林木材生物量均未出现显著的空间相关关系，但观测到的 $Z(I)$ 的最大值对应的距离为 5.4m[图 4-2(a)]。树皮生物量在 6m、8.2～12.8m、16.2～17m 和 19.4m 处呈现正空间自相关关系，表明在该范围内思茅松林树皮生物量呈现高值与高值或低值与低值聚集的聚类模式，且在 10.6～11m 处呈现出显著的正空间自相关关系，$Z(I)$ 值达到显著后的第一个峰值的距离为 10.6m[图 4-2(b)]。树干生物量在 8.6～9.6m、10～13.2m、14.2～17.8m、19.2～19.6m、20～20.2m、21.2～22m、25.4m、26.6～27.6m 和 29.2～30m 时呈现正空间自相关，表明思茅松林树干生物量呈现高值与高值或低值与低值聚集；除此之外，思茅松林树干生物量呈现负空间自相关，表明思茅松林树干生物量呈现相异聚集的聚类模式。然而，在整个研究尺度内思茅松林树干生物量均未出现显著的空间相关关系，但观测到的 $Z(I)$ 的最大值对应的距离为 10.6m[图 4-2(c)]。树叶生物量在 7.2～30m 时呈现正空间自相关，表明思茅松林树叶生物量呈现高值与高值或低值与低值聚集；除此之外，思茅松林树叶生物量呈现负空间自相关，说明思茅松林树叶生物量呈现相异聚集的聚类模式。显著性检验结果表明：在 8.8～30m 处思茅松林树叶生物量呈现出显著的空间正自相关关系，$Z(I)$ 值达到显著后的第一个峰值的距离为 9.2m[图 4-2(d)]。树枝生物量在 8.4～30m 处呈现正空间自相关关系，表明思茅松林树枝生物量在该范围内呈现高值与高值或低值与低值聚集的聚类模式；在 4.8～8.2m 处呈现负空间自相关关系，表明思茅松林树枝生物量在该范围内呈现相异聚集。显著性检验结果表明：在 10～30m 处呈现出显著的空间正相关关系，$Z(I)$ 值达到显著后的第一个峰值的距离为 10.6m[图 4-2(e)]。树冠生物量在 7.6m 和 8.2～30m 处呈现正空间自相关关系，表明思茅松林树冠生物量在该范围内呈现高值与高值或低值与低值聚集的聚类模式；在 4.8～7.4m 和 7.8～8m 处呈现负空间自相关关系，表明思茅松林树冠生物量在该范围内呈现相异聚集。显著性检验结果表明：思茅松林树冠生物量在 9.6m 和 10～30m 处呈现出显著的空间正相关关系，$Z(I)$ 值达到显著后的第一个峰值的距离为 10.6m[图 4-2(f)]。地上生物量在 8.6～9.6m、10～12.6m、14.2～14.6m、15m、15.4～15.6m、16～17.8m、19～23m、24～24.2m 和 24.6～30m 处呈现正空间自相关关系，表明在该范围内思茅松林地上生物量呈现高值与高值或低值与低值聚集的聚类模式；除此之外，思茅松林地上生物量呈现负空间自相关关系，说明该范围内的地上生物量呈现高值与低值或低值与高值相聚集的聚类模式。然而，在整个尺度上，思茅松林地上生物量在空间中均未呈现出显著的空间相关关系，但 $Z(I)$ 值的最大值对应的距离为 30m[图 4-2(g)]。

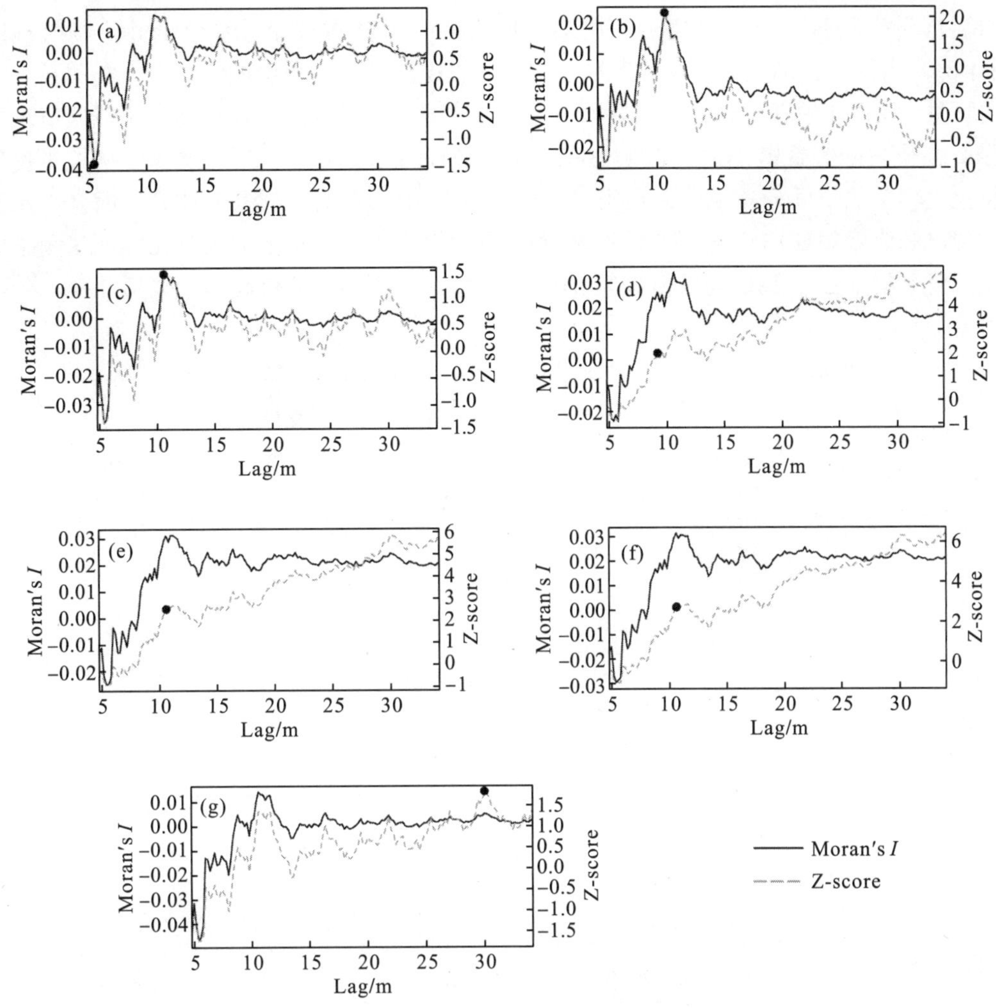

图 4-2　思茅松人工林全林各维量生物量全局莫兰指数变化曲线(α=0.05)

注：(a)木材生物量；(b)树皮生物量；(c)树干生物量；(d)树叶生物量；(e)树枝生物量；(f)树冠生物量；(g)地上生物量

总的来说，随着距离尺度的增加，木材生物量、树皮生物量、树干生物量、树枝生物量、树叶生物量、树冠生物量和地上生物量均表现出一定程度的空间自相关性。显著性检验结果表明：树皮生物量、树叶生物量、树枝生物量、树冠生物量在空间中呈现出显著的空间自相关性，而木材生物量、树干生物量、地上生物量并未表现出显著的空间自相关性，其中，木材生物量、树皮生物量、树干生物量和地上生物量的空间分布规律相似，树叶生物量、树枝生物量和树冠生物量的空间分布规律相似。

4.1.1.3　局部 Moran's *I* 指数

在全局 Moran's *I* 指数分析结果的基础上，以各维量生物量空间聚类模式到达显著后的第一个峰值所对应的距离(对于不存在显著的空间自相关关系的维量生物量，以空间聚类模式最强处，即 Z-score 的最大值所对应的距离)作为带宽，采用聚类与异常值分析工具对各维量生物量于对应带宽下在局部区域内的空间分布规律进行分析并绘制气泡图(图 4-3)。由图 4-3 可知，全林各维量生物量均表现出了不同程度的空间自相关关系。木材生物量、树皮生物量、树干生物量和地上生物量聚类模式相似，在样地内呈现低值聚集(LL)、高值与低值聚集(HL)、低值与高值聚集(LH)交错分布；树叶生物量、树枝生物量和树冠生物量的空间分布模式大致相似，样地右上角表现出高值聚集(HH)，而样地左下角呈现出低值聚集(LL)、高值与低值聚集(HL)的聚类模式；地上生物量在样地左侧主要呈现低值聚集(LL)、高值与低值聚集(HL)，而样地右侧呈现低值与高值聚集(LH)。

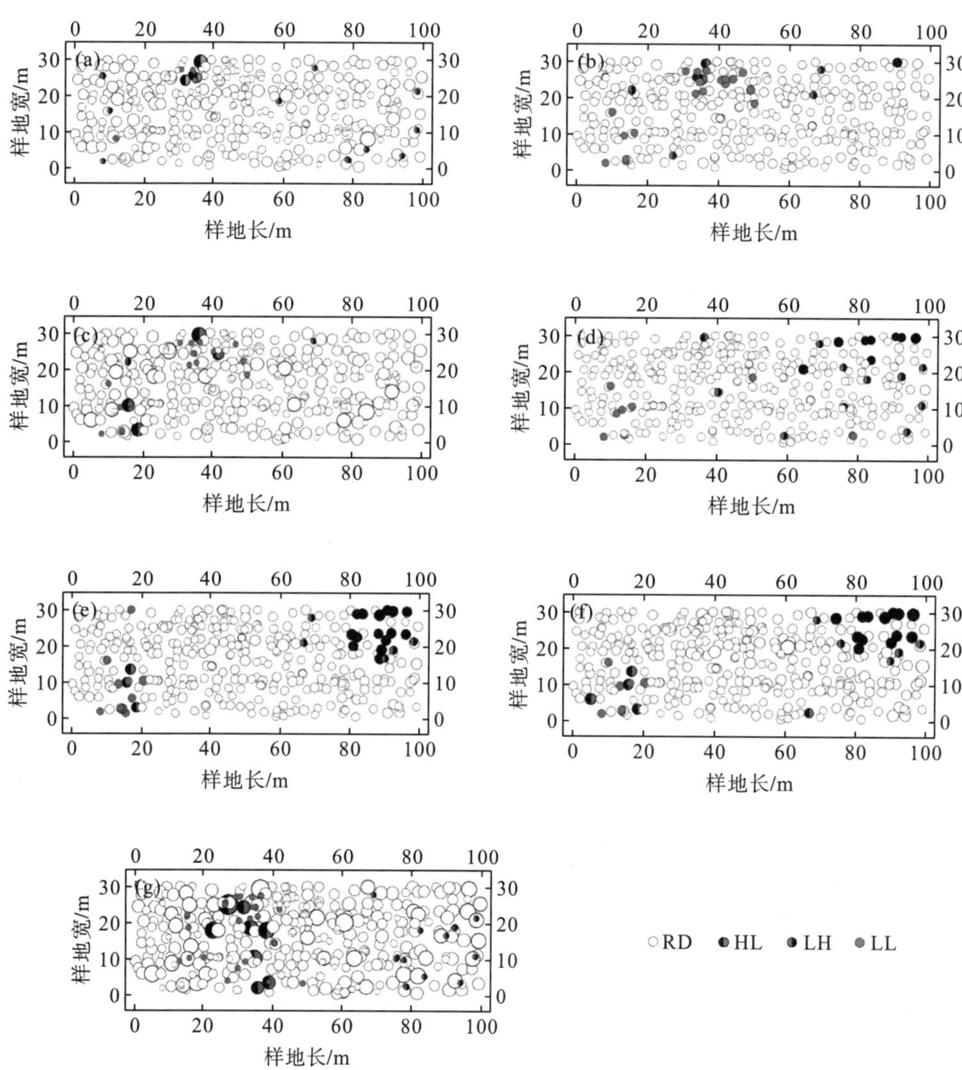

图 4-3 思茅松人工林全林各维量生物量局部 Moran's I 指数空间分布图

注：(a)木材生物量；(b)树皮生物量；(c)树干生物量；(d)树叶生物量；(e)树枝生物量；(f)树冠生物量；(g)地上生物量。圆圈大小与生物量成正比

4.1.1.4　组内方差

由图 4-4 可知，全林各维量生物量的组内方差值随着分组距离的增加总体呈现出增大的趋势。这说明全林各维量生物量的空间变异性随着距离尺度的增加逐步增大，在小尺度范围内，全林各维量生物量的空间变异性较小，而随着尺度距离的增加，空间变异性逐渐增大。

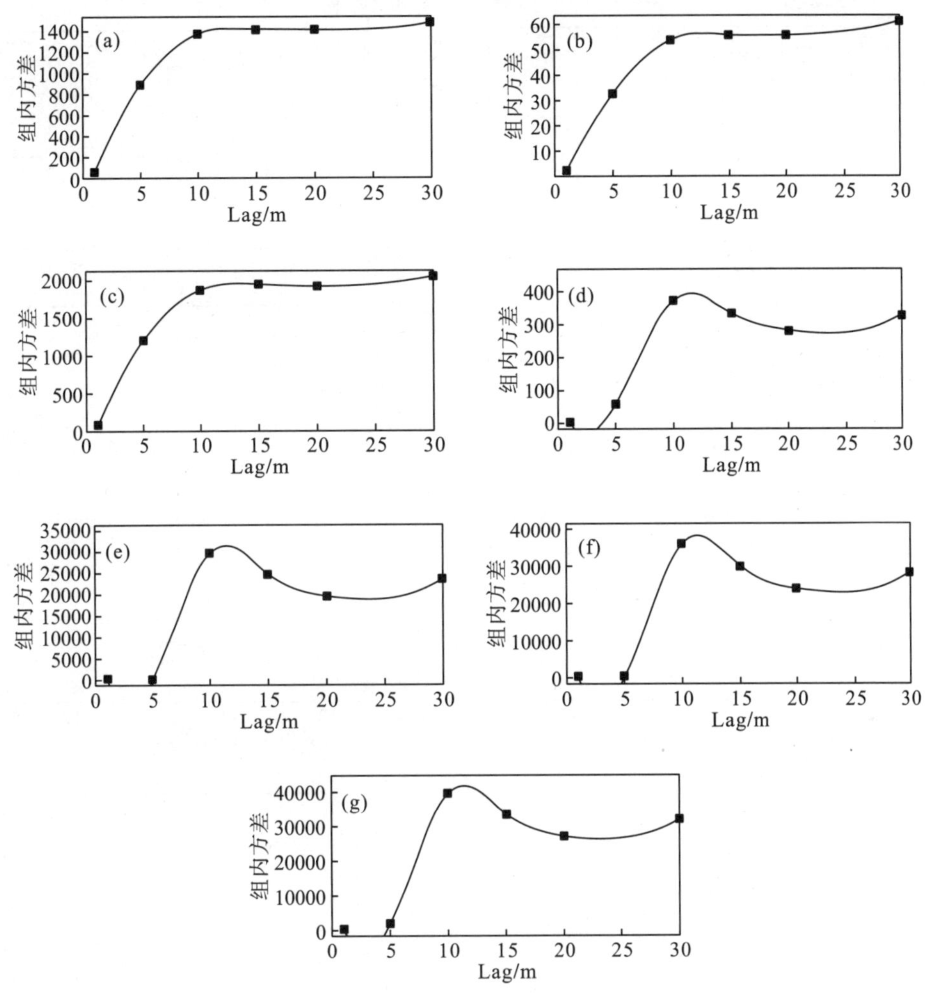

图 4-4　思茅松人工林全林各维量生物量组内方差图

注：(a) 木材生物量；(b) 树皮生物量；(c) 树干生物量；(d) 树枝生物量；(e) 树叶生物量；(f) 树冠生物量；(g) 地上生物量

4.1.2　思茅松人工林-思茅松各维量生物量空间效应分析

4.1.2.1　Ripley's K 函数

以林木空间位置关系为基础计算并绘制 Ripley's K 函数经变换后的 L 函数的变化曲线，以及以林木空间位置为基础，附加木材生物量、树皮生物量、树干生物量、树枝生物量、树叶生物量、树冠生物量和地上生物量为权重计算并绘制加权 Ripley's K 函数经变换后的 $L_{mm}(d)$ 函数的变化曲线(图 4-5)。从图 4-5 来看，思茅松的空间分布格局随着距离尺度的增加基本呈现出离散分布的趋势[$L_{mm}(d)<0$]。蒙特卡洛检验表明：思茅松在 0.35～4.1m、4.6～4.8m 和 4.9～7.7m 等距离尺度下表现出显著的空间离散分布特征[图 4-5(a)]。

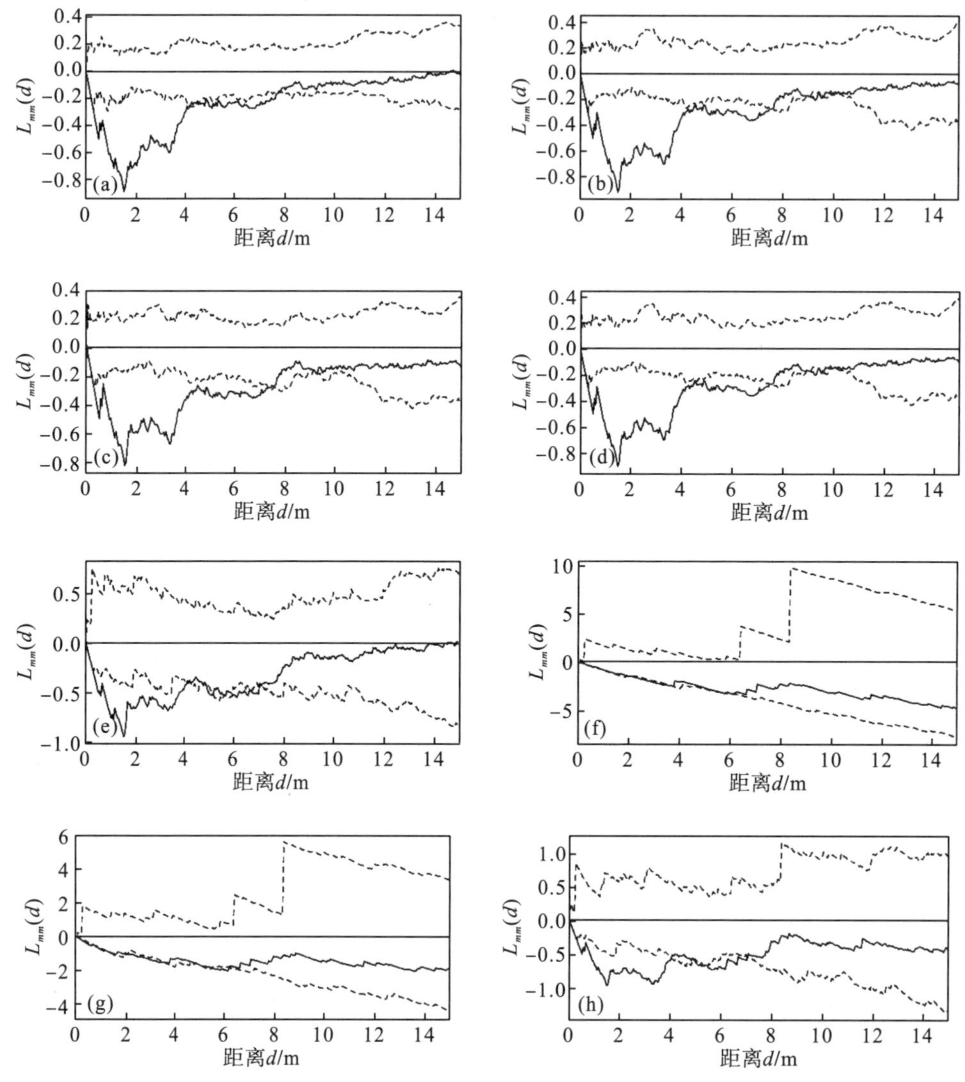

图 4-5 思茅松人工林-思茅松各维量生物量 L 函数变化图(α=0.05)

注：(a)无权重，普通 L 函数；(b)木材生物量；(c)树皮生物量；(d)树干生物量；(e)树枝生物量；(f)树叶生物量；(g)树冠生物量；(h)地上生物量。虚线表示包迹线；黑色实曲线表示实际值；黑色实直线表示理论值

从不同维量生物量空间分布格局变化看，思茅松的木材生物量的空间分布格局随着距离尺度的增加基本呈现出离散分布的趋势[$L_{mm}(d)<0$]，且在 0.35～7.55m 和 9.05～9.5m 等距离尺度下呈现出显著的空间离散分布特征[图 4-5(b)]。思茅松树皮生物量的空间分布格局随着距离尺度的增加基本呈现出离散分布的趋势，并在 0.35～7.3m、7.4m 和 9.2m 的

距离尺度下呈现出显著的空间离散分布特征[图 4-5(c)]。思茅松树干生物量的空间分布格局随着距离尺度的增加基本呈现出离散分布的趋势，且在 0.35～7.4m、7.5～7.55m 和 9.1～9.4m 等距离尺度下呈现出显著的空间离散分布特征[图 4-5(d)]。思茅松树枝生物量的空间分布格局随着距离尺度的增加基本呈现出离散分布的趋势，并在 0.35～4.1m、4.95～5.2m 和 6～6.6m 等距离尺度下呈现出显著的空间离散分布特征[图 4-5(e)]。思茅松树叶生物量的空间分布格局随着距离尺度的增加基本呈现出离散分布的趋势，且在 0.35～0.6m、2～3.7m 和 5.8～6.15m 等距离尺度下呈现出显著的空间离散分布特征[图 4-5(f)]。思茅松树冠生物量的空间分布格局随着距离尺度的增加均呈现出离散分布的趋势，且在 0.35～1.55m、1.9～3.5m 和 5.5～6.15m 等距离尺度下呈现出显著的空间离散分布特征[图 4-5(g)]。思茅松地上生物量的空间分布格局随着距离尺度的增加均呈现出离散分布的趋势。蒙特卡洛检验表明：思茅松地上生物量在距离尺度为 0.35～4m、4.95～5.2m、5.3m 和 5.5～7m 时表现出显著的空间离散分布特征[图 4-5(h)]。

总的来说，思茅松人工林内的思茅松各维量生物量的空间分布格局表现出一定的相似性。随着距离尺度的增加，思茅松的林木空间格局基本呈现聚集分布的趋势，且在部分距离具有显著的空间聚集分布特征；木材生物量、树皮生物量、树干生物量、树枝生物量、树叶生物量、树冠生物量和地上生物量基本呈现出离散分布的特征，且于部分距离尺度具有显著的离散分布趋势。在整个研究尺度下，木材生物量、树皮生物量、树干生物量的空间分布格局相似，树叶生物量、树冠生物量的分布格局相似，而树枝生物量和地上生物量的空间格局变化趋势各异。

4.1.2.2　全局 Moran's I 指数

思茅松人工林内的思茅松各维量生物量的增量空间自相关分析结果见图 4-6。从图 4-6 来看，思茅松木材生物量在 5m 和 7.4～30m 时呈现正空间自相关，表明思茅松木材生物量呈现相似值聚集的现象；在 5.2～7.2m 时，呈现负空间自相关，表明思茅松木材生物量呈现高值与低值相聚集的聚类模式。然而，在整个研究尺度内思茅松林木材生物量均未出现显著的空间相关关系，但观测到的 $Z(I)$ 的最大值对应的距离为 10m[图 4-6(a)]。思茅松树皮生物量在 5～7m、26.6m 以及 27.4～29m 处呈现负空间自相关关系，表明该范围内的思茅松树皮生物量呈现高值与低值相聚集的聚类模式；除此之外，树皮生物量呈现正空间自相关关系，表明思茅松树皮生物量在该范围内呈现高值与高值或低值与低值聚集的聚类模式，然而，在整个研究尺度内思茅松木材生物量均未出现显著的空间相关关系，但观测到的 $Z(I)$ 的最大值对应的距离为 11.2m[图 4-6(b)]。思茅松树干生物量在 5m 和 7.4～30m 时呈现正空间自相关关系，此时思茅松树干生物量呈现高值与高值或低值与低值聚集；而在 5.2～7.2m 处则表现为负空间自相关，表明该范围内的思茅松树干生物量呈现相异聚集的聚类模式。显著性检验结果表明：思茅松树干生物量在 9.8～10.2m、10.6～12m、17.8m、20.6～20.8m、21.8m、22.6～22.8m 和 29.4～30m 处呈现出显著的空间正相关关系，$Z(I)$ 值达到显著后的第一个峰值的距离为 10.8m[图 4-6(c)]。思茅松树叶生物量在 5～30m 处始终呈现正空间自相关关系，表明思茅松树叶生物量在该范围内始终呈现高值与高值或低值与低值聚集的聚类模式，且在 6.2m 和 6.8～30m 处呈现出显著的空间正相关关系，

$Z(I)$ 值达到显著后的第一个峰值的距离为 7.2m[图 4-6(d)]。思茅松树枝生物量在 5～30m 始终呈现正空间自相关关系，表明思茅松树枝生物量在该范围内呈高值与高值或低值与低值聚集的聚类模式，并在 6.8～30m 处呈现出显著的空间正相关关系，$Z(I)$ 值达到显著后的第一个峰值的距离为 8m[图 4-6(e)]。思茅松树冠生物量在 5～30m 处均呈现正空间自相关关系，表明思茅松树冠生物量在该范围内呈现高值与高值或低值与低值聚集的聚类模式。显著性检验结果表明：思茅松树冠生物量在 6.8～30m 处呈现出显著的空间正相关关系，$Z(I)$ 值达到显著后的第一个峰值的距离为 8m[图 4-6(f)]。思茅松地上生物量在 5～9.6m、10.4m、13～17m、17.4m、18.2m、22.4m、23.2～28.4m 和 28.8～29.2m 处呈现负空间自相关关系，表明思茅松地上生物量在该范围内呈现相异聚集的聚类模式；除此之外，思茅松地上生物量呈现正空间自相关关系，表明思茅松地上生物量在该范围内呈现高值与高值或低值与低值聚集的聚类模式。显著性检验结果表明：思茅松地上生物量在 5.2～6m 和 6.4～6.6m 处呈现出显著的空间负相关关系，$Z(I)$ 值达到显著后的第一个峰值的距离为 5.6m[图 4-6(g)]。

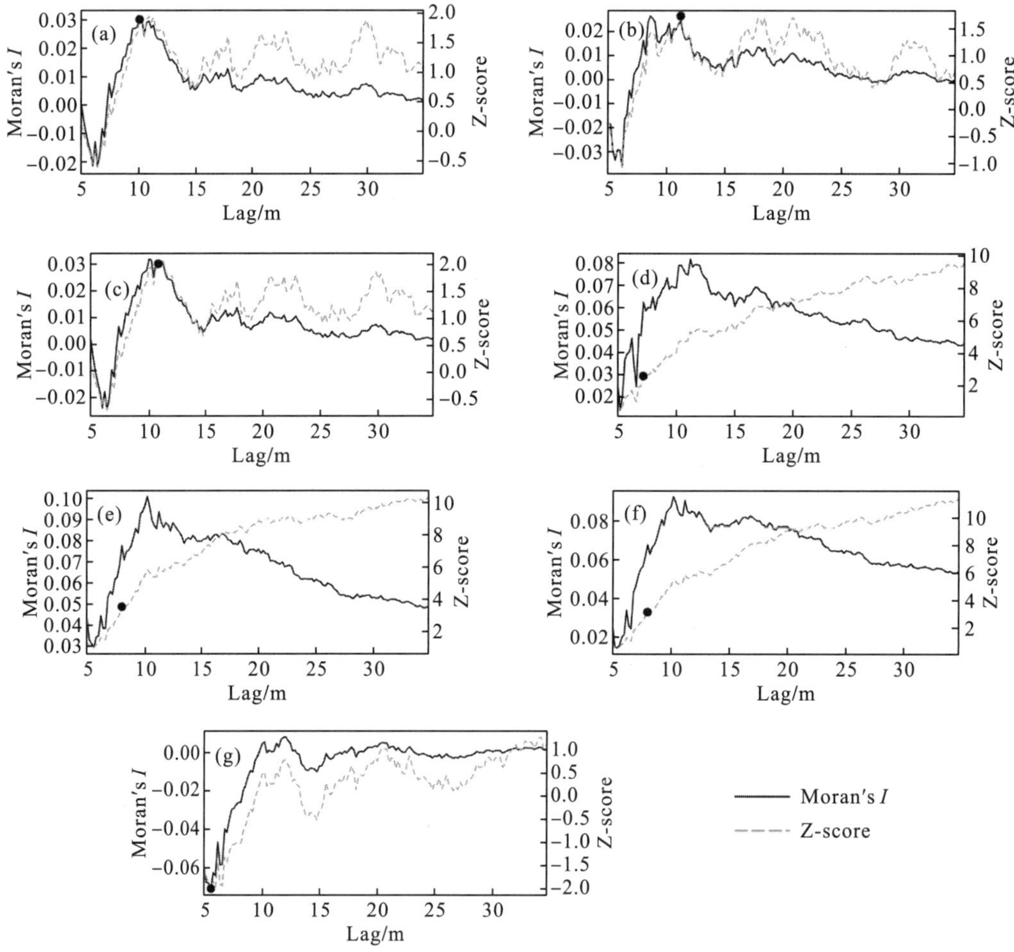

图 4-6 思茅松人工林-思茅松各维量生物量全局莫兰指数变化曲线(α=0.05)

注：(a)木材生物量；(b)树皮生物量；(c)树干生物量；(d)树叶生物量；(e)树枝生物量；(f)树冠生物量；(g)地上生物量

总的来说，随着距离尺度的增加，木材生物量、树皮生物量、树干生物量、树枝生物量、树叶生物量、树冠生物量和地上生物量均表现出一定程度的空间自相关性。显著性检验结果表明：除了木材生物量和树皮生物量外，树干生物量、树枝生物量、树叶生物量、树冠生物量和地上生物量均在空间中呈现出显著的空间自相关性，其中木材生物量、树皮生物量和树干生物量的变化规律相似，基本呈现正空间自相关关系；而树枝生物量、树叶生物量和树冠生物量的变化规律相似，均呈现正空间自相关关系，地上生物量变化趋势与其他维量生物量不具明显的相似性。

4.1.2.3　局部 Moran's *I* 指数

在全局 Moran's 分析结果的基础上，以各维量生物量空间聚类模式到达显著后的第一个峰值所对应的距离(对于不存在显著的空间自相关关系的维量生物量，以空间聚类模式最强处，即 Z-score 的最大值所对应的距离)作为带宽，采用聚类与异常值分析工具对各维量生物量于对应带宽下在局部区域内的空间分布规律进行分析并绘制气泡图(图 4-7)。由图 4-7 可知，对于思茅松各维量生物量而言，均表现出了不同程度的空间自相关关系。木材生物量、树皮生物量和树干生物量的聚类模式相仿，在样地内各种聚类模式(HH、LL、LH、HL)均有分布；树叶生物量、树枝生物量和树冠生物量表现出了大致相同的聚类模式，样地右侧主要表现出高值聚集(HH)，而样地左侧主要呈现出低值聚集(LL)；地上生物量在样地内呈现出低值与高值聚集(LH)的现象，但同时也存在低值聚集(LL)和高值与低值聚集 HL 的现象。

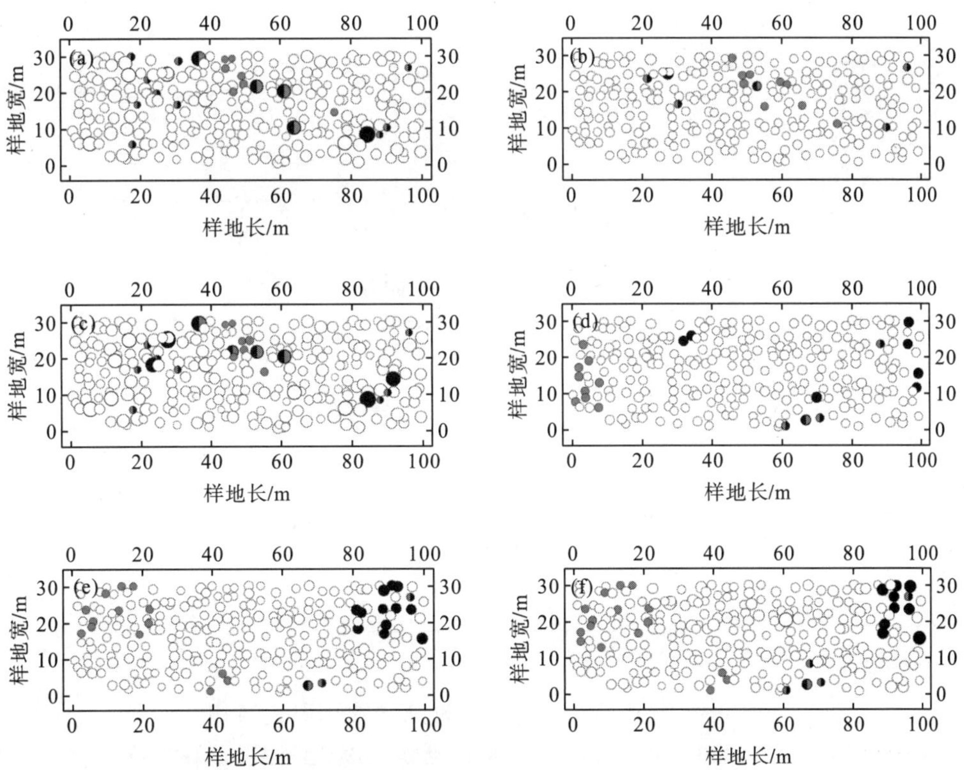

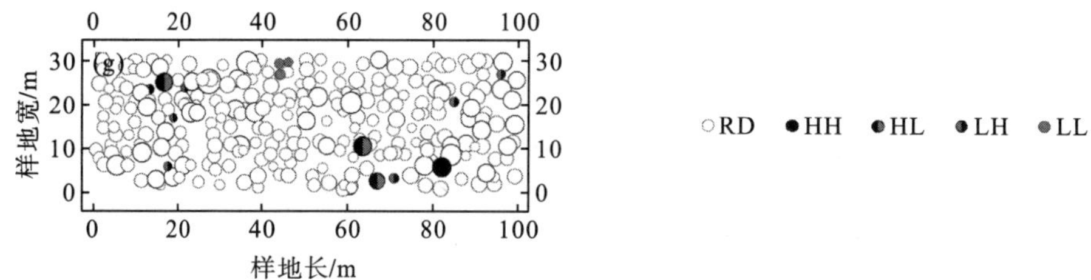

图 4-7 思茅松人工林-思茅松各维量生物量局部 Moran's I 指数空间分布图

注：(a)木材生物量；(b)树皮生物量；(c)树干生物量；(d)树叶生物量；(e)树枝生物量；(f)树冠生物量；(g)地上生物量。圆圈大小与生物量成正比

4.1.2.4 组内方差

由图 4-8 可知，思茅松各维量生物量的组内方差值随着分组距离的增加总体呈现出增大的趋势。这说明思茅松各维量生物量的空间变异性随着距离尺度的增加逐步增大，在小尺度范围内，思茅松各维量生物量的空间变异性较小，而随着尺度距离的增加，空间变异性逐渐增大。

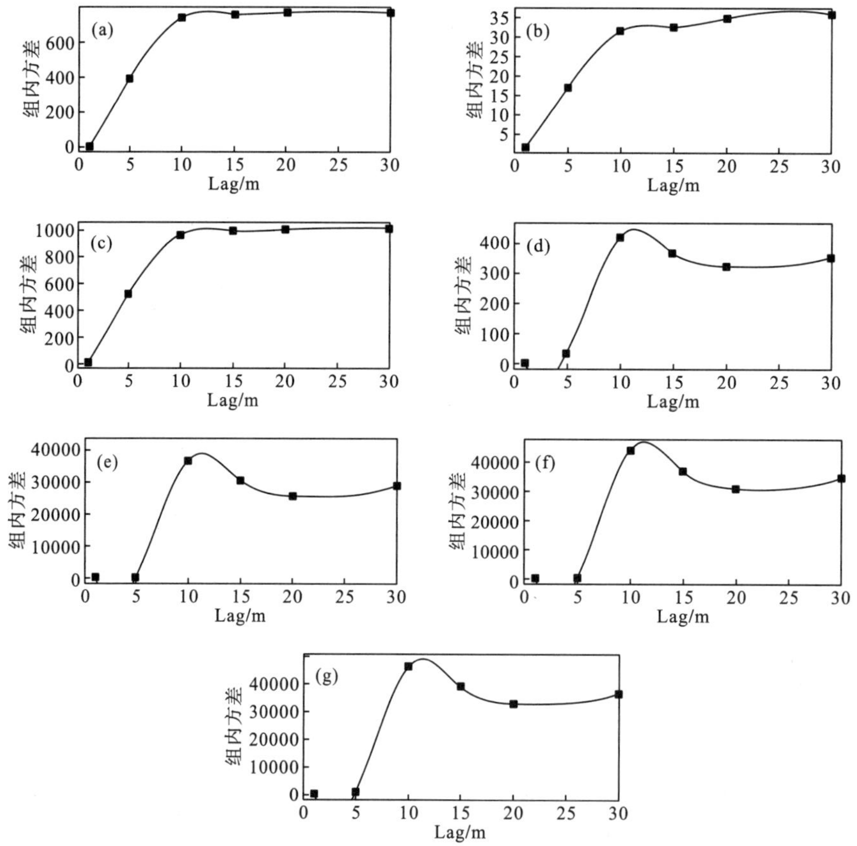

图 4-8 思茅松人工林-思茅松各维量生物量组内方差图

注：(a)木材生物量；(b)树皮生物量；(c)树干生物量；(d)树枝生物量；(e)树叶生物量；(f)树冠生物量；(g)地上生物量

4.1.3　思茅松人工林-其他树种各维量生物量空间效应分析

4.1.3.1　Ripley's *K* 函数

以林木空间位置关系为基础计算并绘制 Ripley's *K* 函数经变换后的 *L* 函数的变化曲线，以及以林木空间位置为基础，附加木材生物量、树皮生物量、树干生物量、树枝生物量、树叶生物量、树冠生物量和地上生物量为权重计算并绘制加权 Ripley's *K* 函数经变换后的 $L_{mm}(d)$ 函数的变化曲线(图 4-9)。由图 4-9 可以看出，其他树种的空间分布格局随着距离尺度的增加均呈现出聚集分布的趋势。蒙特卡洛检验表明：其他树种除了在 5.15m 和 5.3～5.8m 处的距离尺度外，均表现出显著的空间聚集分布特征[图 4-9(a)]。

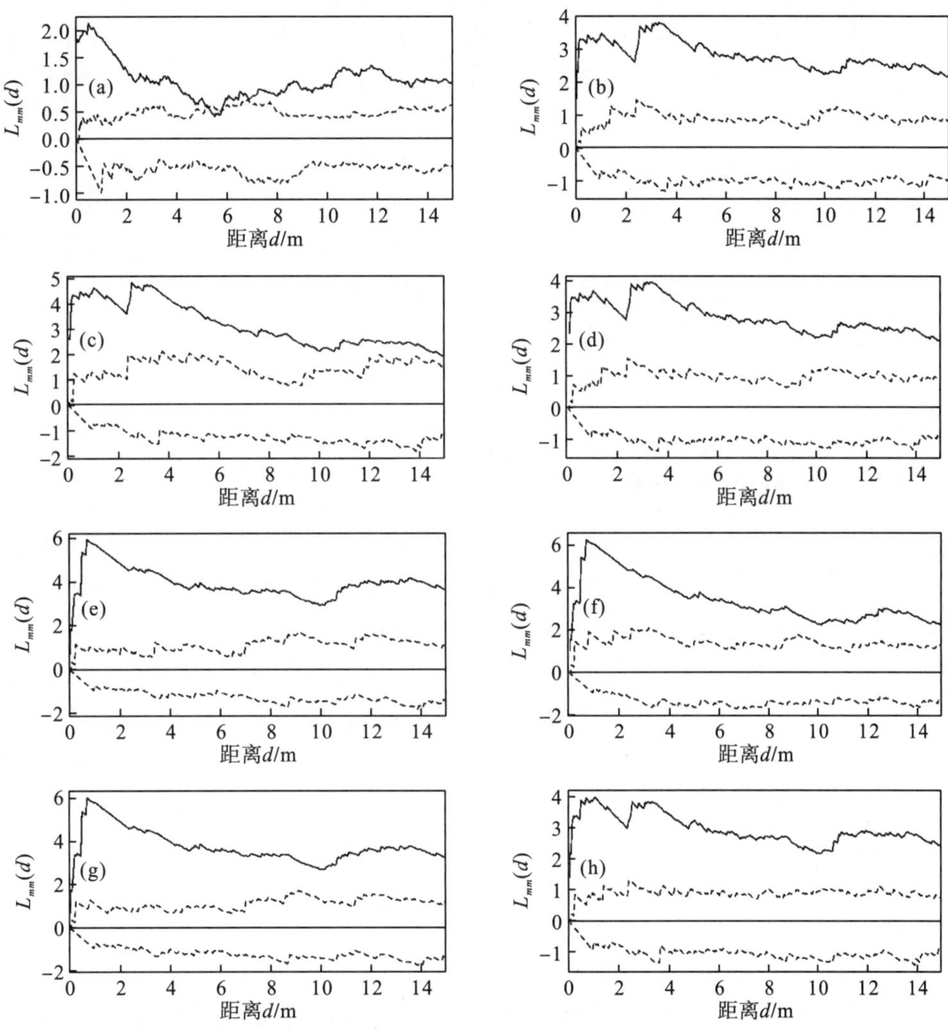

图 4-9　思茅松人工林-其他树种各维量生物量 *L* 函数变化图(α=0.05)

注：(a)无权重，普通 *L* 函数；(b)木材生物量；(c)树皮生物量；(d)树干生物量；(e)树枝生物量；(f)树叶生物量；(g)树冠生物量；(h)地上生物量。虚线表示包迹线；黑色实曲线表示实际值；黑色实直线表示理论值

从不同维量生物量空间分布格局变化看，其他树种的木材生物量的空间分布格局随着距离尺度的增加均呈现出聚集分布的趋势[$L_{mm}(d)>0$]，且在整个研究尺度上均呈现出显著的空间聚集分布特征[图 4-9(b)]。其他树种树皮生物量的空间分布格局随着距离尺度的增加均呈现出聚集分布的趋势，并在整个研究尺度上均呈现出显著的空间聚集分布特征[图 4-9(c)]。其他树种树干生物量的空间分布格局随着距离尺度的增加均呈现出聚集分布的趋势，且在整个研究尺度上均呈现出显著的空间聚集分布特征[图 4-9(d)]。其他树种树枝生物量的空间分布格局随着距离尺度的增加均呈现出聚集分布的趋势，且在整个研究尺度上均呈现出显著的空间聚集分布特征[图 4-9(e)]。其他树种树叶生物量的空间分布格局随着距离尺度的增加均呈现出聚集分布的趋势，并在整个研究尺度上均呈现出显著的空间聚集分布特征[图 4-9(f)]。其他树种树冠生物量的空间分布格局随着距离尺度的增加均呈现出聚集分布的趋势。蒙特卡洛检验同样表明：树冠生物量在整个研究尺度上均呈现出显著的空间聚集分布特征[图 4-9(g)]。其他树种地上生物量的空间分布格局随着距离尺度的增加均呈现出聚集分布的趋势。蒙特卡洛检验也表明：地上生物量在整个研究尺度上均呈现出显著的空间聚集分布特征[图 4-9(h)]。

总的来说，思茅松人工林其他树种及各维量生物量的空间分布格局表现出了一定的相似性。随着距离尺度的增加，其他树种的林木空间格局均呈现聚集分布的趋势，且基本呈现出显著的空间聚集分布特征；相似地，木材生物量、树皮生物量、树干生物量、树枝生物量、树叶生物量、树冠生物量和地上生物量也都呈现出聚集分布的特征，且于整个距离尺度上均具有显著的聚集分布特征。整个研究尺度上，木材生物量、树皮生物量、树干生物量和地上生物量空间分布格局相似，树枝生物量、树叶生物量和树冠生物量的空间分布格局相似。

4.1.3.2 全局 Moran's *I* 指数

思茅松人工林内的其他树种各维量生物量的增量空间自相关分析结果见图 4-10。从图 4-10 来看，木材生物量在 8.8～15.6m、16.4m 和 25.2～30m 时呈现正空间自相关，此时木材生物量呈现高值与高值或低值与低值聚集；在 15.8～16.2m 和 16.6～25m 时，呈现负空间自相关，表明木材生物量呈现高值与低值相聚集的聚类模式。显著性检验结果表明：在 8.8～14.4m 和 27.4～30m 处木材生物量呈现出显著的空间正相关关系，$Z(I)$值达到显著后的第一个峰值的距离为 8.8m[图 4-10(a)]。树皮生物量在 8.8～15.6m 和 28～30m 处呈现正空间自相关关系，表明树皮生物量在该范围内呈现高值与高值或低值与低值聚集的聚类模式；除此之外，树皮生物量呈现负空间自相关关系，表明该范围内的树皮生物量呈现高值与低值相聚集的聚类模式。显著性检验结果表明：树皮生物量在 8.8～14.4m 处呈现出显著的空间正相关关系，$Z(I)$值达到显著后的第一个峰值的距离为 8.8m[图 4-10(b)]。树干生物量在 8.8～15.6m、16.4m 和 25.4～30m 处呈现正空间自相关，此时树干生物量呈现高值与高值或低值与低值聚集；在 15.8～16.2m 和 16.6～25.2m 时，呈现负空间自相关，表明树干生物量呈现高值与低值相聚集的聚类模式。显著性检验结果表明：其他树种的树干生物量在 8.8～14.4m 和 28～30m 处呈现出显著的空间正相关关系，$Z(I)$值达到显著后的第一个峰值的距离为 8.8m[图 4-10(c)]。树叶生物量在 8.8～9.6m、10.4～11.4m、11.8～13.4m、

27.6m 和 28～30m 处呈现正空间自相关，此时树叶生物量呈现高值与高值或低值与低值聚集；在 9.8～10.2m、11.6m、13.6～27.4m 和 27.8m 时，呈现负空间自相关，表明其他树种的树叶生物量呈现高值与低值相聚集的聚类模式。显著性检验结果表明：其他树种的树叶生物量在 15.8～20.4m 处呈现出显著的空间正相关关系，$Z(I)$ 值达到显著后的第一个峰值的距离为 16m[图 4-10(d)]。树枝生物量在 8.8～15.6m、16.2～16.6m、17.2～17.8m、19.6～19.8m、20.4～21m 和 22.8～30m 处呈现正空间自相关关系，表明树枝生物量在该范围内呈高值与高值或低值与低值聚集的聚类模式；除此之外，树枝生物量呈现负空间自相关关系，表明该范围内的树枝生物量呈现高值与低值相聚集的聚类模式。显著性检验结果表明：其他树种的树枝生物量在 10m、10.8～13.2m 和 27.4～30m 处呈现出显著的空间正相关关系，$Z(I)$ 值达到显著后的第一个峰值的距离为 11.2m[图 4-10(e)]。树冠生物量在 8.8～14.4m、23m、23.4～30m 时呈现正空间自相关，此时思茅松树冠生物量呈现高值与高值或低值与低值聚集；在 14.6～22.8m 和 23.2m 处呈现负空间自相关，表明树冠生物量呈现相异聚集的聚类模式。显著性检验结果表明：在 11～11.2m、11.8～13m 和 27.4～30m 处呈现出显著的空间正相关关系，$Z(I)$ 值达到显著后的第一个峰值的距离为 12.6m[图 4-10(f)]。地上生物量全局 Moran's I 值随距离的增加而波动，在 8.8～15.4m 和 25.2～30m 处呈现正空间自相关关系，表明地上生物量在该范围内呈现高值与高值或低值与低值聚集的聚类模式；除此之外，地上生物量呈现负空间自相关关系，表明在该范围内的地上生物量呈现高值与低值或低值与高值相聚集的聚类模式。显著性检验结果表明：其他树种的地上生物量在 8.8～14.2m 和 27.4～30m 处呈现出显著的空间正相关关系，$Z(I)$ 值达到显著后的第一个峰值的距离为 8.8m[图 4-10(g)]。

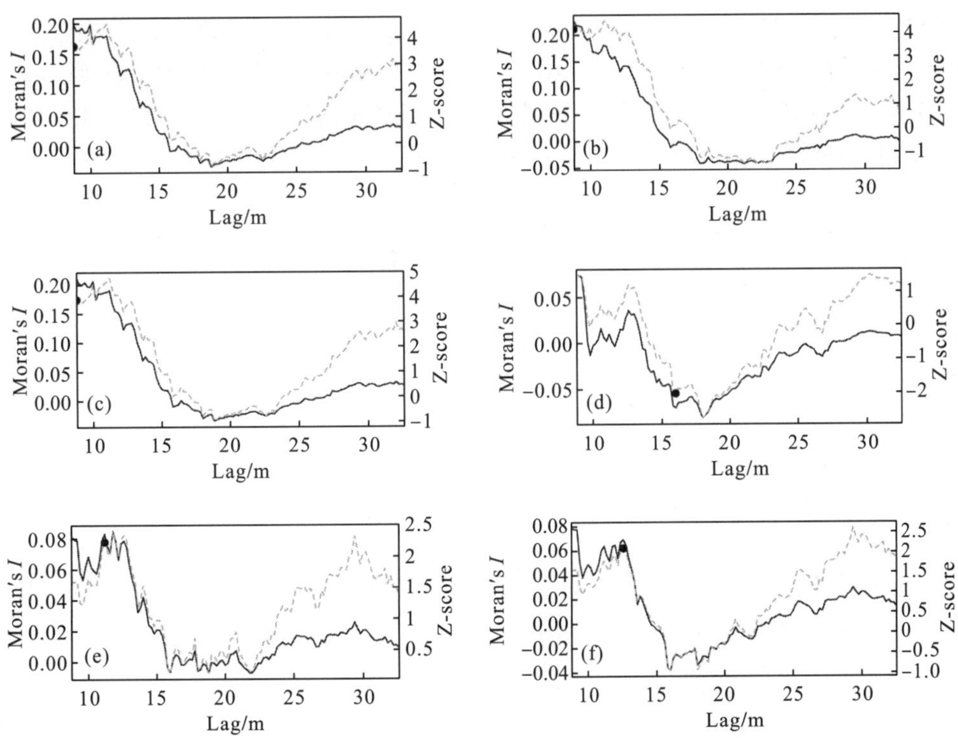

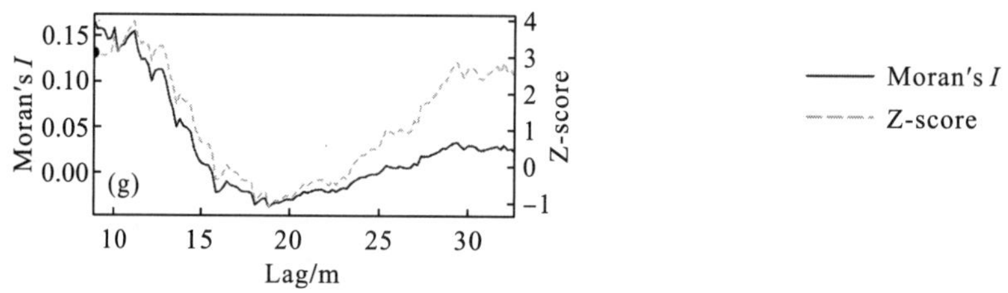

图 4-10 思茅松人工林-其他树种各维量生物量全局莫兰指数变化曲线(α=0.05)

注：(a)木材生物量；(b)树皮生物量；(c)树干生物量；(d)树叶生物量；(e)树枝生物量；(f)树冠生物量；(g)地上生物量

总的来说，随着距离尺度的增加，木材生物量、树皮生物量、树干生物量、树枝生物量、树叶生物量、树冠生物量和地上生物量均表现出一定程度的空间自相关性。显著性检验结果表明：木材生物量、树皮生物量、树干生物量、树枝生物量、树叶生物量、树冠生物量和地上生物量在空间中均呈现出显著的空间自相关性。在整个研究尺度中，木材生物量、树皮生物量、树干生物量和地上生物量的空间自相关变化趋势相似，树枝生物量、树叶生物量和树冠生物量的空间自相关变化规律相似。

4.1.3.3 局部 Moran's *I* 指数

在全局 Moran's *I* 指数分析结果的基础上，以各维量生物量空间聚类模式到达显著后的第一个峰值所对应的距离(对于不存在显著的空间自相关关系的维量生物量，以空间聚类模式最强处，即 Z-score 的最大值所对应的距离)作为带宽，采用聚类与异常值分析工具对各维量生物量于对应带宽下在局部区域内的空间分布规律进行分析并绘制气泡图(图 4-11)。由图 4-11 可知，对于其他树种各维量生物量而言，均表现出了不同程度的空间自相关关系。除了树叶生物量外，其他维量生物量在样地中部偏左侧主要呈现出明显的高值聚集(HH)，即相邻的生物量均较高，此外，部分维量生物量还伴有低值聚集(LL)。树叶生物量在样地内主要呈现出低值与高值聚集(LH)的现象，即生物量低值被高值围绕。

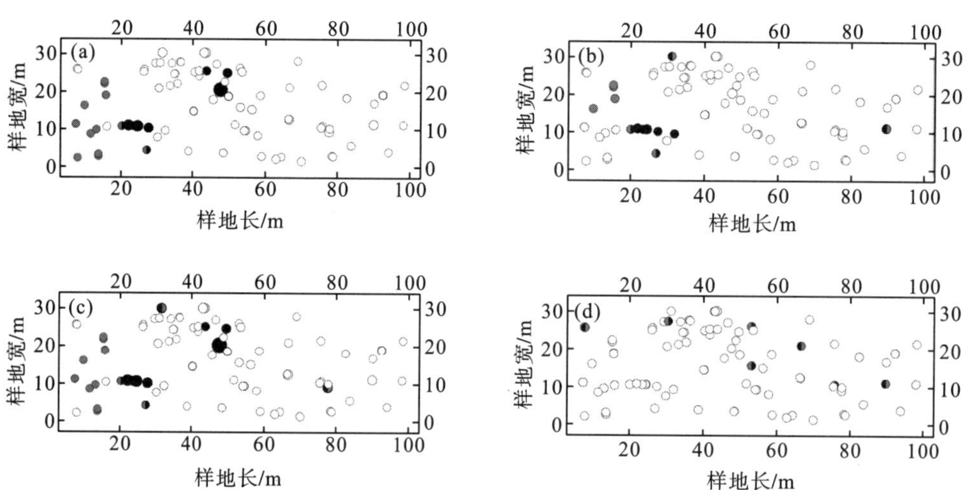

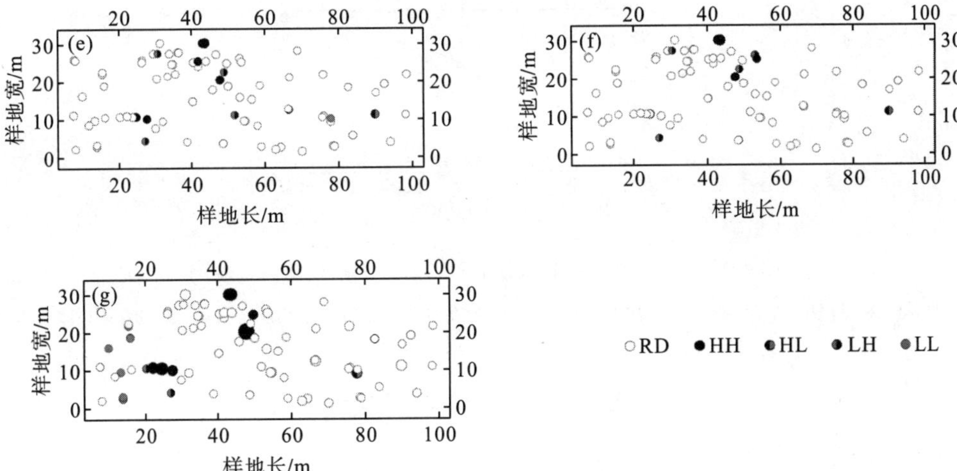

图 4-11　思茅松人工林-其他树种各维量生物量局部 Moran's I 指数空间分布图

注：(a) 木材生物量；(b) 树皮生物量；(c) 树干生物量；(d) 树叶生物量；(e) 树枝生物量；(f) 树冠生物量；(g) 地上生物量。圆圈大小与生物量成正比

4.1.3.4　组内方差

由图 4-12 可知，其他树种各维量生物量的组内方差值随着分组距离的增加总体呈现出增大的趋势。这说明其他树种各维量生物量的空间变异性随着距离尺度的增加逐步增大，在小尺度范围内，其他树种各维量生物量的空间变异性较小，而随着尺度距离的增加，空间变异性逐渐增大。

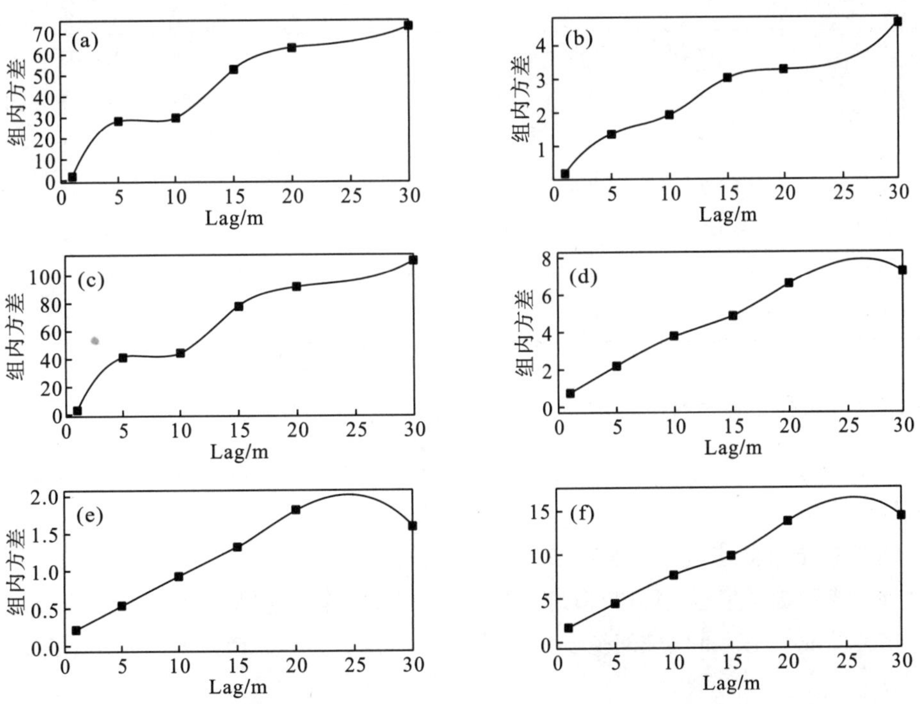

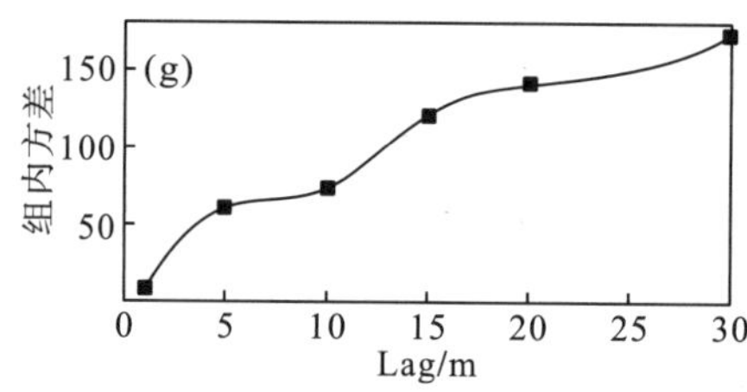

图 4-12 思茅松人工林-其他树种各维量生物量组内方差图

注：(a)木材生物量；(b)树皮生物量；(c)树干生物量；(d)树枝生物量；(e)树叶生物量；(f)树冠生物量；(g)地上生物量

4.2 生物量模型构建与评价

4.2.1 思茅松人工林-全林各维量生物量模型构建

4.2.1.1 基础模型

思茅松人工林单木各维量生物量的最优基础模型列于表 4-1，由于基础模型较多，仅列出最优基础模型。在最优基础模型的基础上，分别构建思茅松林单木各维量生物量的空间回归模型、混合效应模型。

表 4-1 思茅松林单木各维量生物量最优基础模型

维量	模型	模型参数				R^2	AIC	LogLik
		a	b	c	d			
木材生物量	$W_i=a\cdot(D^2H)^b$	0.0285	0.9182	—	—	0.924	1972.23	−983.11
树皮生物量	$W_i=a\cdot(D^2H)^b$	0.0202	0.7661	—	—	0.763	1424.13	−709.06
树干生物量	$W_i=a\cdot(D^2H)^b$	0.0427	0.8918	—	—	0.932	2027.61	−1010.80
树枝生物量	$W_i=a\cdot(D^2H)^b\cdot\mathrm{CL}^c$	0.0031	0.8913	0.4099	—	0.532	1739.44	−865.72
树叶生物量	$W_i=a\cdot(D^2H)^b$	0.0031	0.8738	—	—	0.395	1355.42	−674.71
树冠生物量	$W_i=a\cdot(D^2H)^b\cdot\mathrm{CL}^c$	0.0059	0.8759	0.3267	—	0.535	1896.92	−944.46
地上生物量	$W_i=a\cdot(D^2H)^b$	0.0464	0.9057	—	—	0.913	2201.96	−1097.98

4.2.1.2 木材生物量模型构建

全局空间自相关分析结果表明：木材生物量并无显著的空间自相关性。因此，不再构建空间回归模型。

1. 非线性混合效应模型(NMEM)

从混合参数选择来看，将树种(思茅松、其他树种)作为随机效应，构建不同混合参数组合的混合效应模型，各模型的拟合指标见表 4-2，综合考虑，选择 b 作为模型混合参数。

表 4-2　思茅松林木材生物量模型混合参数比较情况

混合参数	LogLik	AIC	LRT	p 值
无		不能收敛		
A	−983.11	1974.23	—	—
B	−983.11	1974.23	—	—
a、b		不能收敛		

考虑组内方差结构，仅有幂函数形式的方差方程能显著提高模型精度。考虑组内协方差结构的模型仅有空间函数形式的模型能收敛，但不能提高模型性能。综合来看，以幂函数形式的方差结构来构建混合效应模型最佳(表 4-3)，其拟合结果见表 4-4。

表 4-3　思茅松林木材生物量混合效应模型比较

方差结构	协方差结构	LogLik	AIC	LRT	p 值
无	无	−983.11	1974.23	—	—
幂函数	无	−907.69	1825.39	150.83	<0.001
指数函数	无		不能收敛		
无	高斯函数		不能收敛		
无	球面函数		不能收敛		
无	指数函数		不能收敛		
无	空间函数	−983.11	1976.23	<0.001	0.999

表 4-4　思茅松林木材生物量最优混合效应模型拟合结果

参数	估计值	标准差	t 值	p 值
a	0.0392	0.0055	7.1273	<0.001
b	0.8816	0.0165	53.2787	<0.001
R^2		0.92		
LogLik		−907.69		
AIC		1825.39		
异方差函数值		0.6094		

2. 模型评价

从模型的拟合统计量来看(表 4-5)，非线性混合效应模型(NMEM)的拟合指标除 RMSE 值外，均优于基础模型(OLS)。

表 4-5　思茅松林木材生物量模型统计量

类型	模型	AIC	LogLik	RMSE
非线性模型	OLS	1972.23	−983.11	10.61
	NMEM	1825.39	−907.69	10.65

注：非线性模型 OLS 为木材生物量最优的非线性基础模型，NMEM 是以该基础模型构建的非线性混合效应模型。

模型独立性检验结果（表 4-6）表明：混合效应模型（NMEM）除了平均相对误差和绝对平均误差与基础模型（OLS）持平外，其余指标均优于基础模型。

表 4-6 模型独立性检验

模型	总相对误差	平均相对误差	绝对平均误差	预估精度
OLS	0.0213	0.0002	0.0002	0.95
NMEM	0.0207	0.0002	0.0002	0.96

4.2.1.3 树皮生物量模型构建

全局空间自相关分析结果表明：树皮生物量在空间中呈现显著的空间自相关关系，其 $Z(I)$ 值达到显著后的第一个峰值的距离为 10.6m。因此，以该距离作为带宽构建空间回归模型。

1. 全局空间回归模型

线性基础模型（L-OLS）的模型参数和残差的空间自相关诊断结果如表 4-7 所示。L-OLS 模型残差空间自相关检验结果表明：线性基础模型残差具有显著的空间自相关性（$p<0.001$）。

表 4-7 思茅松林树皮生物量 L-OLS 模型参数及其残差的空间自相关检验结果

变量	系数	标准误差	t 值	p 值
常数项	−5.0807	0.1313	−38.7100	<0.001
$\ln(D^2H)$	0.9004	0.0167	53.8500	<0.001
R^2	0.91			
LogLik	−95.86			
AIC	197.73			
Moran's I	0.0348			<0.001
LM-Lag	5.0085			0.025
Robust LM-Lag	2.0196			0.155
LM-Error	5.3264			0.021
Robust LM-Error	2.3375			0.126

拉格朗日乘子检验结果（LM test）表明（表 4-7）：LM-Lag（p=0.025）和 LM-Error（p=0.021）两个统计量均具有显著性，但Robust LM-Lag和Robust LM-Error均不显著。因此，选择SDM。从拟合结果来看（表 4-8），SDM 的空间滞后项不显著，且 LRT 检验结果并不显著，与基础模型无明显差异。

表 4-8　思茅松林树皮生物量 SDM 拟合结果

变量	系数	标准误差	p 值
常数项	−4.4344	1.3932	0.1779
$\ln(D^2H)$	0.8986	0.0165	<0.01
$W\cdot\ln(D^2H)$	−0.1689	0.2186	0.439
$W\cdot\ln(\text{Bbark})$	0.3598	0.1895	0.057
R^2	0.99		
LogLik	−93.06		
LRT	5.59		0.061
AIC	196.14		

注：Bbark 表示树皮生物量。

2. 地理加权回归模型(GWR)

地理加权回归模型的拟合结果见表 4-9。GWR 模型的 AIC 值明显小于线性基础模型(L-OLS)，两者差值远大于 2，表明 GWR 模型比 L-OLS 模型具有更好的拟合表现。

表 4-9　思茅松林树皮生物量 GWR 模型拟合结果

变量	最小值	1/4 分位数	中位数	3/4 分位数	最大值
常数项	−6.6463	−5.6437	−5.1624	−4.4624	−2.6413
$\ln(D^2H)$	0.6337	0.8263	0.9068	0.9703	1.1025
R^2	0.94				
LogLik	—				
AIC	130.1				

方差分析结果如表 4-10 所示，GWR 模型的残差平方和相比 OLS 模型下降了 10.1930，均方残差下降了 0.2081，表明 GWR 模型在一定程度上解释了空间效应问题。

表 4-10　思茅松林树皮生物量 GWR 模型方差分析

	自由度	平方和	平方均值	F 值
OLS 残差	2.0000	31.8240		
GWR 残差改进值	48.9800	10.1930	0.2081	
GWR 残差	209.0200	21.6310	0.1035	2.0110

3. 非线性混合效应模型(NMEM)

从混合参数选择来看，将树种(思茅松、其他树种)作为随机效应，构建不同混合参数组合的混合效应模型，各模型的拟合指标见表 4-11，混合参数均不能提高模型性能，因此不添加混合参数。

表 4-11 思茅松林树皮生物量模型混合参数比较情况

混合参数	LogLik	AIC	LRT	*p* 值
无	−709.07	1430.14	—	—
a	−709.07	1426.14	<0.001	1
b	−709.07	1426.14	<0.001	1
a、*b*	−709.07	1430.14	—	—

考虑组内方差结构，仅有幂函数形式的方差方程能显著提高模型精度。考虑组内协方差结构的模型均不能收敛。综合来看，以幂函数形式的方差结构来构建混合效应模型最佳(表 4-12)，其拟合结果见表 4-13。

表 4-12 思茅松林树皮生物量混合效应模型比较

方差结构	协方差结构	LogLik	AIC	LRT	*p* 值
无	无	−709.07	1430.14	—	—
幂函数		−597.81	1209.63	222.49	<0.001
指数函数	无		不能收敛		
无	高斯函数		不能收敛		
无	球面函数		不能收敛		
无	指数函数		不能收敛		
无	空间函数		不能收敛		

表 4-13 思茅松林树皮生物量最优混合效应模型拟合结果

参数	估计值	标准差	*t* 值	*p* 值
a	0.0093	0.0016	5.6508	<0.001
b	0.8568	0.0213	40.2211	<0.001
R^2		0.76		
LogLik		−597.81		
AIC		1209.63		
异方差函数值		0.7652		

4. 模型评价

不同模型的拟合统计量如表 4-14 所示，非线性混合效应模型(NMEM)的拟合指标除了 RMSE 值略微高外，其余指标均优于基础模型(OLS)。同样地，SLM 的拟合指标也是除了 RMSE 值略微高外，其余指标均优于基础模型。GWR 模型的拟合指标均优于基础模型。

表 4-14　思茅松林树皮生物量模型统计量

类型	模型	AIC	LogLik	RMSE
非线性模型	OLS	1424.13	−709.06	3.69
	NMEM	1209.63	−597.81	3.73
线性模型	L-OLS	197.73	−95.86	—
	SDM	196.14	−93.06	3.74
	GWR	130.10	—	3.44

注：(1) OLS 为树皮生物量最优的非线性基础模型，NMEM 是以该基础模型构建的非线性混合效应模型；L-OLS 是 OLS 线性化后的线性模型，SDM 和 GWR 是在该模型的基础上构建的。

(2) OLS 和 NMEM 的 RMSE 值直接通过式(2-38)计算，空间回归模型(SDM 和 GWR)的 RMSE 值是通过将模型拟合值反对数化后再通过式(2-38)计算。

从模型残差的空间效应来看(图 4-13)，随着距离尺度的增加，混合效应模型(NMEM)的模型残差的 Moran's I 指数与基础模型相似，基本呈现出空间正相关，且最终都趋近于 0，但 NMEM 模型的残差空间自相关性强于基础模型；SDM 和 GWR 模型的残差表现出了相似的变化趋势，但 GWR 模型全部呈现负空间自相关性，且基本上略大于基础模型，而 SDM 的残差空间自相关性变动最小，且基本小于基础模型。

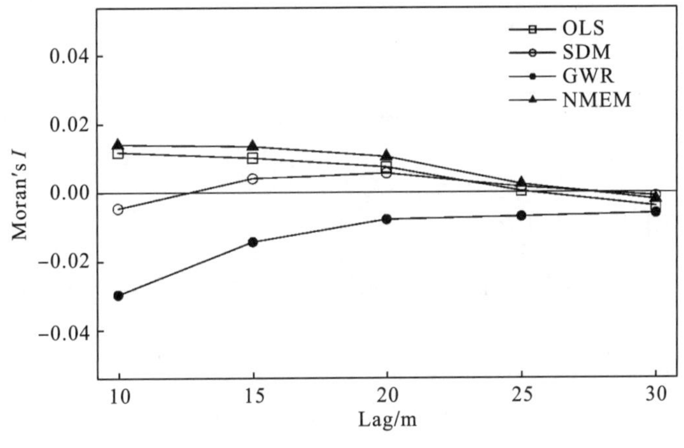

图 4-13　模型残差空间相关图

图 4-14 显示了 4 个模型残差在不同分组距离块内的组内方差变化。在分组距离为 1m 时，模型残差的组内方差均最小，此时，模型残差的空间异质性最低，但随着距离尺度的增大，模型残差的空间异质性也在不断增大。

相对于基础模型而言，GWR 模型残差的组内方差在不同距离尺度下均小于基础模型，这表明 GWR 模型能有效地降低模型残差的空间异质性。NMEM 和 SDM 残差的组内方差随着距离尺度的增加与基础模型基本相似，甚至略大于基础模型。

从模型独立性检验结果来看(表 4-15)，NMEM 除了总相对误差偏差略大外，其余指标均与基础模型(OLS)相持平；SDM 和 GWR 模型的各项指标基本不及基础模型，其中 GWR 模型偏差相对更大。

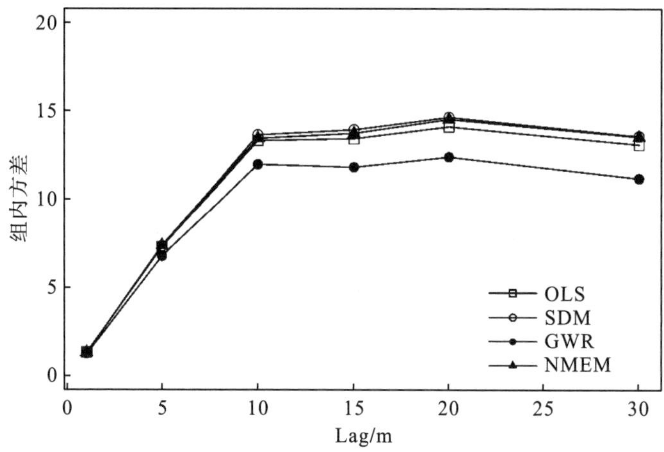

图 4-14 模型残差的组内方差

表 4-15 模型独立性检验

模型	总相对误差	平均相对误差	绝对平均误差	预估精度
OLS	0.0011	0.00001	0.00001	0.93
SDM	−0.0157	−0.0002	0.0002	0.93
GWR	−0.0328	−0.0014	0.0014	0.89
NMEM	−0.0014	0.00001	0.00001	0.93

注：OLS 和 NMEM 的各项指标是直接通过模型估计值与实测值计算得出，而 SDM 和 GWR 的各项指标是将相应模型的估计值反对数化后与实测值间接计算而来。

4.2.1.4 树干生物量模型构建

全局空间自相关分析结果表明：树干生物量并无显著的空间自相关性。因此，不再构建空间回归模型。

1. 非线性混合效应模型(NMEM)

从混合参数选择来看，将树种(思茅松、其他树种)作为随机效应，构建不同混合参数组合的混合效应模型，各模型的拟合指标见表 4-16，综合考虑，选择 b 作为模型混合参数。

表 4-16 思茅松林树干生物量模型混合参数比较情况

混合参数	LogLik	AIC	LRT	p 值
无		不能收敛		
a	−1010.80	2029.61	—	—
b	−1010.80	2029.61	—	—
a、b		不能收敛		

考虑组内方差结构，仅有幂函数形式的方差方程能显著提高模型精度。考虑组内协方差结构的模型均不能收敛，综合来看，以幂函数形式的方差结构来构建混合效应模型最佳

(表 4-17)，其拟合结果见表 4-18。

表 4-17　思茅松林树干生物量混合效应模型比较

方差结构	协方差结构	LogLik	AIC	LRT	p 值
无	无	−1010.80	2029.61	—	—
幂函数	无	−931.73	1873.46	158.14	<0.001
指数函数	无	不能收敛			
无	高斯函数	不能收敛			
无	球面函数	不能收敛			
无	指数函数	不能收敛			
无	空间函数	不能收敛			

表 4-18　思茅松林树干生物量最优混合效应模型拟合结果

参数	估计值	标准差	t 值	p 值
a	0.0496	0.0063	7.8490	<0.001
b	0.8746	0.0150	58.1729	<0.001
R^2	0.93			
LogLik	−931.73			
AIC	1873.46			
异方差函数值	0.6133			

2. 模型评价

从不同模型的拟合统计量来看(表 4-19)，非线性混合效应模型(NMEM)的拟合指标除了 RMSE 值与基础模型持平外，其他指标均优于基础模型(OLS)。

表 4-19　思茅松林树干生物量模型统计量

类型	模型	AIC	LogLik	RMSE
非线性模型	OLS	2027.61	−1010.80	11.81
	NMEM	1873.46	−931.73	11.81

从模型独立性检验结果来看(表 4-20)，NMEM 除了总相对误差偏小外，其余指标均与基础模型(OLS)相持平。

表 4-20　模型独立性检验

模型	总相对误差	平均相对误差	绝对平均误差	预估精度
OLS	0.0180	0.00018	0.00018	0.96
NMEM	0.0178	0.00018	0.00018	0.96

4.2.1.5 树枝生物量模型构建

全局空间自相关分析结果表明：树枝生物量在空间中呈现显著的空间自相关关系，其 $Z(I)$ 值达到显著后的第一个峰值的距离为 10.6m。因此，以该距离作为带宽构建空间回归模型。

1. 全局空间回归模型

线性基础模型（L-OLS）的模型参数和残差的空间自相关诊断结果如表 4-21 所示。L-OLS 模型残差空间自相关检验结果表明：线性基础模型残差具有显著的空间自相关性（$p<0.001$）。

表 4-21 思茅松林树枝生物量 L-OLS 模型参数及其残差的空间自相关检验结果

变量	系数	标准误差	t 值	p 值
常数项	−4.0082	0.2483	−16.1420	<0.001
$\ln(D^2H)$	0.6227	0.0373	16.6930	<0.001
ln(CL)	0.6129	0.1171	5.2330	<0.001
R^2	0.69			
LogLik	−257.11			
AIC	522.23			
Moran's I	0.0995			<0.001
LM-Lag	1.7799			0.182
Robust LM-Lag	23.1824			<0.001
LM-Error	43.4640			<0.001
Robust LM-Error	64.8665			<0.001

拉格朗日乘子检验结果（LM test）表明（表 4-21）：LM-Lag 统计量（p=0.182）不具有显著性，而 LM-Error（$p<0.001$）统计量具有显著性，因此构建 SEM。从拟合结果来看（表 4-22），SEM 的滞后项（λ）显著，且 AIC（504.72）和 LogLik（−247.35）均优于基础模型（AIC=522.23，LogLik=−257.11），LRT 检验结果也表明 SEM 优于线性基础模型（$p<0.001$）。

表 4-22 思茅松林树枝生物量 SEM 拟合结果

变量	系数	标准误差	p 值
常数项	−4.2424	0.2594	<0.001
$\ln(D^2H)$	0.6355	0.0353	<0.001
ln(CL)	0.6652	0.1112	<0.001
λ	0.6645	0.1231	<0.001
R^2	0.996		
LogLik	−247.35		
LRT	19.51		<0.001
AIC	504.72		

2. 地理加权回归模型(GWR)

地理加权回归模型的拟合结果见表 4-23。GWR 模型的 AIC 值明显小于线性基础模型(L-OLS)，两者差值远大于 2，表明 GWR 模型相比于 L-OLS 模型具有更好的拟合表现。

表 4-23　思茅松林树枝生物量 GWR 模型拟合结果

变量	最小值	1/4 分位数	中位数	3/4 分位数	最大值
常数项	−7.0338	−4.6767	−4.1639	−3.6011	−0.7505
$\ln(D^2H)$	0.1264	0.5998	0.6534	0.7503	0.9991
ln(CL)	−2.4266	0.2261	0.4935	0.8103	2.5800
R^2	0.82				
LogLik	—				
AIC	430.91				

方差分析结果如表 4-24 所示，GWR 模型的残差平方和相比线性基础模型(L-OLS)下降了 45.4050，均方残差下降了 0.6683，表明 GWR 模型在一定程度上解释了空间效应问题。

表 4-24　思茅松林树枝生物量 GWR 模型方差分析

	自由度	平方和	平方均值	F 值
OLS 残差	3.0000	110.0160		
GWR 改进提高	67.9440	45.4050	0.6683	
GWR 残差	189.0560	64.6110	0.3418	1.9554

3. 非线性混合效应模型(NMEM)

从混合参数选择来看，将树种(思茅松、其他树种)作为随机效应，构建不同混合参数组合的混合效应模型，各模型的拟合指标见表 4-25，综合考虑，选择 b 作为模型混合参数。

表 4-25　思茅松林树枝生物量模型混合参数比较情况

混合参数	LogLik	AIC	LRT	p 值
无		不能收敛		
a	−865.72	1741.44	—	—
b	−865.72	1741.44	—	—
c	−865.72	1741.44	—	—
a、b		不能收敛		
a、c		不能收敛		
b、c	−865.72	1745.44	—	—
a、b、c		不能收敛		

考虑组内方差结构，仅有幂函数形式的方差方程能显著提高模型精度。考虑组内协方差结构的模型均不能收敛，综合来看，以幂函数形式的方差结构来构建混合效应模型最佳(表 4-26)，其拟合结果见表 4-27。

表 4-26 思茅松林树枝生物量混合效应模型比较

方差结构	协方差结构	LogLik	AIC	LRT	p 值
无	无	−865.72	1741.44	—	—
幂函数	无	−781.93	1575.87	167.57	<0.001
指数函数	无	不能收敛			
无	高斯函数	不能收敛			
无	球面函数	不能收敛			
无	指数函数	不能收敛			
无	空间函数	不能收敛			

表 4-27 思茅松林树枝生物量最优混合效应模型拟合结果

参数	估计值	标准差	t 值	p 值
a	0.0233	0.0065	3.5823	<0.001
b	0.6602	0.0400	16.5194	<0.001
c	0.4056	0.1207	3.3590	<0.001
R^2	0.52			
LogLik	−781.93			
AIC	1575.87			
异方差函数值	0.7652			

4. 模型评价

从不同模型的拟合统计量来看(表 4-28)，非线性混合效应模型(NMEM)的拟合指标除了 RMSE 值略微高外，其余指标均优于基础模型(OLS)。空间回归模型 SEM 和 GWR 模型的各项拟合指标均优于基础模型。

表 4-28 思茅松林树枝生物量模型统计量

类型	模型	AIC	LogLik	RMSE
非线性模型	OLS	1739.44	−865.72	6.76
	NMEM	1575.87	−781.93	6.84
线性模型	L-OLS	522.23	−257.11	—
	SEM	504.72	−247.35	6.73
	GWR	430.91	—	6.06

注：(1) OLS 为树枝生物量最优的非线性基础模型，NMEM 是以该基础模型构建的非线性混合效应模型；L-OLS 是 OLS 线性化后的线性模型，SEM 和 GWR 是在该模型的基础上构建的。

(2) OLS 和 NMEM 的 RMSE 值直接通过式(2-38)计算，空间回归模型(SEM 和 GWR)的 RMSE 值是通过将模型拟合值反对数化后再通过式(2-38)计算。

从模型残差的空间效应来看(图 4-15)，随着距离尺度的增加，混合效应模型(NMEM)和空间误差模型(SEM)和地理加权回归模型(GWR)的残差空间自相关性均小于基础模型。

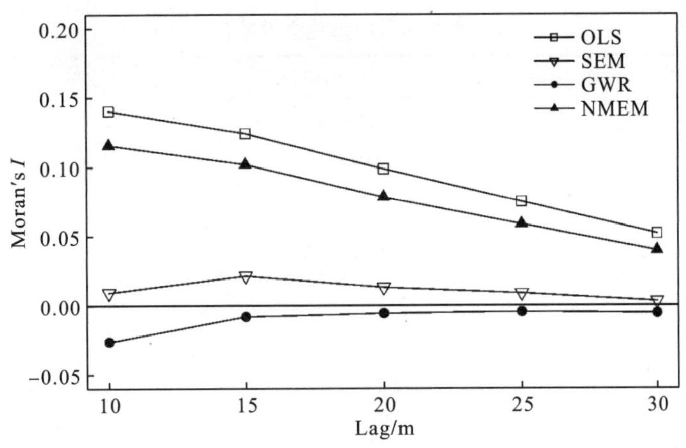

图 4-15　模型残差空间相关图

图 4-16 显示了 4 个模型残差在不同分组距离块内的组内方差变化。在分组距离为 1m 时，模型残差的组内方差均最小，此时，模型残差的空间异质性最低，但随着距离尺度的增大，模型残差的空间异质性也在不断增大。

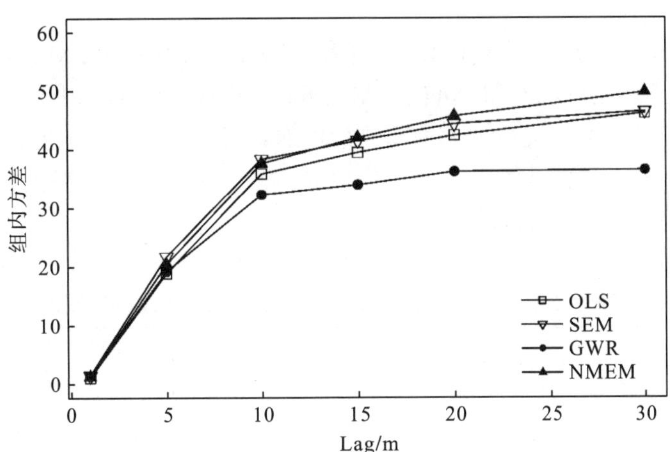

图 4-16　模型残差的组内方差

相对于基础模型而言，GWR 模型残差的组内方差在不同距离尺度下均小于基础模型，这表明 GWR 模型能有效地降低模型残差的空间异质性。但是，随着距离尺度的增加，NMEM 和 SEM 残差的组内方差与基础模型相似，甚至略大于基础模型，不能有效地降低模型残差的空间异质性。

从模型独立性检验结果来看(表 4-29)，NMEM 的各项指标均与基础模型(OLS)相差不大；SEM 的各项指标均不及基础模型；GWR 模型除了总相对误差偏差低于基础模型外，其他各项指标均不及基础模型。

表 4-29 模型独立性检验

模型	总相对误差	平均相对误差	绝对平均误差	预估精度
OLS	0.3045	0.0031	0.0031	0.84
SEM	0.5758	0.0058	0.0058	0.78
GWR	−0.0826	−0.0039	0.0039	0.73
NMEM	0.2988	0.0030	0.0030	0.85

注：OLS 和 NMEM 的各项指标是直接通过模型估计值与实测值计算得出，而 SEM 和 GWR 的各项指标是将相应模型的估计值反对数化后与实测值间接计算而来。

4.2.1.6 树叶生物量模型构建

全局空间自相关分析结果表明：树叶生物量在空间中呈现显著的空间自相关关系，其 $Z(I)$ 值达到显著后的第一个峰值的距离为 9.2m。因此，以该距离作为带宽构建空间回归模型。

1. 全局空间回归模型

线性基础模型(L-OLS)的模型参数和残差的空间自相关诊断结果如表 4-30 所示。L-OLS 模型残差空间自相关检验结果表明：线性基础模型残差具有显著的空间自相关性($p<0.001$)。

拉格朗日乘子检验结果(LM test)表明(表 4-30)：LM-Lag 和 LM-Error 两个统计量具有显著性，且 Robust LM-Lag 和 Robust LM-Error 均具有显著性。因此，构建 SDM 模型。从拟合结果来看(表 4-31)，SDM 的空间滞后项均具有显著性，且 AIC(543.08)和 LogLik(−266.53)均优于基础模型(AIC=563.56，LogLik=−278.78)，LRT 检验结果也表明 SDM 模型优于线性基础模型($p<0.001$)。

表 4-30 思茅松林树叶生物量 OLS 模型参数及其残差的空间自相关检验结果

变量	系数	标准误差	t 值	p 值
常数项	−4.6321	0.2653	−17.4600	<0.001
$\ln(D^2H)$	0.7213	0.0338	21.3500	<0.001
R^2	0.63			
LogLik	−278.78			
AIC	563.56			
Moran's I	0.1162			<0.001
LM-Lag	9.0637			0.002
Robust LM-Lag	8.8986			0.002
LM-Error	44.8690			<0.001
Robust LM-Error	44.7039			<0.001

表 4-31　思茅松林树叶生物量 SDM 拟合结果

变量	系数	标准误差	p 值
常数项	0.4120	1.3655	0.7629
$\ln(D^2H)$	0.7301	0.0320	<0.001
$W\cdot\ln(D^2H)$	−0.7318	0.1768	<0.001
$W\cdot\ln$(Bfoli)	0.5687	0.1273	<0.001
R^2	0.97		
LogLik	−266.53		
LRT	24.49		<0.001
AIC	543.08		

注：Bfoli 表示树叶生物量。

2. 地理加权回归模型(GWR)

地理加权回归模型的拟合结果见表 4-32。GWR 模型的 AIC 值明显小于线性基础模型(L-OLS)，两者差值远大于 2，表明 GWR 模型相比于 L-OLS 模型具有更好的拟合表现。

表 4-32　思茅松林树叶生物量 GWR 模型拟合结果

变量	最小值	1/4 分位数	中位数	3/4 分位数	最大值
常数项	−12.3560	−5.6388	−4.9150	−3.8902	−1.1233
ln(D²H)	0.3462	0.6328	0.7656	0.8426	1.5380
R^2	0.76				
LogLik	—				
AIC	493.92				

方差分析结果如表 4-33 所示，GWR 模型的残差平方和相比 OLS 模型下降了 45.6020，均方残差下降了 0.7438，表明 GWR 模型在一定程度上解释了空间效应问题。

表 4-33　思茅松林树叶生物量 GWR 模型方差分析

	自由度	平方和	平方均值	F 值
OLS 残差	2.0000	129.9690		
GWR 残差改进值	61.3070	45.6020	0.7438	
GWR 残差	196.6930	84.3670	0.4289	1.7342

3. 非线性混合效应模型(NMEM)

从混合参数选择来看，将树种(思茅松、其他树种)作为随机效应，构建不同混合参数组合的混合效应模型，各模型的拟合指标见表 4-34，综合考虑，选择 b 作为模型混合参数。

表 4-34　思茅松林树叶生物量模型混合参数比较情况

混合参数	LogLik	AIC	LRT	p 值
无	不收敛			
a	−674.71	1357.42	—	—
b	−674.71	1357.42	—	—
a、b	不收敛			

考虑组内方差结构，仅有幂函数形式的方差方程能显著提高模型精度。考虑组内协方差结构的模型均不能收敛。综合来看，以幂函数形式的方差结构来构建混合效应模型最佳（表 4-35），其拟合结果见表 4-36。

表 4-35　思茅松林树叶生物量混合效应模型比较

方差结构	协方差结构	LogLik	AIC	LRT	p 值
无	无	−674.71	1357.42	—	—
幂函数	无	−591.78	1193.57	165.85	<0.001
指数函数	无	不能收敛			
无	高斯函数	不能收敛			
无	球面函数	不能收敛			
无	指数函数	不能收敛			
无	空间函数	不能收敛			

表 4-36　思茅松林树叶生物量最优混合效应模型拟合结果

参数	估计值	标准差	t 值	p 值
a	0.0165	0.0055	3.0238	0.002
b	0.6827	0.0405	16.8499	<0.001
R^2	0.39			
LogLik	−591.78			
AIC	1193.57			
异方差函数值	0.8228			

4. 模型评价

从不同模型的拟合统计量来看（表 4-37），非线性混合效应模型（NMEM）的拟合指标除了 RMSE 值略高外，其余指标均优于基础模型（OLS）。空间回归模型 SDM 和 GWR 模型的各项拟合指标均优于基础模型。

表 4-37　思茅松林树叶生物量模型统计量

类型	模型	AIC	LogLik	RMSE
非线性模型	OLS	1355.42	-674.71	3.24
	NMEM	1193.57	-591.78	3.26

续表

类型	模型	AIC	LogLik	RMSE
线性模型	L-OLS	563.56	-278.78	—
	SDM	543.08	-266.53	3.17
	GWR	493.92	—	2.80

注：(1) OLS 为树叶生物量最优的非线性基础模型，NMEM 是以该基础模型构建的非线性混合效应模型；L-OLS 是 OLS 线性化后的线性模型，SDM 和 GWR 是在该模型的基础上构建的。

(2) OLS 和 NMEM 的 RMSE 值直接通过式(2-38)计算，空间回归模型(SDM 和 GWR)的 RMSE 值是通过将模型拟合值反对数化后再通过式(2-38)计算。

从模型残差的空间效应来看(图 4-17)，随着距离尺度的增加，混合效应模型(NMEM)、空间杜宾模型(SDM)和地理加权回归模型(GWR)的残差空间自相关性均小于基础模型。

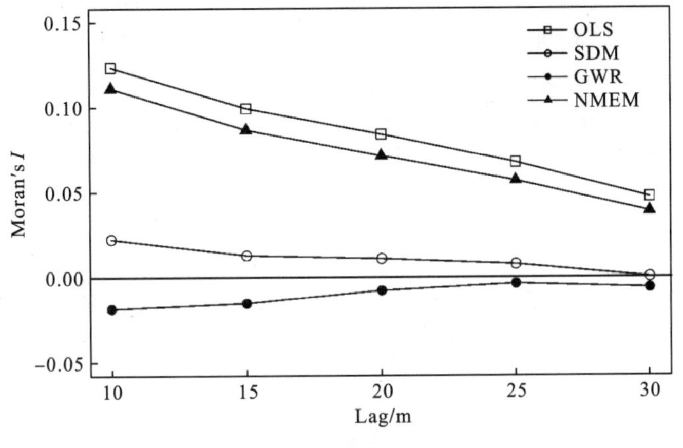

图 4-17　模型残差空间相关图

图 4-18 显示了 4 个模型残差在不同分组距离块内的组内方差变化。在分组距离为 1m 时，模型残差的组内方差均最小，此时，模型残差的空间异质性最低，但随着距离尺度的增大，模型残差的空间异质性也在不断增大。

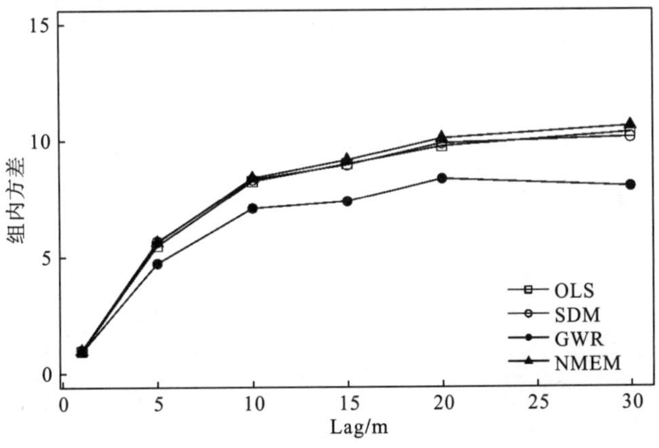

图 4-18　模型残差的组内方差

相对于基础模型而言，GWR 模型残差的组内方差在不同距离尺度下均小于基础模型，这表明 GWR 模型能有效地降低模型残差的空间异质性。但是，随着距离尺度的增加，NMEM 和 SDM 残差的组内方差与基础模型相似，甚至略大于基础模型，不能有效地降低模型残差的空间异质性。

从模型独立性检验结果来看(表 4-38)，NMEM 除了预估精度和基础模型相同外，其他指标均优于基础模型(OLS)；SDM 的各项指标均不及基础模型；GWR 模型除了总相对误差偏差低于基础模型外，其他各项指标均不及基础模型。

表 4-38 模型独立性检验

模型	总相对误差	平均相对误差	绝对平均误差	预估精度
OLS	0.3789	0.0038	0.0038	0.77
SDM	0.9290	0.0094	0.0094	0.62
GWR	0.2790	0.0155	0.0155	0.52
NMEM	0.3687	0.0037	0.0037	0.77

注：OLS 和 NMEM 的各项指标是直接通过模型估计值与实测值计算得出，而 SDM 和 GWR 的各项指标是将相应模型的估计值反对数化后与实测值间接计算而来。

4.2.1.7 树冠生物量模型构建

全局空间自相关分析结果表明：树冠生物量在空间中呈现显著的空间自相关关系，其 $Z(I)$ 值达到显著后的第一个峰值的距离为 10.6m。因此，以该距离作为带宽构建空间回归模型。

1. 全局空间回归模型

线性基础模型(L-OLS)的模型参数和残差的空间自相关诊断结果如表 4-39 所示。L-OLS 模型残差空间自相关检验结果表明：线性基础模型残差具有显著的空间自相关性(p<0.001)。

表 4-39 思茅松林树冠生物量 L-OLS 模型参数及其残差的空间自相关检验结果

变量	系数	标准误差	t 值	p 值
常数项	−3.4825	0.2244	−15.5190	<0.001
$\ln(D^2H)$	0.6214	0.0337	18.4340	<0.001
ln(CL)	0.5311	0.1059	5.0170	<0.001
R^2	0.72			
LogLik	−230.79			
AIC	469.58			
Moran's I	0.1188			<0.001
LM-Lag	3.8470			0.0498
Robust LM-Lag	22.4130			<0.001
LM-Error	61.8980			<0.001
Robust LM-Error	80.4650			<0.001

拉格朗日乘子检验结果(LM test)表明(表 4-39)：LM-Lag 和 LM-Error 两个统计量具有显著性，且 Robust LM-Lag 和 Robust LM-Error 均具有显著性。因此，构建 SDM。从拟合结果来看(表 4-40)，SDM 的空间滞后项均具有显著性，且 AIC(441.26)和 LogLik(−213.63)均优于基础模型(AIC=469.58，LogLik=−230.79)，LRT 检验结果也表明 SDM 优于线性基础模型(p<0.001)。

表 4-40 思茅松林树冠生物量 SDM 拟合结果

变量	系数	标准误差	p 值
常数项	2.5307	1.3014	0.0518
$\ln(D^2H)$	0.6232	0.0314	<0.001
$W\cdot\ln(D^2H)$	−0.5745	0.1877	0.002
ln(CL)	0.5706	0.0986	<0.001
$W\cdot$ln(CL)	−1.4936	0.5453	0.006
$W\cdot$ln(Bcrow)	0.4078	0.1702	0.016
R^2	0.99		
LogLik	−213.63		
LRT	34.33		<0.001
AIC	441.26		

注：Bcrow 表示树冠生物量。

2. 地理加权回归模型(GWR)

地理加权回归模型的拟合结果见表 4-41。GWR 模型的 AIC 值明显小于线性基础模型(L-OLS)，两者差值远大于 2，表明 GWR 模型相比于 L-OLS 模型具有更好的拟合表现。

表 4-41 思茅松林树冠生物量 GWR 模型拟合结果

变量	最小值	1/4 分位数	中位数	3/4 分位数	最大值
常数项	−6.7028	−4.1628	−3.6462	−3.1022	−0.7080
$\ln(D^2H)$	0.1602	0.6038	0.6714	0.7244	0.9456
ln(CL)	−1.6876	0.2114	0.4304	0.6803	2.1989
R^2	0.84				
LogLik	—				
AIC	378.01				

方差分析结果如表 4-42 所示，GWR 模型的残差平方和相对线性基础模型(L-OLS)下降了 37.1350，均方残差下降了 0.5466，表明 GWR 模型在一定程度上解释了空间效应问题。

表 4-42 思茅松林树冠生物量 GWR 模型方差分析

	自由度	平方和	平方均值	F 值
OLS 残差	3.0000	89.8500		
GWR 残差改进值	67.9440	37.1350	0.5466	
GWR 残差	189.0560	52.7150	0.2788	1.9602

3. 非线性混合效应模型(NMEM)

从混合参数选择来看，将树种(思茅松、其他树种)作为随机效应，构建不同混合参数组合的混合效应模型，各模型的拟合指标见表4-43，综合考虑，选择 *c* 作为模型的混合参数。

表 4-43 思茅松林树冠生物量模型混合参数比较情况

混合参数	LogLik	AIC	LRT	*p* 值
无		不能收敛		
a	−944.46	1898.92		
b	−944.46	1898.92		
c	−944.46	1898.92		
a、*b*		不能收敛		
a、*c*	−944.46	1902.92		
b、*c*	−944.46	1902.92		
a、*b*、*c*		不能收敛		

考虑组内方差结构，仅有幂函数形式的方差方程能显著提高模型精度。考虑组内协方差结构的模型均不能收敛。综合来看，以幂函数形式的方差结构来构建混合效应模型最佳(表4-44)，其拟合结果见表4-45。

表 4-44 思茅松林树冠生物量混合效应模型比较

方差结构	协方差结构	LogLik	AIC	LRT	*p* 值
无	无	−944.46	1898.92	—	—
幂函数	无	−862.40	1736.81	164.10	<0.001
指数函数	无		不能收敛		
无	高斯函数		不能收敛		
无	球面函数		不能收敛		
无	指数函数		不能收敛		
无	空间函数		不能收敛		

表 4-45 思茅松林树冠生物量最优混合效应模型拟合结果

参数	估计值	标准差	*t* 值	*p* 值
a	0.0375	0.0100	3.7523	<0.001
b	0.6562	0.0382	17.1577	<0.001
c	0.3498	0.1155	3.0279	0.003
R^2		0.39		
LogLik		−862.40		
AIC		1736.8		
异方差函数值		0.8756		

4. 模型评价

从不同模型的拟合统计量来看(表 4-46)，非线性混合效应模型(NMEM)的拟合指标除了 RMSE 值略微高外，其余指标均优于基础模型(OLS)。空间回归模型 SDM 和 GWR 模型的各项拟合指标均优于基础模型。

表 4-46　思茅松林树冠生物量模型统计量

类型	模型	AIC	LogLik	RMSE
非线性模型	OLS	1896.92	−944.46	9.14
	NMEM	1736.81	−862.40	9.25
线性模型	L-OLS	469.58	−230.79	—
	SDM	441.26	−213.63	8.77
	GWR	378.01	—	7.93

注：(1) OLS 为树冠生物量最优的非线性基础模型，NMEM 是以该基础模型构建的非线性混合效应模型；L-OLS 是 OLS 线性化后的线性模型，SDM 和 GWR 是在该模型的基础上构建的。

(2) OLS 和 NMEM 的 RMSE 值直接通过式(2-38)计算，空间回归模型(SDM 和 GWR)的 RMSE 值是通过将模型拟合值反对数化后再通过式(2-38)计算。

从模型残差的空间效应来看(图 4-19)，随着距离尺度的增加，非线性混合效应模型(NMEM)、空间杜宾模型(SDM)和地理加权回归模型(GWR)的残差空间自相关性均小于基础模型，SDM 和 GWR 模型的残差空间自相关性最小。

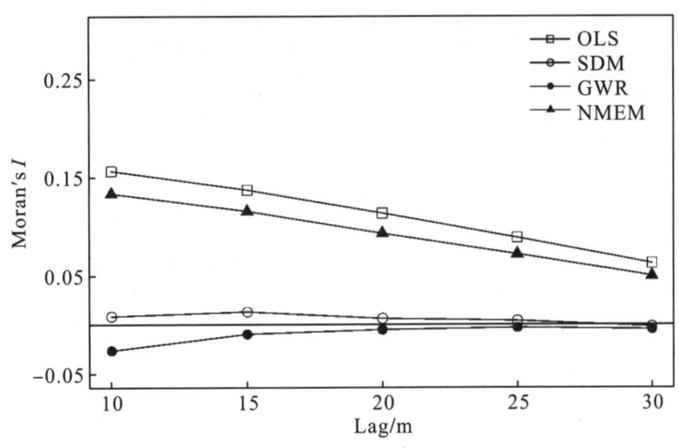

图 4-19　模型残差空间相关图

图 4-20 显示了 4 个模型残差在不同分组距离块内的组内方差变化。在分组距离为 1m 时，模型残差的组内方差均最小，此时，模型残差的空间异质性最低，但随着距离尺度的增大，模型残差的空间异质性也在不断增大。

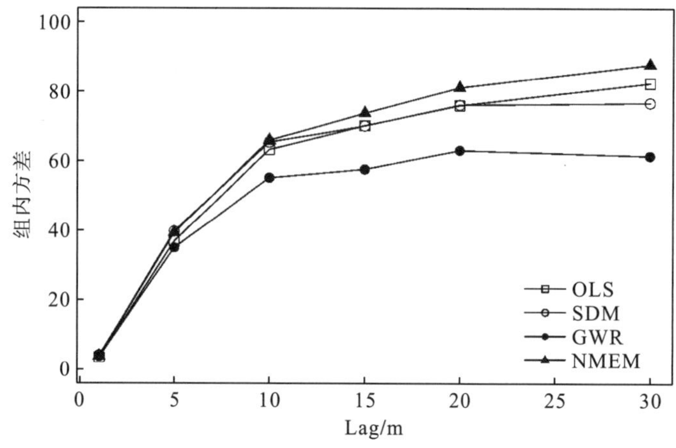

图 4-20 模型残差的组内方差

相对于基础模型而言，GWR 模型残差的组内方差在不同距离尺度下均小于基础模型，这表明 GWR 模型能有效地降低模型残差的空间异质性。但是，随着距离尺度的增加，NMEM 和 SDM 残差的组内方差与基础模型相似，甚至略大于基础模型，不能有效地降低模型残差的空间异质性。

从模型独立性检验结果来看(表 4-47)，NMEM 除了预估精度和基础模型相同外，其他指标均优于基础模型(OLS)；SDM 的各项指标均不及基础模型；GWR 模型除了预估精度不及基础模型外，其他指标均优于基础模型(OLS)。

表 4-47 模型独立性检验

模型	总相对误差	平均相对误差	绝对平均误差	预估精度
OLS	0.3254	0.0033	0.0033	0.84
SDM	0.7013	0.0071	0.0071	0.75
GWR	0.0396	0.0018	0.0018	0.71
NMEM	0.3173	0.0032	0.0032	0.84

注：OLS 和 NMEM 的各项指标是直接通过模型估计值与实测值计算得出，而 SDM 和 GWR 的各项指标是将相应模型的估计值反对数化后与实测值间接计算而来。

4.2.1.8 地上生物量模型构建

全局空间自相关分析结果表明：地上生物量并无显著的空间自相关性。因此，不再构建空间回归模型。

1. 非线性混合效应模型(NMEM)

从混合参数选择来看，将树种(思茅松、其他树种)作为随机效应，构建不同混合参数组合的混合效应模型，各模型的拟合指标见表 4-48，综合考虑，选择 b 作为模型混合参数。

表 4-48　思茅松林地上生物量模型混合参数比较情况

混合参数	LogLik	AIC	LRT	*p* 值
无	不能收敛			
a	−1097.98	2203.96	—	—
b	−1097.98	2203.96	—	—
a、*b*	不能收敛			

考虑组内方差结构，仅有幂函数形式的方差方程能显著提高模型精度。考虑组内协方差结构的模型均不能收敛。综合来看，以幂函数形式的方差结构来构建混合效应模型最佳(表 4-49)，其拟合结果见表 4-50。

表 4-49　思茅松林地上生物量混合效应模型比较

方差结构	协方差结构	LogLik	AIC	LRT	*p* 值
无	无	−1097.98	2203.96	—	—
幂函数	无	−1017.55	2045.11	160.85	<0.001
指数函数	无	不能收敛			
无	高斯函数	不能收敛			
无	球面函数	不能收敛			
无	指数函数	不能收敛			
无	空间函数	不能收敛			

表 4-50　思茅松林地上生物量最优混合效应模型拟合结果

参数	估计值	标准差	*t* 值	*p* 值
a	0.0793	0.0106	7.4691	<0.001
b	0.8436	0.0159	53.1567	<0.001
R^2	0.91			
LogLik	−1017.55			
AIC	2045.11			
异方差函数值	0.6441			

2. 模型评价

不同模型的拟合统计量如表 4-51 所示，非线性混合效应模型(NMEM)除了 RMSE 值略高外，其余指标均优于基础模型(OLS)。

表 4-51　思茅松林地上生物量模型统计量

类型	模型	AIC	LogLik	RMSE
非线性模型	OLS	2201.96	−1097.98	16.51
	NMEM	2045.11	−1017.55	16.67

模型独立性检验结果(表 4-52)表明：NMEM 除了预估精度和基础模型相同外，其他指标均优于基础模型(OLS)。

表 4-52 模型独立性检验

模型	总相对误差	平均相对误差	绝对平均误差	预估精度
OLS	0.0751	0.0008	0.0008	0.96
NMEM	0.0733	0.0007	0.0007	0.96

4.2.2 思茅松人工林-思茅松各维量生物量模型构建

4.2.2.1 基础模型

思茅松单木各维量生物量的最优基础模型列于表 4-53，由于基础模型较多，因此仅列出最优基础模型。在最优基础模型的基础上，分别构建思茅松单木各维量生物量的空间回归模型、混合效应模型。

表 4-53 思茅松单木各维量生物量最优基础模型

维量	模型	模型参数				R^2	AIC	LogLik
		a	b	c	d			
木材生物量	$W_i=a\cdot(D^2H)^b$	0.0259	0.9294	—	—	0.812	1451.91	−722.95
树皮生物量	$W_i=a\cdot(\mathrm{D}^2\mathrm{H})^b$	0.0775	1.7995	—	—	0.453	1069.46	−531.73
树干生物量	$W_i=a\cdot(D^2H)^b$	0.0395	0.9005	—	—	0.823	1492.04	−743.02
树枝生物量	$W_i=a\cdot(D^2H)^b\cdot\mathrm{CL}^c$	0.0015	0.9785	0.3922	—	0.364	1285.57	−638.78
树叶生物量	$W_i=a\cdot(D^2H)^b$	0.0014	0.9701	—	—	0.210	1011.65	−502.82
树冠生物量	$W_i=a\cdot(D^2H)^b\cdot\mathrm{CL}^c$	0.0027	0.9676	0.3065	—	0.356	1395.16	−693.58
地上生物量	$W_i=a\cdot(D^2H)^b$	0.0371	0.9311	—	—	0.791	1614.09	−804.04

4.2.2.2 木材生物量模型构建

全局空间自相关分析结果表明：木材生物量并无显著的空间自相关性。因此，不再构建空间回归模型。

1. 非线性混合效应模型(NMEM)

从混合参数选择来看，不考虑随机效应，构建不同混合参数组合的混合效应模型，各模型的拟合指标见表 4-54，从 LRT 检验可以看出，添加混合参数未能改变模型性能，因此不考虑混合参数。

表 4-54 思茅松木材生物量模型混合参数比较情况

混合参数	LogLik	AIC	LRT	p 值
无		不能收敛		

续表

混合参数	LogLik	AIC	LRT	p 值
a	−722.95	1453.91	—	—
b	−722.95	1453.91	—	—
a、b		不能收敛		

考虑组内方差结构，仅有幂函数形式的方差方程能显著提高模型拟合精度。考虑组内协方差结构的模型均能收敛，但都不能提高模型性能。综合来看，以幂函数形式的方差结构来构建混合效应模型最佳(表 4-55)，其拟合结果见表 4-56。

表 4-55　思茅松木材生物量混合效应模型比较

方差结构	协方差结构	LogLik	AIC	LRT	p 值
无	无	−722.95	1453.91	—	—
幂函数	无	−713.50	1437.00	18.91	<0.001
指数函数	无		不能收敛		
无	高斯函数	−722.95	1455.91	<0.001	0.999
无	球面函数	−722.95	1455.91	<0.001	1
无	指数函数	−722.95	1455.91	<0.001	1
无	空间函数	−722.95	1455.91	<0.001	1

表 4-56　思茅松木材生物量最优混合效应模型拟合结果

参数	估计值	标准差	t 值	p 值
a	0.0243	0.0069	3.5115	<0.001
b	0.9366	0.0331	28.2826	<0.001
R^2		0.81		
LogLik		−713.50		
AIC		1437.00		
异方差函数值		0.6917		

2. 模型评价

从不同模型的拟合统计量来看(表 4-57)，非线性混合效应模型(NMEM)的拟合指标除了 RMSE 值与基础模型相持平，其余指标均优于基础模型(OLS)。

表 4-57　思茅松木材生物量模型统计量

类型	模型	AIC	LogLik	RMSE
非线性模型	OLS	1451.91	−722.95	12.31
	NMEM	1437.00	−713.50	12.31

从模型独立性检验结果来看(表 4-58)，混合效应模型(NMEM)除了总相对误差略大于基础模型(OLS)外，其余指标均与基础模型相持平。

表 4-58 模型独立性检验

模型	总相对误差	平均相对误差	绝对平均误差	预估精度
OLS	0.0173	0.0002	0.0002	0.96
NMEM	0.0176	0.0002	0.0002	0.96

4.2.2.3 树皮生物量模型构建

全局空间自相关分析结果表明：树皮生物量并无显著的空间自相关性。因此，不再构建空间回归模型。

1. 非线性混合效应模型(NMEM)

从混合参数选择来看，不考虑随机效应，构建不同混合参数组合的混合效应模型，各模型的拟合指标见表 4-59，综合考虑，选择 b 作为模型混合参数。

表 4-59 思茅松树皮生物量模型混合参数比较情况

混合参数	LogLik	AIC	LRT	p 值
无		不能收敛		
a	−531.73	1071.46	<0.001	—
b	−531.73	1071.46	<0.001	—
a、b		不能收敛		

考虑组内方差结构，幂函数形式和指数形式的方差方程均能显著提高模型精度。考虑组内协方差结构的模型均能收敛，但都不能提高模型性能。综合来看，以指数函数形式的方差结构来构建混合效应模型最佳(表 4-60)，其拟合结果见表 4-61。

表 4-60 思茅松树皮生物量混合效应模型比较

方差结构	协方差结构	LogLik	AIC	LRT	p 值
无	无	−531.73	1071.46	—	—
幂函数	无	−511.74	1033.49	39.96	<0.001
指数函数	无	−509.62	1029.25	44.20	<0.001
无	高斯函数	−531.73	1073.46	<0.001	0.99
无	球面函数	−531.73	1073.46	<0.001	0.99
无	指数函数	−531.73	1073.46	<0.001	0.99
无	空间函数	−531.73	1073.46	<0.001	0.99

表 4-61 思茅松树皮生物量最优混合效应模型拟合结果

参数	估计值	标准差	t 值	p 值
a	0.0820	0.0322	2.5459	0.012
b	1.7802	0.1366	13.0307	<0.001
R^2		0.45		
LogLik		−509.62		
AIC		1029.25		
异方差函数值		0.0800		

2. 模型评价

从模型的拟合统计量来看(表 4-62)，非线性混合效应模型(NMEM)的拟合指标除了RMSE 值与基础模型相持平外，其余指标均优于基础模型(OLS)。

表 4-62 思茅松树皮生物量模型统计量

类型	模型	AIC	LogLik	RMSE
非线性模型	OLS	1069.46	−531.73	4.35
	NMEM	1029.25	−509.62	4.35

从模型独立性检验结果来看(表 4-63)，混合效应模型(NMEM)除了总相对误差低于基础模型(OLS)外，其余指标均与基础模型相持平。

表 4-63 模型独立性检验

模型	总相对误差	平均相对误差	绝对平均误差	预估精度
OLS	−0.0253	−0.0003	0.0003	0.93
NMEM	−0.0250	−0.0003	0. 0003	0.93

4.2.2.4 树干生物量模型构建

全局空间自相关分析结果表明：树干生物量在空间中呈现显著的空间自相关关系，其 $Z(I)$ 值达到显著后的第一个峰值的距离为 10.8m。因此，以该距离作为带宽构建空间回归模型。

1. 全局空间回归模型

线性基础模型(L-OLS)的模型参数和残差的空间自相关诊断结果如表 4-64 所示。L-OLS 模型残差空间自相关检验结果表明：线性基础模型残差不具有显著的空间自相关性(p=0.500)。

表 4-64 思茅松树干生物量 L-OLS 模型参数及其残差的空间自相关检验结果

变量	系数	标准误差	t 值	p 值
常数项	−3.3204	0.2555	−12.9900	<0.001
$\ln(D^2H)$	0.9097	0.0300	30.3300	<0.001
R^2	0.83			
LogLik	79.88			
AIC	−153.77			
Moran's I	−0.0189			0.500
LM-Lag	0.4320			0.5110
Robust LM-Lag	0.0669			0.7959
LM-Error	0.7886			0.3745
Robust LM-Error	0.4235			0.5152

拉格朗日乘子检验结果(LM test)表明(表 4-64)：LM-Lag 和 LM-Error 两个统计量均不具有显著性，故不构建全局空间回归模型。

2. 地理加权回归模型(GWR)

地理加权回归模型的拟合结果见表 4-65。GWR 模型的 AIC 值明显小于线性基础模型(L-OLS)，两者差值远大于 2，表明 GWR 模型相比于 L-OLS 模型具有更好的拟合表现。

表 4-65 思茅松树干生物量 GWR 模型拟合结果

变量	最小值	1/4 分位数	中位数	3/4 分位数	最大值
常数项	−5.9339	−3.9632	−3.5521	−2.8016	−1.0550
$\ln(D^2H)$	0.6504	0.8444	0.9320	0.9875	1.2229
R^2	0.87				
LogLik	—				
AIC	−168.56				

方差分析结果如表 4-66 所示，GWR 模型的残差平方和相比基础模型(OLS)下降了 0.9991，均方残差下降了 0.0211，表明 GWR 模型在一定程度上解释了空间效应问题。

表 4-66 思茅松树干生物量 GWR 模型方差分析

	自由度	平方和	平方均值	F 值
OLS 残差	2.0000	4.5208		
GWR 残差改进值	47.2460	0.9991	0.0211	
GWR 残差	134.7540	3.5217	0.0261	0.8091

3. 非线性混合效应模型(NMEM)

从混合参数选择来看，不考虑随机效应，构建不同混合参数组合的混合效应模型，各模型的拟合指标见表 4-67，从 LRT 检验可以看出，添加混合参数未能改变模型性能，因此不考虑混合参数。

表 4-67　思茅松树干生物量模型混合参数比较情况

混合参数	LogLik	AIC	LRT	p 值
无	−743.02	1498.04	—	—
a	−743.02	1494.04	<0.001	1
b	−743.02	1494.04	<0.001	1
a、b	−743.02	1498.04	—	—

考虑组内方差结构，仅有幂函数形式的方差方程能显著提高模型拟合精度。考虑组内协方差结构的模型仅有 Spherical 形式的模型能收敛，但不能提高模型性能。综合来看，以幂函数形式的方差结构来构建混合效应模型最佳(表 4-68)，其拟合结果见表 4-69。

表 4-68　思茅松树干生物量混合效应模型比较

方差结构	协方差结构	LogLik	AIC	LRT	p 值
无	无	−743.02	1498.04	—	—
幂函数	无	−730.38	1474.77	25.26	<0.001
指数函数	无		不能收敛		
无	高斯函数		不能收敛		
无	球面函数	−743.02	1496.04	<0.001	0.999
无	指数函数		不能收敛		
无	空间函数		不能收敛		

表 4-69　思茅松树干生物量最优混合效应模型拟合结果

参数	估计值	标准差	t 值	p 值
a	0.0378	0.0097	3.8800	<0.001
b	0.9058	0.0301	30.1367	<0.001
R^2		0.82		
LogLik		−730.38		
AIC		1474.77		
异方差函数值		0.7807		

4. 模型评价

从不同模型的拟合统计量来看(表 4-70)，非线性混合效应模型(NMEM)的拟合指标除了 RMSE 值与基础模型相持平外，其余指标均优于基础模型(OLS)。GWR 模型的各项拟合指标均优于基础模型。

表 4-70　思茅松树干生物量模型统计量

类型	模型	AIC	LogLik	RMSE
非线性模型	OLS	1492.04	-743.02	13.72
	NMEM	1474.77	-730.38	13.72

续表

类型	模型	AIC	LogLik	RMSE
线性模型	L-OLS	-153.77	79.88	—
	GWR	-168.56	—	12.27

注：(1) OLS 为树干生物量最优的非线性基础模型，NMEM 是以该基础模型构建的非线性混合效应模型；L-OLS 是 OLS 线性化后的线性模型，GWR 是在该模型的基础上构建的。

(2) OLS 和 NMEM 的 RMSE 值直接通过式(2-38)计算，空间回归模型(GWR)的 RMSE 值是通过将模型拟合值反对数化后再通过式(2-38)计算。

从模型残差的空间效应来看(图 4-21)，随着距离尺度的增加，混合效应模型(NMEM)残差的空间自相关性基本与基础模型相持平，而 GWR 模型的残差的空间自相关性均大于基础模型。

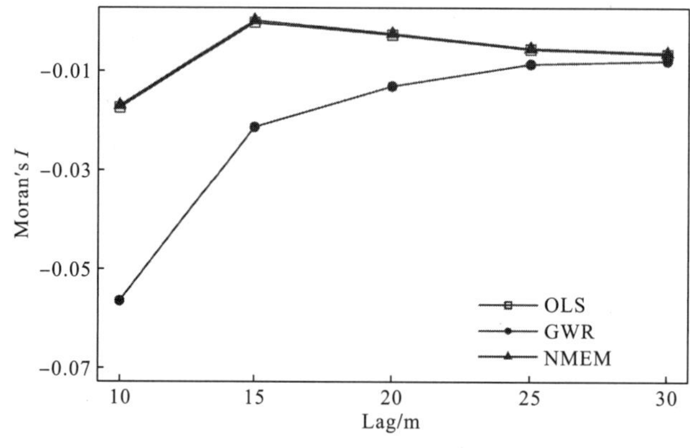

图 4-21　模型残差空间相关图

图 4-22 显示了 3 个模型残差在不同分组距离块内的组内方差变化。在分组距离为 1m 时，模型残差的组内方差均最小，此时，模型残差的空间异质性最低，但随着距离尺度的增大，模型残差的空间异质性也在不断增大。相对于基础模型而言，GWR 模型残差的组内方差在不同距离尺度下均小于基础模型，这表明 GWR 模型能有效地降低模型残差的空间异质性。但是，随着距离尺度的增加，NMEM 残差的组内方差与基础模型相似。

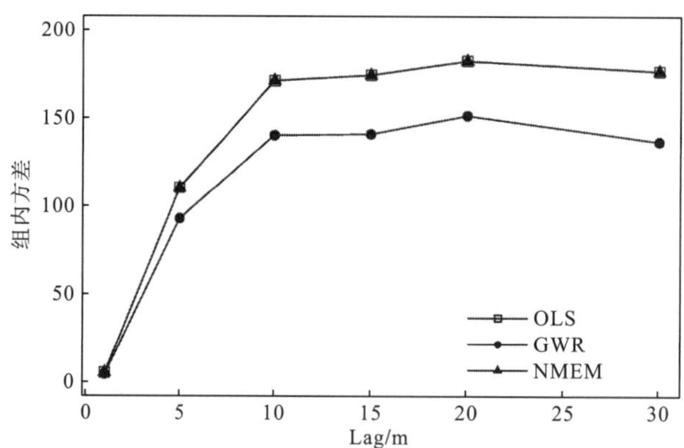

图 4-22　模型残差的组内方差

从模型独立性检验结果来看(表 4-71)，NMEM 除了预估精度与基础模型相持平外，其余指标均不及基础模型(OLS)；GWR 模型的各项指标均不及基础模型。

表 4-71　模型独立性检验

模型	总相对误差	平均相对误差	绝对平均误差	预估精度
OLS	0.0148	0.0001	0.0001	0.96
NMEM	0.0150	0.0002	0.0002	0.96
GWR	−0.0281	−0.0006	−0.0006	0.92

注：OLS 和 NMEM 的各项指标是直接通过模型估计值与实测值计算得出，而 GWR 的各项指标是将相应模型的估计值反对数化后与实测值间接计算而来。

4.2.2.5　树枝生物量模型构建

全局空间自相关分析结果表明：树枝生物量在空间中呈现显著的空间自相关关系，其 $Z(I)$ 值达到显著后的第一个峰值的距离为 8m。因此，以该距离作为带宽构建空间回归模型。

1. 全局空间回归模型

线性基础模型(L-OLS)的模型参数和残差的空间自相关诊断结果如表 4-72 所示。L-OLS 模型残差空间自相关检验结果表明：线性基础模型残差具有显著的空间自相关性(p<0.001)。

表 4-72　思茅松树枝生物量 L-OLS 模型参数及其残差的空间自相关检验结果

变量	系数	标准误差	t 值	p 值
常数项	−7.5249	1.1369	-6.6190	<0.001
$\ln(D^2H)$	1.0895	0.1482	7.3520	<0.001
ln(CL)	0.3499	0.1777	1.9690	0.051
R^2	0.67			
LogLik	−187.75			
AIC	383.50			
Moran’s I	0.1701			<0.001
LM-Lag	10.1840			0.001
Robust LM-Lag	16.4760			<0.001
LM-Error	36.2160			<0.001
Robust LM-Error	42.5080			<0.001

拉格朗日乘子检验结果(LM test)表明(表 4-72)：LM-Lag 和 LM-Error 两个统计量均具有显著性，因此构建 SDM。从拟合结果来看(表 4-73)，SDM 的 AIC(362.83)和 LogLik(−174.41)均优于基础模型(AIC=383.50，LogLik=−187.75)，LRT 检验结果也表明 SDM 优于线性基础模型(p<0.001)。

表 4-73　思茅松树枝生物量 SDM 拟合结果

变量	系数	标准误差	p 值
常数项	2.2445	3.6889	0.542
$\ln(D^2H)$	1.1325	0.1362	<0.001
$W\cdot\ln(D^2H)$	−1.1708	0.4638	0.011
ln(CL)	0.4892	0.1676	0.003
$W\cdot$ln(CL)	−0.7940	0.4468	0.075
$W\cdot$ln(Bbran)	0.4241	0.1351	0.002
R^2	0.99		
LogLik	−174.41		
LRT	26.67		<0.001
AIC	362.83		

注：Bbran 表示树枝生物量。

2. 地理加权回归模型(GWR)

地理加权回归模型的拟合结果见表 4-74。GWR 模型的 AIC 值明显小于线性基础模型(L-OLS)，两者差值远大于 2，表明 GWR 相比于 L-OLS 模型具有更好的拟合表现。

表 4-74　思茅松树枝生物量 GWR 模型拟合结果

变量	最小值	1/4 分位数	中位数	3/4 分位数	最大值
常数项	−28.2152	−11.4525	−8.7165	−5.7681	15.6889
$\ln(D^2H)$	−3.1707	0.8548	1.2531	1.5978	3.5487
ln(CL)	−4.2168	−0.2214	0.2702	0.7960	9.2806
R^2	0.81				
LogLik	—				
AIC	235.20				

方差分析结果如表 4-75 所示，GWR 模型的残差平方和相比基础模型(OLS)下降了 58.3090，均方残差下降了 0.5904，表明 GWR 模型在一定程度上解释了空间效应问题。

表 4-75　思茅松树枝生物量 GWR 模型方差分析

	自由度	平方和	平方均值	F 值
OLS 残差	3.0000	82.9180		
GWR 残差改进值	98.7590	58.3090	0.5904	
GWR 残差	82.2410	24.6090	0.2992	1.9731

3. 非线性混合效应模型(NMEM)

从混合参数选择来看，不考虑随机效应，构建不同混合参数组合的混合效应模型，各模型的拟合指标见表 4-76，综合考虑，选择 c 作为混合参数。

表 4-76　思茅松树枝生物量模型混合参数比较情况

混合参数	LogLik	AIC	LRT	p 值
无		不能收敛		
a	−638.78	1287.57	—	—
b	−638.78	1287.57	—	—
c	−638.78	1287.57	—	—
a、b		不能收敛		
a、c	−638.78	1291.57	—	—
b、c	−638.78	1291.57	—	—
a、b、c		不能收敛		

考虑组内方差结构，仅有幂函数形式的方差方程能显著提高模型精度。考虑组内协方差结构的模型均能收敛，但只有指数函数协方差结构能提高模型性能。综合来看，以幂函数形式为方差结构，以指数函数为协方差结构来构建混合效应模型最佳(表 4-77)，其拟合结果见表 4-78。

表 4-77　思茅松树枝生物量混合效应模型比较

方差结构	协方差结构	LogLik	AIC	LRT	p 值
无	无	−638.78	1287.57	—	—
幂函数	无	−629.93	1271.87	17.70	<0.001
指数函数	无		不能收敛		
无	高斯函数	−636.97	1285.96	3.62	0.057
无	球面函数	−636.98	1285.96	3.61	0.057
无	指数函数	−636.69	1285.38	4.19	0.041
无	空间函数	−636.98	1285.96	3.61	0.057
幂函数	指数函数	−627.86	1269.73	21.84	<0.001

表 4-78　思茅松树枝生物量最优混合效应模型拟合结果

参数	估计值	标准差	t 值	p 值
a	0.0016	0.0016	1.0002	0.318
b	0.9817	0.1265	7.7597	<0.001
c	0.3474	0.1551	2.2395	0.026
R^2		0.36		
LogLik		−627.86		
AIC		1269.73		
异方差函数值		0.5319		
自相关函数		0.5305		

4. 模型评价

从不同模型的拟合统计量来看(表 4-79)，非线性混合效应模型(NMEM)的拟合指标除了 RMSE 值与基础模型相持平外，其余指标均优于基础模型(OLS)。空间回归模型 SDM 和 GWR 模型的各项拟合指标均优于基础模型。

表 4-79　思茅松树枝生物量模型统计量

类型	模型	AIC	LogLik	RMSE
非线性模型	OLS	1285.57	−638.78	7.79
	NMEM	1269.73	−627.86	7.79
线性模型	L-OLS	383.50	−187.75	—
	SDM	362.83	−174.41	7.29
	GWR	235.20	—	5.87

注：(1) OLS 为树枝生物量最优的非线性基础模型，NMEM 是以该基础模型构建的非线性混合效应模型；L-OLS 是 OLS 线性化后的线性模型，SDM 和 GWR 是在该模型的基础上构建的。

(2)：OLS 和 NMEM 的 RMSE 值直接通过式(2-38)计算，空间回归模型(SDM 和 GWR)的 RMSE 值是通过将模型拟合值反对数化后再通过式(2-38)计算。

从模型残差的空间效应来看(图 4-23)，随着距离尺度的增加，混合效应模型(NMEM)和基础模型残差的 Moran's *I* 指数表现出一致的变化趋势，基本呈现出空间正相关，且大小相似。SDM 和 GWR 模型的残差的空间自相关性均低于基础模型，并且趋近于 0。

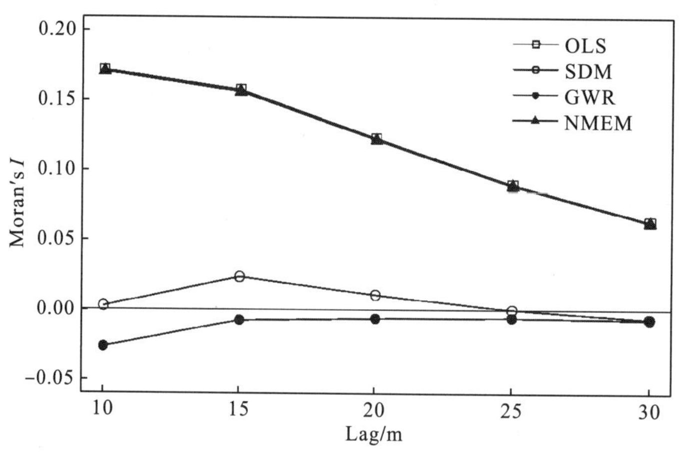

图 4-23　模型残差空间相关图

图 4-24 显示了 4 个模型残差在不同分组距离块内的组内方差变化。在分组距离为 1m 时，模型残差的组内方差均最小，此时，模型残差的空间异质性最低，但随着距离尺度的增大，模型残差的空间异质性也在不断增大。

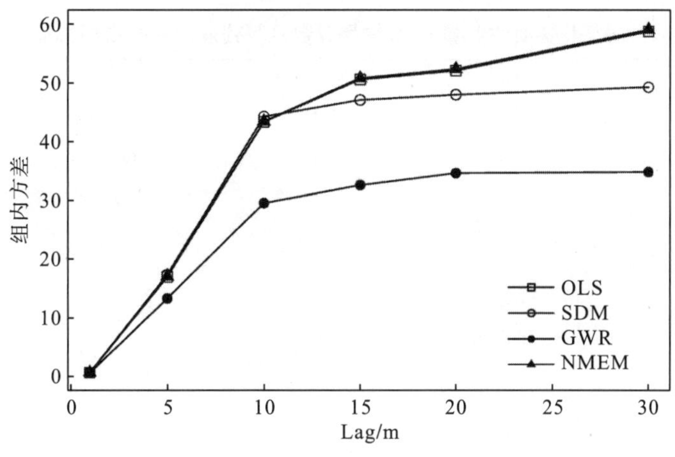

图 4-24 模型残差的组内方差

相对于基础模型而言，GWR 模型残差的组内方差在不同距离尺度下均小于基础模型，这表明 GWR 模型能有效地降低模型残差的空间异质性；随着距离尺度的增加，NMEM 模型残差的组内方差与基础模型相似；SDM 残差的组内方差在小尺度时基本与基础模型相似，但尺度较大时组内方差要低于基础模型。

从模型独立性检验结果来看(表 4-80)，NMEM 除了预估精度与基础模型相持平外，其余指标均优于基础模型(OLS)；SDM 和 GWR 模型的各项指标基本不及基础模型。

表 4-80 模型独立性检验

模型	总相对误差	平均相对误差	绝对平均误差	预估精度
OLS	0.3071	0.0039	0.0039	0.84
SDM	0.5618	0.0072	0.0072	0.77
GWR	0.0915	0.0083	0.0083	0.43
NMEM	0.3004	0.0038	0.0038	0.84

注：OLS 和 NMEM 的各项指标是直接通过模型估计值与实测值计算得出，而 SDM 和 GWR 的各项指标是将相应模型的估计值反对数化后与实测值间接计算而来。

4.2.2.6 树叶生物量模型构建

全局空间自相关分析结果表明：树叶生物量在空间中呈现显著的空间自相关关系，其 $Z(I)$ 值达到显著后的第一个峰值的距离为 7.2m。因此，以该距离作为带宽构建空间回归模型。

1. 全局空间回归模型

线性基础模型(L-OLS)的模型参数和残差的空间自相关诊断结果如表 4-81 所示。L-OLS 模型残差空间自相关检验结果表明：线性基础模型残差具有显著的空间自相关性($p<0.001$)。

表 4-81 思茅松树叶生物量 OLS 模型参数及其残差的空间自相关检验结果

变量	系数	标准误差	t 值	p 值
常数项	−5.4571	1.0580	−5.1580	<0.001
ln(D^2H)	0.8178	0.1242	6.5850	<0.001
R^2	0.19			
LogLik	−181.54			
AIC	369.09			
Moran's I	0.1710			<0.001
LM-Lag	13.8270			<0.001
Robust LM-Lag	15.6610			<0.001
LM-Error	29.0630			<0.001
Robust LM-Error	30.8970			<0.001

拉格朗日乘子检验结果(LM test)表明(表 4-81)：LM-Lag 和 LM-Error(p<0.001)统计量均具有显著性，因此构建 SDM。从拟合结果来看(表 4-82)，SDM 的滞后项均显著，且 AIC(347.93)和 LogLik(−168.96)均优于基础模型(AIC=369.09，LogLik=−181.54)，LRT 检验结果也表明 SDM 优于线性基础模型(p<0.001)。

表 4-82 思茅松树叶生物量 SDM 拟合结果

变量	系数	标准误差	p 值
常数项	5.4620	3.1887	0.7629
ln(D^2H)	0.8861	0.1158	<0.001
W·ln(D^2H)	−1.4192	0.3579	<0.001
W·ln(Bfoli)	0.3793	0.1278	0.003
R^2	0.98		
LogLik	−168.96		
LRT	25.16		<0.001
AIC	347.93		

注：Bfoli 表示树叶生物量。

2. 地理加权回归模型(GWR)

地理加权回归模型的拟合结果见表 4-83。GWR 模型的 AIC 值明显小于线性基础模型(L-OLS)，两者差值远大于 2，表明 GWR 模型相比于 L-OLS 模型具有更好的拟合表现。

表 4-83 思茅松树叶生物量 GWR 模型拟合结果

变量	最小值	1/4 分位数	中位数	3/4 分位数	最大值
常数项	−41.1847	−10.0739	−6.3152	−3.9903	6.7865
ln(D^2H)	−0.5957	0.6380	0.9073	1.3826	4.8390
R^2	0.65				
LogLik	—				
AIC	277.89				

方差分析结果如表 4-84 所示，GWR 模型的残差平方和相比基础模型(OLS)下降了 44.3600，均方残差下降了 0.5089，表明 GWR 模型在一定程度上解释了空间效应问题。

表 4-84　思茅松树叶生物量 GWR 模型方差分析

	自由度	平方和	平方均值	*F* 值
OLS 残差	2.0000	77.5100		
GWR 残差改进值	87.1620	44.3600	0.5089	
GWR 残差	94.8380	33.1500	0.3496	1.4560

3. 非线性混合效应模型(NMEM)

从混合参数选择来看，不考虑随机效应，构建不同混合参数组合的混合效应模型，各模型的拟合指标见表 4-85，综合考虑，选择 *b* 作为混合参数。

表 4-85　思茅松树叶生物量模型混合参数比较情况

混合参数	LogLik	AIC	LRT	*p* 值
无	不能收敛			
a	−502.82	1013.65	—	—
b	−502.82	1013.65	—	—
a、*b*	不能收敛			

考虑组内方差结构，仅有幂函数形式的方差方程能显著提高模型精度。考虑组内协方差结构的模型虽然均能收敛，但都不能提高模型性能。综合来看，以幂函数形式的方差结构来构建混合效应模型最佳(表 4-86)，其拟合结果见表 4-87。

表 4-86　思茅松树叶生物量混合效应模型比较

方差结构	协方差结构	LogLik	AIC	LRT	*p* 值
无	无	−502.82	1013.65	—	—
幂函数	无	−483.06	976.12	39.53	<0.001
指数函数	无	不能收敛			
无	高斯函数	−501.39	1012.79	2.86	0.091
无	球面函数	−501.39	1012.79	2.85	0.091
无	指数函数	−501.16	1012.33	3.32	0.068
无	空间函数	−501.39	1012.79	2.85	0.091

表 4-87　思茅松树叶生物量最优混合效应模型拟合结果

参数	估计值	标准差	*t* 值	*p* 值
a	0.0063	0.0063	0.9974	0.3199
b	0.7931	0.1178	6.7325	<0.001

续表

参数	估计值	标准差	t 值	p 值
R^2		0.20		
LogLik		−483.06		
AIC		976.12		
异方差函数值		1.0339		

4. 模型评价

从不同模型的拟合统计量来看(表 4-88)，非线性混合效应模型(NMEM)的拟合指标除了 RMSE 值略微高外，其余指标均优于基础模型(OLS)。空间回归模型 SDM 和 GWR 模型的各项拟合指标均优于基础模型。

表 4-88 思茅松树叶生物量模型统计量

类型	模型	AIC	LogLik	RMSE
非线性模型	OLS	1011.65	−502.82	3.72
	NMEM	976.12	−483.06	3.74
线性模型	L-OLS	369.09	−181.54	—
	SDM	347.93	−168.96	3.68
	GWR	277.89	—	2.74

注：(1) OLS 为树叶生物量最优的非线性基础模型，NMEM 是以该基础模型构建的非线性混合效应模型；L-OLS 是 OLS 线性化后的线性模型，SDM 和 GWR 是在该模型的基础上构建的。

(2)：OLS 和 NMEM 的 RMSE 值直接通过式(2-38)计算，空间回归模型(SDM 和 GWR)的 RMSE 值是通过将模型拟合值反对数化后再通过式(2-38)计算。

从模型残差的空间效应来看(图 4-25)，随着距离尺度的增加，非线性混合效应模型(NMEM)、空间杜宾模型(SDM)和地理加权回归模型(GWR)的残差空间自相关性均小于基础模型，但 NMEM 的残差空间自相关性偏大。

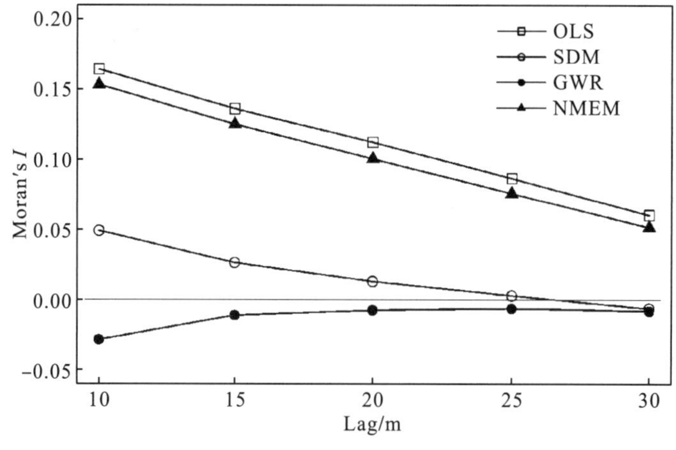

图 4-25 模型残差空间相关图

图 4-26 显示了 4 个模型残差在不同分组距离块内的组内方差变化。在分组距离为 1m 时，模型残差的组内方差均最小，此时，模型残差的空间异质性最低，但随着距离尺度的增大，模型残差的空间异质性也在不断增大。

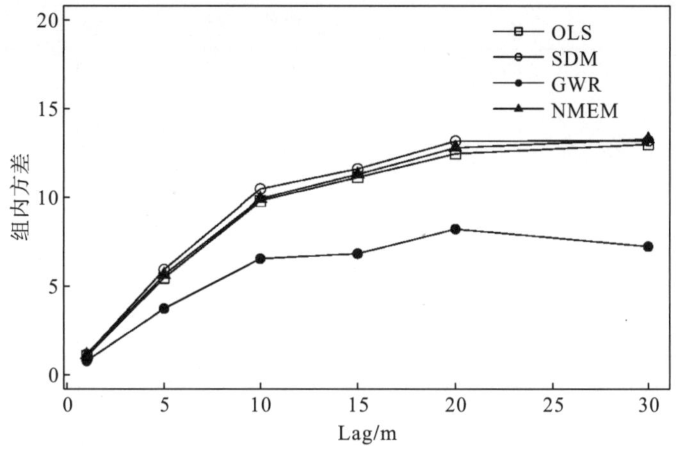

图 4-26　模型残差的组内方差

相对于基础模型而言，GWR 模型残差的组内方差在不同距离尺度下均小于基础模型，这表明 GWR 模型能有效地降低模型残差的空间异质性。但是，随着距离尺度的增加，NMEM 和 SDM 残差的组内方差与基础模型相似，甚至略大于基础模型。

从模型独立性检验结果来看(表 4-89)，NMEM 除了总相对误差偏差略大外，其余指标均与基础模型(OLS)相持平；SDM 和 GWR 模型的各项指标基本不及基础模型，其中 GWR 模型偏差相对更大。

表 4-89　模型独立性检验

模型	总相对误差	平均相对误差	绝对平均误差	预估精度
OLS	0.3923	0.0050	0.0050	0.76
SDM	0.7157	0.0091	0.0091	0.68
GWR	−0.1634	−0.0148	0.0148	0.27
NMEM	0.3944	0.0050	0.0050	0.76

注：OLS 和 NMEM 的各项指标是直接通过模型估计值与实测值计算得出，而 SDM 和 GWR 的各项指标是将相应模型的估计值反对数化后与实测值间接计算而来。

4.2.2.7　树冠生物量模型构建

全局空间自相关分析结果表明：树冠生物量在空间中呈现显著的空间自相关关系，其 $Z(I)$ 值达到显著后的第一个峰值的距离为 8m。因此，以该距离作为带宽构建空间回归模型。

1. 全局空间回归模型

线性基础模型(L-OLS)的模型参数和残差的空间自相关诊断结果如表 4-90 所示。

L-OLS 模型残差空间自相关检验结果表明：线性基础模型残差具有显著的空间自相关性(p<0.001)。

表 4-90 思茅松树冠生物量 OLS 模型参数及其残差的空间自相关检验结果

变量	系数	标准误差	t 值	p 值
常数项	−6.1494	1.0301	−5.9700	<0.001
ln(D^2H)	0.9862	0.1343	7.3450	<0.001
ln(CL)	0.2833	0.1610	1.7590	0.080
R^2	0.34			
LogLik	−169.59			
AIC	347.18			
Moran's I	0.1794			<0.001
LM-Lag	12.1440			<0.001
Robust LM-Lag	17.3420			<0.001
LM-Error	40.2870			<0.001
Robust LM-Error	45.4850			<0.001

拉格朗日乘子检验结果(LM test)表明(表 4-90)：LM-Lag 和 LM-Error(p<0.001)统计量均具有显著性，因此构建 SDM。从拟合结果来看(表 4-91)，SDM 的滞后项均显著，且 AIC(324.94)和 LogLik(−155.47)均优于基础模型(AIC=347.18，LogLik=−169.59)，LRT 检验结果也表明 SDM 优于线性基础模型(p<0.001)。

表 4-91 思茅松树冠生物量 SDM 拟合结果

变量	系数	标准误差	p 值
常数项	2.6573	3.3274	0.424
ln(D^2H)	1.0255	0.1229	<0.001
W·ln(D^2H)	−1.0925	0.4178	0.008
ln(CL)	0.4136	0.1512	0.006
W·ln(CL)	−0.6948	0.4032	0.085
W·ln(Bcrow)	0.4263	0.1346	0.1346
R^2	0.99		
LogLik	−155.47		
LRT	28.24		<0.001
AIC	324.94		

2. 地理加权回归模型(GWR)

地理加权回归模型的拟合结果见表 4-92。GWR 模型的 AIC 值明显小于线性基础模型(L-OLS)，两者差值远大于 2，表明 GWR 模型相比于 L-OLS 模型具有更好的拟合表现。

表 4-92　思茅松树冠生物量 GWR 模型拟合结果

变量	最小值	1/4 分位数	中位数	3/4 分位数	最大值
常数项	−26.0141	−10.0127	−7.6950	−4.5685	12.5051
ln(D^2H)	−2.4954	0.7880	1.1554	1.5166	2.9753
ln(CL)	−3.6572	−0.2587	0.2381	0.7579	8.1080
R^2	0.79				
LogLik	—				
AIC	213.77				

方差分析结果如表 4-93 所示，GWR 模型的残差平方和相比基础模型(OLS)下降了 46.1610，均方残差下降了 0.4674，表明 GWR 模型在一定程度上解释了空间效应问题。

表 4-93　思茅松树冠生物量 GWR 模型方差分析

	自由度	平方和	平方均值	F 值
OLS 残差	3.0000	68.0650		
GWR 残差改进值	98.7590	46.1610	0.4674	
GWR 残差	82.2410	21.9040	0.2663	1.7549

3. 非线性混合效应模型(NMEM)

从混合参数选择来看，不考虑随机效应，构建不同混合参数组合的混合效应模型，各模型的拟合指标见表 4-94，综合考虑，选择 c 作为混合参数。

表 4-94　思茅松树冠生物量模型混合参数比较情况

混合参数	LogLik	AIC	LRT	p 值
无		不能收敛		
a	−693.58	1397.16	—	—
b	−693.58	1397.16	—	—
c	−693.58	1397.16	—	—
a、b		不能收敛		
a、c	−693.58	1401.16	—	—
b、c	−693.58	1401.16	—	—
a、b、c		不能收敛		

考虑组内方差结构，幂函数形式和指数函数形式的方差方程均能显著提高模型精度，相比而言，幂函数的方差方程的模型性能更好。考虑组内协方差结构的模型均能收敛，且都能提高模型性能，其中指数函数形式的协方差结构的模型性能最好。综合考虑幂函数形式的方差结构和指数函数形式的协方差结构拟合混合效应模型，其各项拟合指标均最佳(表 4-95)，故以幂函数形式的方差结构和指数函数形式的协方差结构构建的混合效应模型为最优，其拟合结果见表 4-96。

表 4-95 思茅松树冠生物量混合效应模型比较

方差结构	协方差结构	LogLik	AIC	LRT	p 值
无	无	−693.58	1397.16	—	—
幂函数	无	−683.35	1378.70	20.45	<0.001
指数函数	无	−683.90	1379.81	19.34	<0.001
无	高斯函数	−691.36	1394.73	4.43	0.035
无	球面函数	−691.37	1394.74	4.42	0.035
无	指数函数	−690.97	1393.95	5.20	0.022
无	空间函数	−691.37	1394.74	4.42	0.035
幂函数	指数函数	−680.69	1375.39	25.77	<0.001

表 4-96 思茅松树冠生物量最优混合效应模型拟合结果

参数	估计值	标准差	t 值	p 值
a	0.0037	0.0035	1.0714	0.2854
b	0.9408	0.1187	7.9293	<0.001
c	0.2719	0.1450	1.8751	0.062
R^2		0.36		
LogLik		−680.69		
AIC		1375.39		
异方差函数值		0.5862		
自相关函数		0.5655		

4. 模型评价

从不同模型的拟合统计量来看(表 4-97)，非线性混合效应模型(NMEM)的拟合指标除了 RMSE 值与基础模型持平外，其余指标均优于基础模型(OLS)。空间回归模型 SDM 和 GWR 模型的各项拟合指标均优于基础模型。

表 4-97 思茅松树冠生物量模型统计量

类型	模型	AIC	LogLik	RMSE
非线性模型	OLS	1395.16	−693.58	10.49
	NMEM	1375.39	−680.69	10.49
线性模型	L-OLS	347.18	−169.59	—
	SDM	324.94	−155.47	9.76
	GWR	213.77	—	7.70

注：(1) OLS 为树冠生物量最优的非线性基础模型，NMEM 是以该基础模型构建的非线性混合效应模型；L-OLS 是 OLS 线性化后的线性模型，SDM 和 GWR 是在该模型的基础上构建的。

(2) OLS 和 NMEM 的 RMSE 值直接通过公式(2-38)计算，空间回归模型(SDM 和 GWR)的 RMSE 值是通过将模型拟合值反对数化后再通过公式(2-38)计算。

从模型残差的空间效应来看(图 4-27)，随着距离尺度的增加，混合效应模型(NMEM)、空间杜宾模型(SDM)和地理加权回归模型(GWR)的残差空间自相关性均小于基础模型，但 NMEM 的残差空间自相关性偏大。

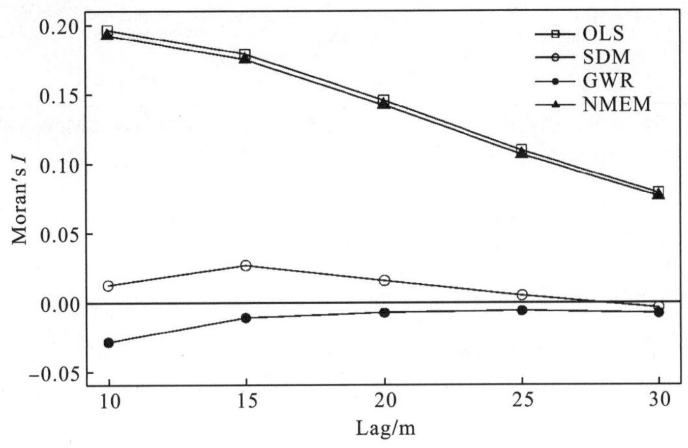

图 4-27　模型残差空间相关图

图 4-28 显示了 4 个模型残差在不同分组距离块内的组内方差变化。在分组距离为 1m 时，模型残差的组内方差均最小，此时，模型残差的空间异质性最低，但随着距离尺度的增大，模型残差的空间异质性也在不断增大。

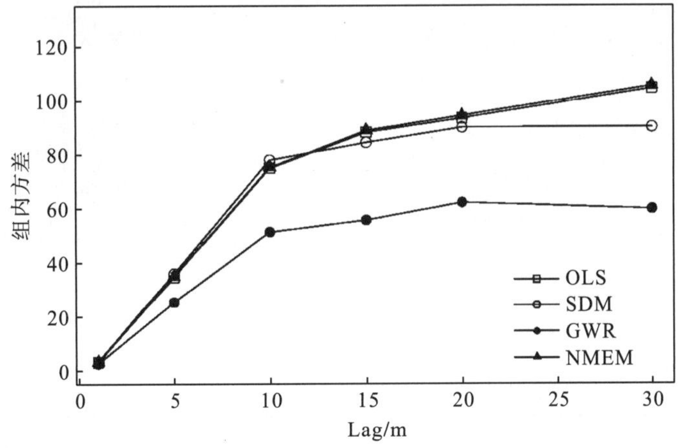

图 4-28　模型残差的组内方差

从模型独立性检验结果来看(表 4-98)，NMEM 除了预估精度与基础模型持平外，其余指标均优于基础模型(OLS)。SDM 的各项指标基本不及基础模型。GWR 模型除了预估精度较低外，其余指标均优于基础模型。

表 4-98　模型独立性检验

模型	总相对误差	平均相对误差	绝对平均误差	预估精度
OLS	0.3311	0.0042	0.0042	0.84
SDM	0.5606	0.0071	0.0071	0.78
GWR	0.0041	0.0004	0.0004	0.43
NMEM	0.3238	0.0041	0.0041	0.84

注：OLS 和 NMEM 的各项指标是直接通过模型估计值与实测值计算得出，而 SDM 和 GWR 的各项指标是将相应模型的估计值反对数化后与实测值间接计算而来。

4.2.2.8　地上生物量模型构建

全局空间自相关分析结果表明：地上生物量在空间中呈现显著的空间自相关关系，其 $Z(I)$ 值达到显著后的第一个峰值的距离为 5.6m。因此，以该距离作为带宽构建空间回归模型。

1. 全局空间回归模型

线性基础模型(L-OLS)的模型参数和残差的空间自相关诊断结果如表 4-99 所示。L-OLS 模型残差空间自相关检验结果表明：线性基础模型残差不具有显著的空间自相关性(p=0.087)。

表 4-99　思茅松地上生物量 L-OLS 模型参数及其残差的空间自相关检验结果

变量	系数	标准误差	t 值	p 值
常数项	−3.2360	0.2733	−11.8400	<0.001
$\ln(D^2H)$	0.9229	0.0321	28.7700	<0.001
R^2	0.82			
LogLik	67.51			
AIC	−129.01			
Moran's I	0.0635			0.087
LM-Lag	3.9824			0.046
Robust LM-Lag	11.6704			0.001
LM-Error	2.3813			0.123
Robust LM-Error	10.0694			0.002

拉格朗日乘子检验结果(LM test)表明(表 4-99)：LM-Lag 统计量(p=0.046)具有显著性，而 LM-Error(p=0.123)统计量不具有显著性，因此构建 SLM。从拟合结果来看(表 4-100)，SLM 的滞后性显著，且 AIC(−132.05)和 LogLik(70.02)均优于基础模型(AIC=−129.01，LogLik=67.51)，LRT 检验结果也表明 SLM 优于线性基础模型(p<0.024)。

表 4-100　思茅松地上生物量 SLM 拟合结果

变量	系数	标准误差	p 值
常数项	−2.3235	0.4583	<0.001
$\ln(D^2H)$	0.9144	0.0314	<0.001
$W\cdot\ln(\mathrm{Bcrow})$	−0.1818	0.0772	0.018
R^2	0.99		
LogLik	70.02		
LRT	5.03		0.024
AIC	−132.05		

2. 地理加权回归模型(GWR)

地理加权回归模型的拟合结果见表 4-101。GWR 模型的 AIC 值明显小于线性基础模型(L-OLS)，两者差值远大于 2，表明 GWR 模型相比于 L-OLS 模型具有更好的拟合表现。

表 4-101　思茅松地上生物量 GWR 模型拟合结果

变量	最小值	1/4 分位数	中位数	3/4 分位数	最大值
常数项	−10.5416	−4.5812	−3.4344	−2.3387	33.8262
$\ln(D^2H)$	−3.3487	0.8268	0.9480	1.0950	1.7595
R^2	0.93				
LogLik	—				
AIC	−220.65				

方差分析结果如表 4-102 所示，GWR 模型的残差平方和相比基础模型(OLS)下降了 3.2847，均方残差下降了 0.0276，表明 GWR 模型在一定程度上解释了空间效应问题。

表 4-102　思茅松地上生物量 GWR 模型方差分析

	自由度	平方和	平方均值	F 值
OLS 残差	2.0000	5.1721		
GWR 残差改进值	119.0420	3.2847	0.0276	
GWR 残差	62.9580	1.8874	0.0300	0.9204

3. 非线性混合效应模型(NMEM)

从混合参数选择来看，不考虑随机效应，构建不同混合参数组合的混合效应模型，各模型的拟合指标见表 4-103，综合考虑，选择 b 作为混合参数。

表 4-103 思茅松地上生物量模型混合参数比较情况

混合参数	LogLik	AIC	LRT	p 值
无		不能收敛		
a	−804.04	1616.09	—	—
b	−804.04	1616.09	—	—
a、b		不能收敛		

考虑组内方差结构，仅有幂函数形式的方差方程能显著提高模型精度。考虑组内协方差结构的模型虽然均能收敛，但都不能提高模型性能。综合来看，以幂函数形式的方差结构来构建混合效应模型最佳(表 4-104)，其拟合结果见表 4-105。

表 4-104 思茅松地上生物量混合效应模型比较

方差结构	协方差结构	LogLik	AIC	LRT	p 值
无	无	−804.04	1616.09	—	—
幂函数	无	−785.20	1580.40	37.68	<0.001
指数函数	无		不能收敛		
无	高斯函数	−804.04	1618.09	<0.001	0.998
无	球面函数	−804.04	1618.09	<0.001	0.991
无	指数函数	−804.04	1618.09	<0.001	0.999
无	空间函数	−804.04	1618.09	<0.001	0.991

表 4-105 思茅松地上生物量最优混合效应模型拟合结果

参数	估计值	标准差	t 值	p 值
a	0.0402	0.0112	3.5961	<0.001
b	0.9219	0.0326	28.3068	<0.001
R^2		0.79		
LogLik		−785.20		
AIC		1580.40		
异方差函数值		0.9254		

4. 模型评价

从不同模型的拟合统计量来看(表 4-106)，非线性混合效应模型(NMEM)的各项拟合指标均优于基础模型(OLS)。空间回归模型 SLM 和 GWR 模型的各项拟合指标均优于基础模型。

表 4-106 思茅松地上生物量模型统计量

类型	模型	AIC	LogLik	RMSE
非线性模型	OLS	1614.09	-804.04	19.13
	NMEM	1580.40	-785.20	19.12

续表

类型	模型	AIC	LogLik	RMSE
线性模型	L-OLS	-129.01	67.51	—
	SLM	-132.05	70.02	19.00
	GWR	-220.65	—	12.04

注：(1) OLS 为地上生物量最优的非线性基础模型，NMEM 是以该基础模型构建的非线性混合效应模型；L-OLS 是 OLS 线性化后的线性模型，SLM 和 GWR 是在该模型的基础上构建的。

(2) OLS 和 NMEM 的 RMSE 值直接通过式(2-38)计算，空间回归模型(SLM 和 GWR)的 RMSE 值是通过将模型拟合值反对数化后再通过式(2-38)计算。

从模型残差的空间效应来看(图 4-29)，随着距离尺度的增加，混合效应模型(NMEM)的残差空间自相关性均小于基础模型。空间滞后模型(SLM)的残差空间自相关性在小尺度时大于基础模型，而大尺度时小于基础模型。地理加权回归模型(GWR)的残差空间自相关性均小于基础模型，且空间自相关性小于 NMEM 和 SLM。

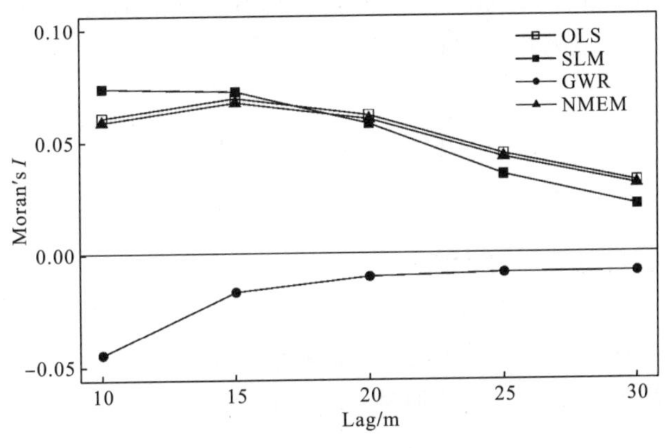

图 4-29　模型残差空间相关图

图 4-30 显示了 4 个模型残差在不同分组距离块内的组内方差变化。在分组距离为 1m 时，模型残差的组内方差均最小，此时，模型残差的空间异质性最低，但随着距离尺度的增大，模型残差的空间异质性也在不断增大。

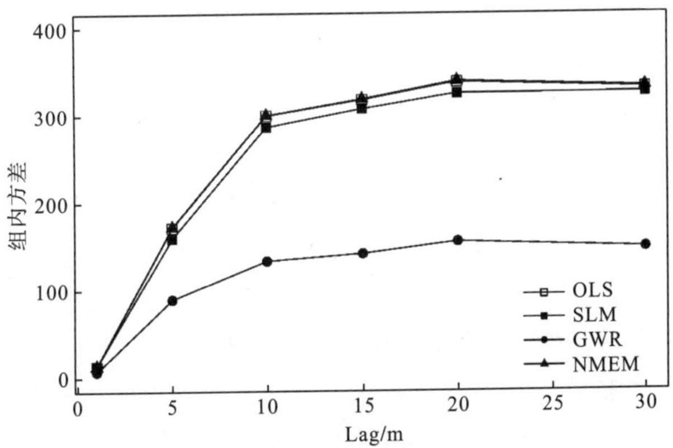

图 4-30　模型残差的组内方差

相对于基础模型而言，在不同研究尺度上，GWR 模型残差的组内方差均小于基础模型，这表明 GWR 模型能有效地降低模型残差的空间异质性；NMEM 的组内方差与基础模型基本相似；SLM 残差的组内方差略低于基础模型。

从模型独立性检验结果来看(表 4-107)，NMEM 除了总相对误差偏差略大外，其余指标均与基础模型(OLS)相持平；SLM 的各项拟合指标中，除了预估精度与基础模型相同外，其余指标均优于基础模型；GWR 模型的各项指标均不及基础模型。

表 4-107 模型独立性检验

模型	总相对误差	平均相对误差	绝对平均误差	预估精度
OLS	0.0732	0.0009	0.0009	0.96
SLM	0.0001	0.000002	0.000002	0.96
GWR	0.2044	0.0341	0.0341	0.65
NMEM	0.0735	0.0009	0.0009	0.96

注：OLS 和 NMEM 的各项指标是直接通过模型估计值与实测值计算得出，而 SLM 和 GWR 的各项指标是将相应模型的估计值反对数化后与实测值间接计算而来。

4.3 小　结

4.3.1 思茅松人工林空间效应分析

思茅松人工林全林、思茅松和其他树种的各维量生物量的空间分布格局、空间聚类模式以及空间异质性均表现出一定的相似性，也呈现出一定的差异性。

4.3.1.1 思茅松人工林全林空间效应分析

随着距离尺度的增加，全林的林木空间格局既有聚集分布的趋势，又有离散分布的特征，且表现出了显著的空间分布特征；木材生物量、树皮生物量、树干生物量、树枝生物量、树叶生物量、树冠生物量和地上生物量基本呈现出离散分布的特征，且于部分距离具有显著的离散分布特征。在整个研究尺度上，木材生物量、树皮生物量、树干生物量的空间分布格局相似，树叶生物量、树冠生物量的分布格局相似，而树枝生物量和地上生物量的空间格局变化趋势各异。综上，思茅松人工林各维量生物量在空间中的分布格局并不是随机的，或者说均具有显著的离散分布的特征，且与思茅松林全林的林木空间格局的变化趋势存在差异。

随着距离尺度的增加，木材生物量、树皮生物量、树干生物量、树枝生物量、树叶生物量、树冠生物量和地上生物量均表现出一定程度的空间自相关性。显著性检验结果表明：树皮生物量、树叶生物量、树枝生物量、树冠生物量在空间中呈现出显著的空间自相关性，而木材生物量、树干生物量、地上生物量并未表现显著的空间自相关性，其中，木材生物量、树皮生物量、树干生物量和地上生物量的空间分布规律相似，树叶生物量、树枝生物量和树冠生物量的空间分布规律相似。局部空间自相关分析结果进一步表明，全林各维量生物量均表现出了一定的空间自相关关系，其中木材生物量、树皮生物量、树干生物量和地上生物量在空间中的分布规律相似，树叶生物量、树枝生物量和树冠生物量在空间中的分布规律相似。综上，思茅松人工林全林各维量生物量在空间中的分布并非随机的，而是存在一定的规律性，虽然部分维量的生物量的全局空间自相关性并不显著，但在局部区域内仍然表现出了明显的空间自相关性。

总的来说，全林各维量生物量的组内方差值随着分组距离的增加总体呈现出增大的趋势。这说明了全林各维量生物量的空间变异性随着距离尺度的增加逐步增大，在小尺度范围内，全林各维量生物量的空间变异性较小，而随着尺度距离的增加，空间变异性逐渐增大。木材生物量、树皮生物量和树干生物量随着距离尺度的增加表现出了相似的空间变异性规律，但空间变异性程度各异，其中树皮生物量最小，而树干生物量最大；树枝生物量、树叶生物量、树冠生物量和地上生物量随着距离尺度的增加表现出了相似的空间变异性规律，但空间变异性程度各异，其中树枝生物量最小，树冠生物量和地上生物量变异性最大。

4.3.1.2 思茅松人工林-思茅松空间效应分析

随着距离尺度的增加，思茅松的林木空间格局基本呈现聚集分布的趋势，且在部分距离具有显著的空间聚集分布特征；木材生物量、树皮生物量、树干生物量、树枝生物量、树叶生物量、树冠生物量和地上生物量基本呈现出离散分布的特征，且于部分距离尺度具有显著的离散分布趋势。在整个研究尺度上，木材生物量、树皮生物量、树干生物量的空间分布格局相似，树叶生物量、树冠生物量的分布格局相似，而树枝生物量和地上生物量的空间格局变化趋势各异。综上，思茅松人工林-思茅松各维量生物量在空间中的分布格局并不是随机的，均具有离散分布的趋势，且与思茅松的林木空间格局的变化趋势存在一定的差异。

随着距离尺度的增加，木材生物量、树皮生物量、树干生物量、树枝生物量、树叶生物量、树冠生物量和地上生物量均表现出一定程度的空间自相关性。显著性检验结果表明：除了木材生物量和树皮生物量外，树干生物量、树枝生物量、树叶生物量、树冠生物量和地上生物量均在空间中呈现出显著的空间自相关性，其中木材生物量、树皮生物量和树干生物量的变化规律相似，基本呈现正空间自相关关系；而树枝生物量、树叶生物量和树冠生物量的变化规律相似，均呈现正空间自相关关系，地上生物量变化趋势与其他维量生物量不具明显的相似性。局部空间自相关分析结果表明，思茅松各维量生物量均表现出了一定的空间自相关关系，木材生物量、树皮生物量和树干生物量在空间中的分布规律相似，而树枝生物量、树叶生物量和树冠生物量在空间中的分布规律相似，地上生物量空间在空间中的分布模式与木材生物量、树皮生物量、树干生物量具有一定的相似性。综上，思茅松人工林-思茅松各维量生物量在空间中的分布并非随机的，而是存在一定的规律性。

总的来说，思茅松各维量生物量的组内方差值随着分组距离的增加总体呈现出增大的趋势。这说明思茅松各维量生物量的空间变异性随着距离尺度的增加逐步增大，在小尺度范围内，思茅松各维量生物量的空间变异性较小，而随着尺度距离的增加，空间变异性逐渐增大。木材生物量、树皮生物量和树干生物量随着距离尺度的增加表现出了相似的空间变异性规律，但空间变异性程度各异，其中树皮生物量最小，而树干生物量最大；树枝生物量、树叶生物量和树冠生物量随着距离尺度的增加表现出了相似的空间变异性规律，但空间变异性程度各异，其中树枝生物量最小，树叶生物量和树冠生物量变异性较大。

4.3.1.3 思茅松人工林其他树种空间效应分析

随着距离尺度的增加，其他树种的林木空间格局均呈现聚集分布的趋势，且基本呈现出显著的空间聚集分布特征；木材生物量、树皮生物量、树干生物量、树枝生物量、树叶生物量、树冠生物量和地上生物量均呈现出聚集分布的特征，且于整个距离尺度上均具有显著的聚集分布特征。整个研究尺度上，木材生物量、树皮生物量、树干生物量和地上生物量空间分布格局相似，树枝生物量、树叶生物量和树冠生物量的空间分布格局相似。综上，思茅松人工林其他树种各维量生物量在空间中的分布格局并不是随机的，或者说均具有显著的空间聚集分布特征，且与其他树种的林木空间格局的变化趋势存在一定的差异。

随着距离尺度的增加，木材生物量、树皮生物量、树干生物量、树枝生物量、树叶生物量、树冠生物量和地上生物量均表现出一定程度的空间自相关性。显著性检验结果表明：木材生物量、树皮生物量、树干生物量、树枝生物量、树叶生物量、树冠生物量和地上生物量在空间中均呈现出了显著的空间自相关性。在整个研究尺度中，木材生物量、树皮生物量、树干生物量和地上生物量的空间自相关变化趋势相似，树枝生物量、树叶生物量和树冠生物量的空间自相关变化趋势相似。局部空间自相关分析结果进一步表明，其他树种各维量生物量在局部区域均表现出了一定的空间自相关关系，木材生物量、树皮生物量、树干生物量和地上生物量在空间中的分布规律相似，而树枝生物量、树叶生物量和树冠生物量在空间中的分布规律也大致相似。综上，思茅松人工林其他树种各维量生物量在空间中的分布并非随机的，而是存在一定的规律性。

总的来说，其他树种各维量生物量的组内方差值随着分组距离的增加总体呈现出增大的趋势。这说明了其他树种各维量生物量的空间变异性随着距离尺度的增加逐步增大，在小尺度范围内，其他树种各维量生物量的空间变异性较小，而随着尺度距离的增加，空间变异性逐渐增大。木材生物量、树皮生物量、树干生物量和地上生物量随着距离尺度的增加表现出了相似的空间变异性规律，但空间变异性程度各异，其中树皮生物量最小，而地上生物量最大；树枝生物量、树叶生物量和树冠生物量随着距离尺度的增加表现出了相似的空间变异性规律，但空间变异性程度各异，其中树叶生物量最小，树冠生物量变异性最大。

4.3.2 思茅松人工林各维量生物量模型构建

4.3.2.1 思茅松人工林全林单木生物量模型构建

本章 4.1.1.2 节对思茅松人工林全林各维量生物量的全局空间自相关性进行了分析，结果表明木材生物量、树干生物量和地上生物量均无显著的空间自相关性，而树皮生物量、树叶生物量、树枝生物量和树冠生物量存在显著的空间自相关性。

因此，思茅松人工林全林的木材生物量、树干生物量和地上生物量只需构建混合效应模型，而树皮生物量、树叶生物量、树枝生物量和树冠生物量由于空间自相关性显著，既要构建混合效应模型又要构建空间回归模型。

从模型拟合统计量来看，除了 RMSE 指标外，各维量生物量的混合效应模型(NMEM)的各项拟合指标均优于基础模型，RMSE 指标中除了树干生物量与基础模型持平外，其余维量偏差均略大于基础模型；地理加权回归模型(GWR)的各项拟合指标均优于基础模型；树枝生物量的空间误差模型(SEM)，树皮生物量、树叶生物量和树冠生物量的空间杜宾模型(SDM)的各项拟合指标，除了树皮生物量的 RMSE 指标略大于基础模型外，其他部分的生物量模型的各项指标均优于基础模型。

从模型残差的空间效应检验结果来看，对于树皮生物量而言，NMEM 既不能降低模型残差的空间自相关性，也不能很好地降低模型残差的空间自相关性，SDM 表现出了一定的降低模型残差空间自相关性的能力，但对于残差的异质性改善不大，而 GWR 模型虽然不能降低模型残差的空间自相关性，但能很好地降低模型残差的空间异质性；对于树枝生物量、树叶生物量和树冠生物量而言，NMEM、SDM 能降低模型残差的空间自相关性，但不能有效地降低模型残差的空间异质性，而 GWR 模型效果相对较好，既能很好地处理模型的空间自相关性，又能有效地降低模型残差的空间异质性。

从独立性样本检验指标结果来看，树枝生物量 NMEM 的各项指标均优于基础模型，除了树皮生物量的总相对误差偏差略大于基础模型外，其余维量的其他指标均优于基础模型或与基础模型相持平；树皮生物量 GWR 模型的各项指标均不及基础模型，树枝生物量和树叶生物量 GWR 模型除了总相对误差略优于基础模型外，其他指标均不及基础模型，树冠生物量 GWR 模型除了预估精度不及基础模型外，其他指标均优于基础模型；全局空间回归模型中，树皮生物量、树枝生物量、树叶生物量和树冠生物量的 SDM 的各项指标基本不及基础模型。

4.3.2.2 思茅松人工林-思茅松单木生物量模型构建

本章 4.1.2.2 节对思茅松人工林全林各维量生物量的全局空间自相关性进行了分析，结果表明木材生物量和树皮生物量无显著的空间自相关性，而树干生物量、树叶生物量、树枝生物量、树冠生物量和地上生物量存在显著的空间自相关性。

因此，思茅松人工林全林的木材生物量和树皮生物量只需构建混合效应模型，而树干生物量、树叶生物量、树枝生物量、树冠生物量和地上生物量由于空间自相关性显著，既要构建混合效应模型又要构建空间回归模型。

从模型拟合统计量来看，地上生物量混合效应模型(NMEM)的各项拟合指标均优于基础模型，树叶生物量 NMEM 的拟合指标中，除了 RMSE 指标略大以外，其余指标均优于基础模型，其余维量的生物量 NMEM 模型的拟合指标中，RMSE 指标与基础模型持平，其他指标均优于基础模型；各维量生物量的地理加权回归模型(GWR)的各项拟合指标均优于基础模型；树枝生物量、树叶生物量、树冠生物量的空间杜宾模型(SDM)的各项拟合指标均优于基础模型，地上生物量的空间滞后模型(SLM)的各项拟合指标也都优于基础模型。

从模型残差的空间效应检验结果来看，对于树干生物量而言，NMEM 既不能降低模型残差的空间自相关性，又不能降低模型残差的空间自相关性，而 GWR 模型虽然不能降低模型残差的空间异质性，但能很好地降低模型残差的空间异质性；对于树枝生物量而言，NMEM 既不能降低模型残差的空间自相关性，也不能降低模型残差的空间异质性，而 SDM 和 GWR 模型既能处理模型的空间自相关性，又能有效地降低模型残差的空间异质性(SDM 在偏大尺度上才能降低模型的异质性)；对于树叶生物量和树冠生物量而言，NMEM 和 SDM 能降低模型残差的空间自相关性，但不能降低模型残差的空间异质性(SDM 在偏大尺度上可以降低残差的空间异质性)；对于地上生物量而言，NMEM、SLM 和 GWR 模型基本上都能降低模型残差的空间自相关性，但仅有 GWR 模型和 SLM 能降低模型残差的空间异质性(GWR 模型残差空间异质性要低于 SLM)。

从独立性样本检验指标结果来看，木材生物量、树皮生物量、树叶生物量和地上生物量的 NMEM 的各项指标基本与基础模型持平，树干生物量的 NMEM 各项指标相较于基础模型偏大，树枝生物量和树冠生物量的 NMEM 的各项指标基本优于基础模型；各维量生物量的 GWR 模型的各项指标略微不及基础模型；全局空间回归模型中，树枝生物量、树叶生物量和树冠生物量的 SDM 的各项指标均不及基础模型，地上生物量的 SLM 的各项指标基本优于基础模型。

第5章　桉树人工林地上部分生物量空间效应分析

5.1　基于生物量值的空间效应分析

5.1.1　Ripley's *K* 函数

以林木空间位置关系为基础计算并绘制 Ripley's *K* 函数经变换后的 *L* 函数的变化曲线，以及以林木空间位置为基础，附加木材生物量、树皮生物量、树干生物量、树枝生物量、树叶生物量、树冠生物量和地上生物量为权重计算并绘制加权 Ripley's *K* 函数经变换后的 $L_{mm}(d)$ 函数的变化曲线(图 5-1)。从图 5-1 来看，全林的空间分布格局在 0.05～0.15m 和 1.95～13.1m 时表现为聚集分布的趋势，当距离尺度为 0.2～1.9m 和 13.15～15m 时则呈现出离散分布的趋势。蒙特卡洛检验表明：全林的空间分布格局在 2.15～10.95m 时表现出显著的空间聚集分布特征，在距离尺度为 0.55～1.75m 时则呈现出显著的离散分布特征[图 5-1(a)]。从不同维量生物量空间分布格局变化看，全林的木材生物量的空间分布格局在 1.9～15m 时表现为聚集分布的趋势，当距离尺度为 0.05～1.85m 时则呈现出离散分布的趋势，且当距离尺度为 3.65～11.15m 和 11.55～14.5m 时表现出显著的空间聚集分布特征，而在距离尺度为 0.55m、0.75～1.55m 和 1.65m 时呈现出显著的离散分布特征[图 5-1(b)]。全林树皮生物量的空间分布格局在 1.95～15m 时表现为聚集分布的趋势，当距离尺度为 0.05～1.9m 时则呈现出离散分布的趋势。蒙特卡洛检验表明：当距离尺度为 3.75～10.3m、11.65～14.05m 和 14.25～14.3m 时表现出显著的空间聚集分布特征，而在距离尺度为 0.55m、0.75～1.15m 和 1.25～1.65m 时呈现出显著的离散分布特征[图 5-1(c)]。全林树干生物量的空间分布格局在 1.95～15m 时表现为聚集分布的趋势，当距离尺度为 0.05～1.9m 时则呈现出离散分布的趋势，且在 3.65～10.8m、11.05～11.1m 和 11.55～14.5m 时表现出显著的空间聚集分布特征，而在距离尺度为 0.55m、0.7～1.55m 和 1.65m 时呈现出显著的离散分布特征[图 5-1(d)]。全林树枝生物量的空间分布格局在距离尺度为 1.95～3.2m 和 3.3～14.8m 时表现为聚集分布的趋势，当距离尺度为 0.05～1.9m、3.25m 和 14.85～15m 时则呈现出离散分布的趋势，且在 3.65m 和 3.75～10m 时表现出显著的空间聚集分布特征，而在距离尺度为 0.55m 和 0.65～1.75m 时呈现出显著的离散分布特征[图 5-1(e)]。全林树叶生物量的空间分布格局在距离尺度为 2.05～2.65m、2.85～3.2m、3.3m 和 3.45～15m 时表现为聚集分布的趋势，当距离尺度为 0.05～2m、2.7～2.8m、3.25m 和 3.35～3.4m 时则呈现出离散分布的趋势。蒙特卡洛检验表明：当距离尺度为 3.75～15m 时表现出显著的空间聚集分布特征，而在距离尺度为 0.55m、0.7～1.1m、1.3～1.5m 和 1.65m 时呈现出显著的离散分布特征[图 5-1(f)]。全林树冠生物量的空间分布格局在距离尺度为 1.95～3.2m 和 3.4～15m 时表现为聚集分布的趋势，而当距离尺度为0.05～1.9m、3.25～3.35m时呈现出离散分布的趋势，且在3.75～10.05m 和 11.75～12.75m 时表现出显著的空间聚集分布特征，而在距离尺度为 0.55m 和 0.65～1.65m 时呈现出显著的离散分布特征[图 5-1(g)]。全林地上生物量的空间分布格局在距离尺度为 1.95～15m 时表现为聚集分布的趋势，当距离尺度为 0.05～1.9m 时则呈现出离散分布的趋势。蒙特卡洛检验表明：当距离尺度为 3.65～10.6m、10.7～10.75m、11.05～11.1m、11.55～14.4m 和 14.5m 时表现出显著的空间聚集分布特征，而在距离尺度为 0.55m 和 0.7～1.65m 时呈现出显著的离散分布特征[图 5-1(h)]。

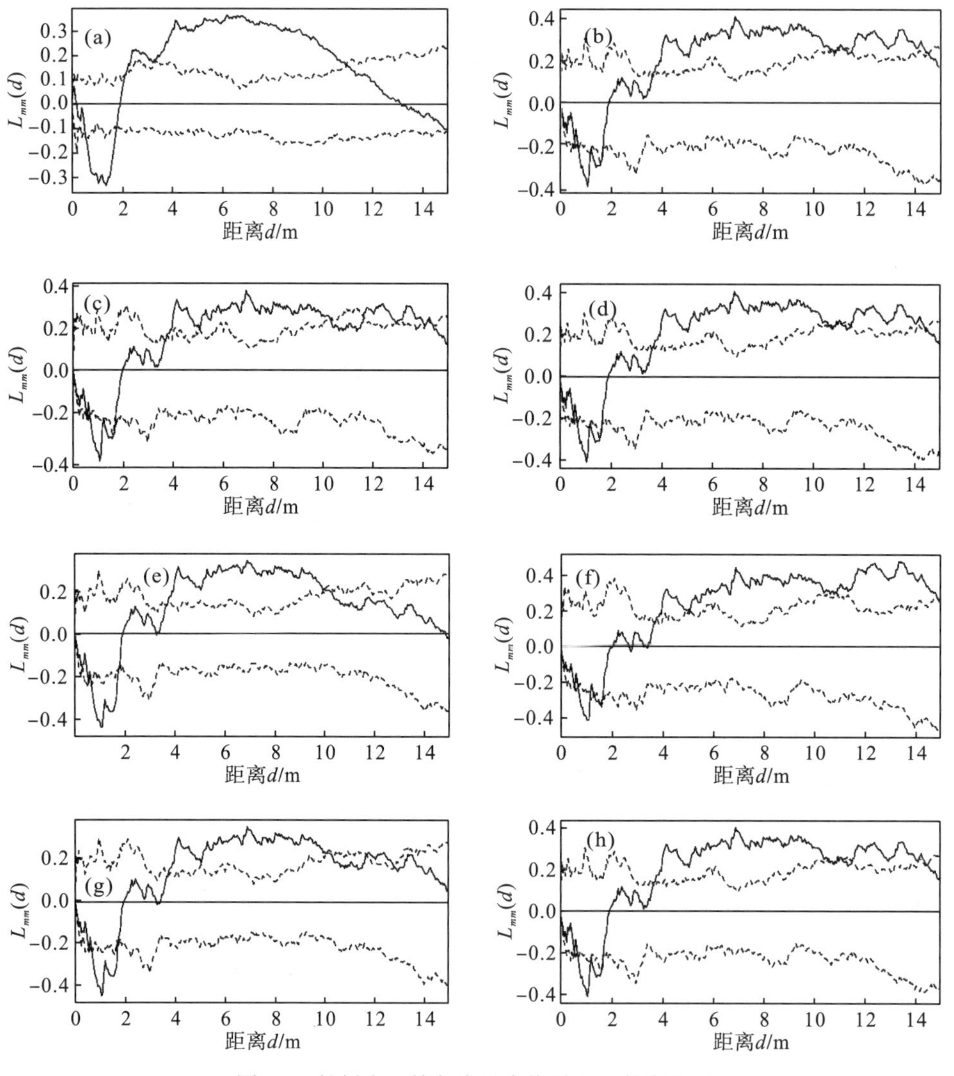

图 5-1 桉树人工林各维量生物量 L 函数变化图

注：(a)无权重，普通 L 函数；(b)木材生物量；(c)树皮生物量；(d)树干生物量；(e)树枝生物量；(f)树叶生物量；(g)树冠生物量；(h)地上生物量。虚线表示包迹线；黑色实曲线表示实际值；黑色实直线表示理论值(α=0.05)

桉树人工林全林及各维量生物量的空间分布格局呈现出相对一致的变化趋势。随着距离尺度的增加，全林的林木空间格局和各维量生物量的空间分布格局变化趋势相似，基本以 2m 为界，2m 范围内基本呈现离散分布的趋势，超过 2m 基本呈现聚集分布的趋势。

5.1.2　全局 Moran's *I* 指数

桉树人工林全林的各维量生物量的增量空间自相关分析结果见图 5-2。由图 5-2 可知，木材生物量在 4.2～18.4m 和 18.8m 处呈现正空间自相关，表明木材生物量呈现高值与高值或低值与低值聚集；除此之外，木材生物量呈现负空间自相关，表明木材生物量呈现高值与低值相聚集的聚类模式。然而，在整个研究尺度内桉树林木材生物量均未出现显著的空间相关关系，但观测到的 $Z(I)$ 的最大值对应的距离为 25m[图 5-2(a)]。桉树林树皮生物量在 5.8～6.6m、7.8～8.4m、9.2～9.4m 和 12.4～13.2m 处呈现正空间自相关关系，表明树皮生物量在该范围内呈现高值与高值或低值与低值聚集的聚类模式；除此之外，树皮生物量呈现负空间自相关，表明树皮生物量呈现相异聚集的聚类模式，且在 22.2m、23.2～26.6m 和 27m 处呈现出显著的负空间自相关关系，$Z(I)$ 值达到显著后的第一个峰值的距离为 24.6m[图 5-2(b)]。桉树林树干生物量在 4.2～17.8m 和 18.2m 时呈现正空间自相关，表明树干生物量呈现相似聚集；除此之外，树干生物量均呈现负空间自相关，此时树干生物量呈现高值与低值或低值与高值相聚集的聚类模式。然而，在整个研究尺度内桉树林树干生物量均未出现显著的空间相关关系，但观测到的 $Z(I)$ 的最大值对应的距离为 25m[图 5-2(c)]。桉树林树叶生物量在 4.2～4.8m、5.2m 和 5.6～20m 时呈现正空间自相关，表明树叶生物量呈现高值与高值或低值与低值聚集；除此之外，树叶生物量均呈现负空间自相关，此时在研究区域内树叶生物量呈现相异聚集的聚类模式。然而，在整个研究尺度内树叶生物量均未呈现出显著的空间自相关关系，但观测到的 $Z(I)$ 的最大值对应的距离为 12.8m[图 5-2(d)]。桉树林树枝生物量在 4.2～4.8m、5.2m、5.6～15.8m、16.2～16.8m、17.6～17.8m 和 18.2～19.6m 处呈现正空间自相关关系，表明在该范围内树枝生物量呈现高值与高值或低值与低值聚集的聚类模式；除此之外，树枝生物量均呈现负空间自相关，此时树枝生物量呈现相异聚集的聚类模式。然而，在整个研究尺度内树枝生物量均未呈现出显著的空间自相关关系，但观测到的 $Z(I)$ 的最大值对应的距离为 9.4m[图 5-2(e)]。桉树林的树冠生物量在 4.2m、4.6m、5.6～7m 和 7.6～14.8m 处呈现正空间自相关关系，表明在该范围内树冠生物量呈现高值与高值或低值与低值聚集的聚类模式；除此之外，呈现负空间自相关性。然而，在整个研究尺度内树冠生物量均未出现显著的空间自相关关系，但观测到的 $Z(I)$ 的最大值对应的距离为 12.8m[图 5-2(f)]。桉树林的地上生物量在 4.2～17.6m 和 18.2m 处呈现正空间自相关关系，表明地上生物量在该范围内呈现相似聚集的现象；除此之外，呈现负空间自相关关系，表明在该范围内地上生物量表现为相异聚集的空间聚类模式。然而，在整个研究尺度内桉树林地上生物量均未出现显著的空间相关关系，但观测到的 $Z(I)$ 的最大值对应的距离为 25m[图 5-2(g)]。

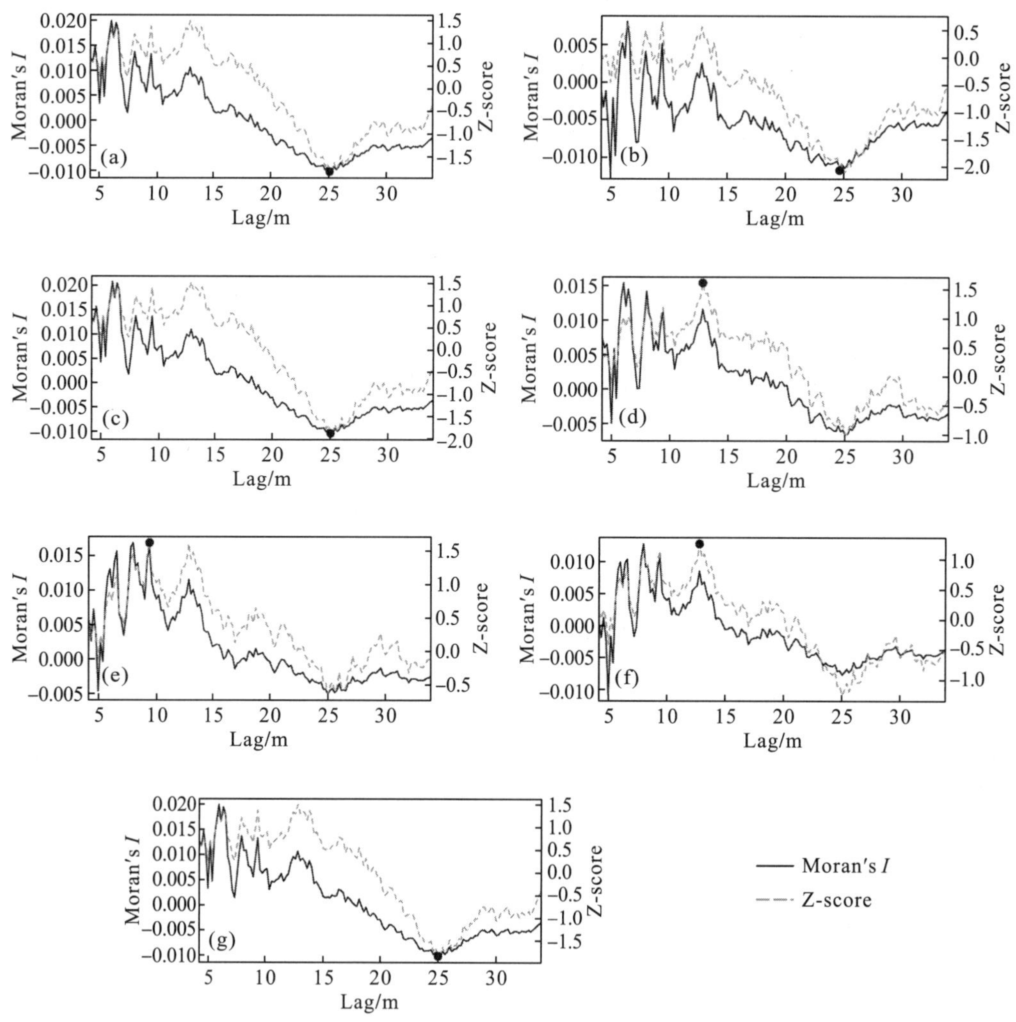

图 5-2 桉树人工林其他树种各维量生物量全局莫兰指数变化曲线(α=0.05)

注：(a)木材生物量；(b)树皮生物量；(c)树干生物量；(d)树叶生物量；(e)树枝生物量；(f)树冠生物量；(g)地上生物量

总的来说，随着距离尺度的增加，桉树人工林全林的木材生物量、树皮生物量、树干生物量、树枝生物量、树叶生物量、树冠生物量和地上生物量均表现出一定程度的空间自相关性。显著性检验结果表明：除了树皮之外的其他维量的生物量在空间中并未出现显著的空间自相关性。此外，经对比发现桉树人工林的木材生物量、树皮生物量、树干生物量、树枝生物量、树叶生物量、树冠生物量和地上生物量均呈现出相似的空间变化规律。

5.1.3 局部 Moran's *I* 指数

在全局 Moran's *I* 指数分析结果的基础上，以各维量生物量空间聚类模式到达显著后的第一个峰值所对应的距离(对于不存在显著的空间自相关关系的维量生物量，以空间聚类模式最强处，即 Z-score 的最大值所对应的距离)作为带宽，采用聚类与异常值分析工具对各维量生物量于对应带宽下在局部区域内的空间分布规律进行分析并绘制气泡图(图 5-3)。由图 5-3 可知，对于桉树全林各维量生物量而言，均表现出不同程度的空间自相关关系。除了树枝生物量和树冠生物量外，其他维量生物量的聚类模式相仿，在样地右侧基本呈现出明显的高值与低值聚集(HL)并伴有高值聚集(HH)的情况；而树枝生物量和树冠生物量在样地内呈现出 LL、LH、HH 和 HL 共同分布的聚类模式。

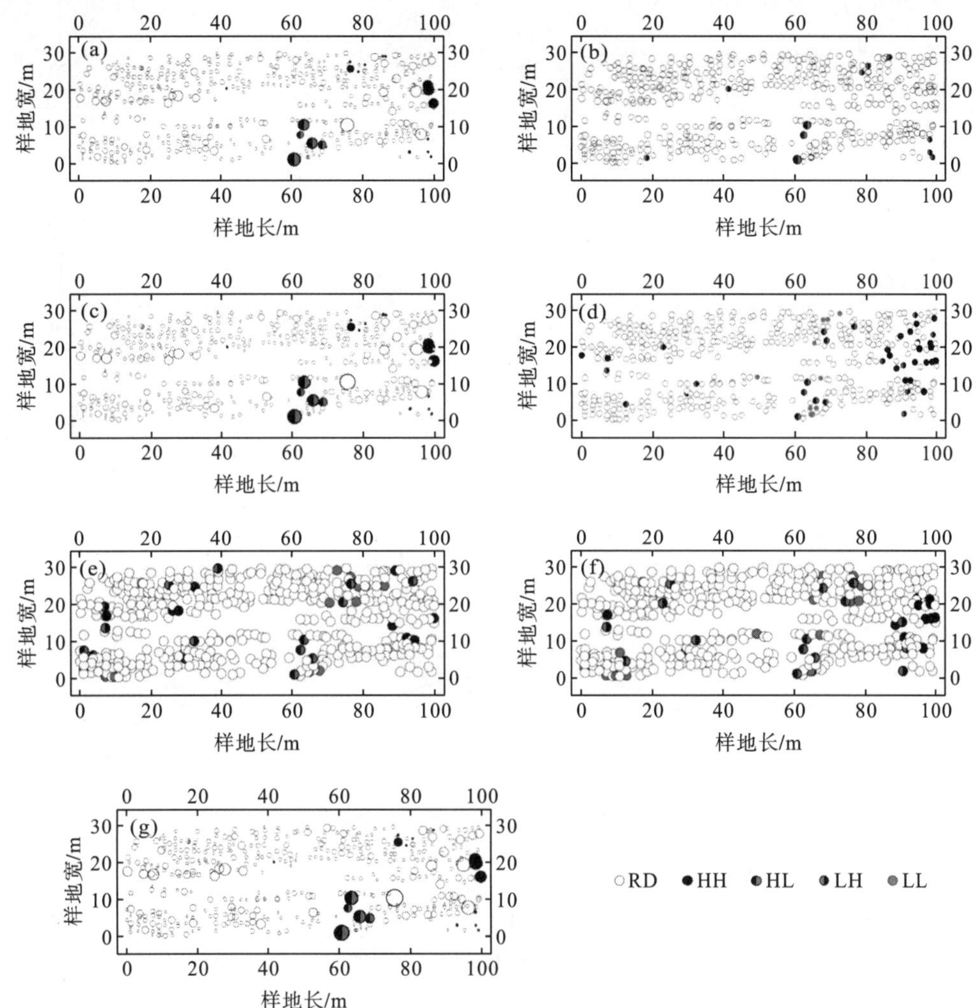

图 5-3　桉树人工林各维量生物量局部 Moran's *I* 指数空间分布图

注：(a)木材生物量；(b)树皮生物量；(c)树干生物量；(d)树叶生物量；(e)树枝生物量；(f)树冠生物量；(g)地上生物量。圆圈大小与生物量成正比

5.1.4　组内方差

由图 5-4 可知，桉树林各维量生物量的组内方差值随着分组距离的增加总体呈现出增大的趋势。这说明桉树林各维量生物量的空间变异性随着距离尺度的增加逐步增大，在小

尺度范围内，桉树林各维量生物量的空间变异性较小，而随着尺度距离的增加，空间变异性逐渐增大。

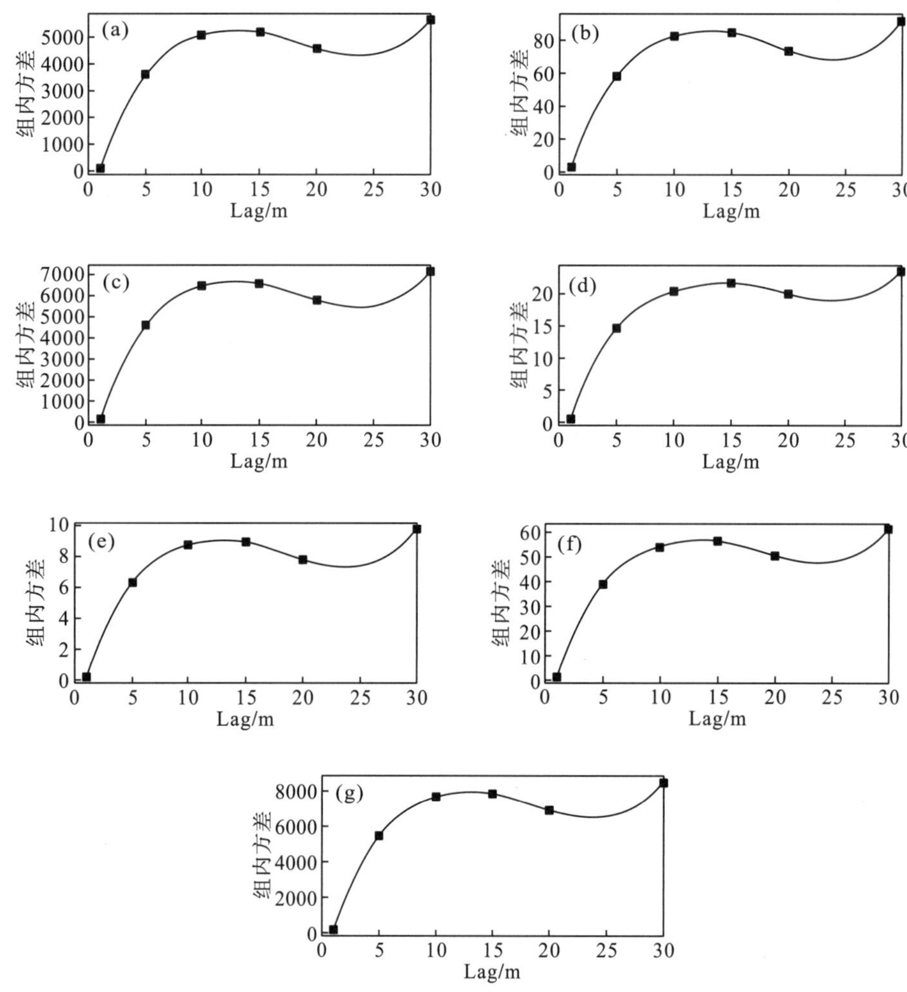

图 5-4　桉树人工林各维量生物量组内方差图

注：(a)木材生物量；(b)树皮生物量；(c)树干生物量；(d)树枝生物量；(e)树叶生物量；(f)树冠生物量；(g)地上生物量

5.2　生物量模型构建与评价

5.2.1　基础模型

桉树人工林单木各维量生物量的最优基础模型列于表 5-1，由于基础模型较多，仅列出最优基础模型。在最优基础模型的基础上，分别构建桉树人工林单木各维量生物量的空间回归模型、混合效应模型。

表 5-1　桉树人工林单木各维量生物量最优基础模型

维量	模型	模型参数				R^2	AIC	LogLik
		a	b	c	d			
木材生物量	$W_i=a\cdot(D^2H)^b$	0.0618	0.8563	—	—	0.983	2151.79	−1072.89
树皮生物量	$W_i=a\cdot(D^2H)^b$	0.0063	0.8777	—	—	0.969	1088.03	−541.02
树干生物量	$W_i=a\cdot(D^2H)^b$	0.0679	0.8587	—	—	0.987	2150.03	−1072.01
树枝生物量	$W_i=a\cdot\mathrm{DBH}^b\cdot H^c$	0.1272	3.6941	−2.0595	—	0.910	1031.78	−511.89
树叶生物量	$W_i=a\cdot(D^2H)^b$	0.0007	0.9798	—	—	0.955	516.56	−255.28
树冠生物量	$W_i=a\cdot\mathrm{DBH}^b$	0.0205	2.2521	—	—	0.946	1146.35	−570.17
地上生物量	$W_i=a\cdot(D^2H)^b$	0.0786	0.8528	—	—	0.987	2196.07	−1095.03

5.2.2　木材生物量模型构建

全局空间自相关分析结果表明：木材生物量并无显著的空间自相关性。因此，不再构建空间回归模型。

5.2.2.1　非线性混合效应模型(NMEM)

从混合参数选择来看，不考虑随机效应，构建不同混合参数组合的混合效应模型，各模型的拟合指标见表 5-2，从 LRT 检验可以看出，添加混合参数未能改变模型性能，因此不考虑混合参数。

表 5-2　桉树人工林木材生物量模型混合参数比较情况

混合参数	LogLik	AIC	LRT	p 值
无	−1072.89	2157.79	—	—
a	−1072.89	2153.79	<0.001	1
b	−1072.89	2153.79	<0.001	1
a、b	−1072.89	2157.79	—	—

考虑组内方差结构，幂函数形式的方差方程能显著提高模型精度。考虑组内协方差结构的模型除了指数函数外，均能收敛，但都不能提高模型性能。综合来看，以幂函数形式的方差结构来构建混合效应模型最佳(表 5-3)，其拟合结果见表 5-4。

表 5-3　桉树人工林木材生物量混合效应模型比较

方差结构	协方差结构	LogLik	AIC	LRT	p 值
无	无	−1072.89	2157.79	—	—
幂函数	无	−930.62	1875.25	284.54	<0.001
指函数	无	不能收敛			
无	高斯函数	−1071.55	2157.10	2.68	0.101

续表

方差结构	协方差结构	LogLik	AIC	LRT	p 值
无	球面函数	−1071.59	2157.19	2.60	0.107
无	指数函数	不能收敛			
无	空间函数	−1071.59	2157.19	2.60	0.107

表 5-4 桉树人工林木材生物量最优混合效应模型拟合结果

参数	估计值	标准差	t 值	p 值
a	0.0650	0.0030	21.9831	<0.001
b	0.8497	0.0059	143.2185	<0.001
R^2	0.983			
LogLik	−930.62			
AIC	1875.25			
异方差函数值	1.0563			

5.2.2.2 模型评价

从模型的拟合统计量来看(表 5-5)，非线性混合效应模型(NMEM)的拟合指标除了RMSE 值偏大外，其余指标均优于基础模型(OLS)。

表 5-5 桉树人工林木材生物量模型统计量

类型	模型	AIC	LogLik	RMSE
非线性模型	OLS	2151.79	−1072.89	8.35
	NMEM	1875.25	−930.62	8.41

从模型独立性检验结果来看(表 5-6)，混合效应模型(NMEM)除了预估精度与基础模型(OLS)持平外，其他指标均不及基础模型。

表 5-6 模型独立性检验

模型	总相对误差	平均相对误差	绝对平均误差	预估精度
OLS	−0.0023	−0.00002	0.00002	0.99
NMEM	0.0060	−0.00004	0.00004	0.99

5.2.3 树皮生物量模型构建

全局空间自相关分析结果表明：树皮生物量在空间中呈现显著的空间自相关关系，其 $Z(I)$ 值达到显著后的第一个峰值的距离为 24.6m。因此，以该距离作为带宽构建空间回归模型。

5.2.3.1 全局空间回归模型

线性基础模型(L-OLS)的模型参数和残差的空间自相关诊断结果如表 5-7 所示。L-OLS 模型残差空间自相关检验结果表明：线性基础模型残差不具有显著的空间自相关性(p=0.500)。

表 5-7 桉树人工林树皮生物量 L-OLS 模型参数及其残差的空间自相关检验结果

变量	系数	标准误差	t 值	p 值
常数项	−5.0599	0.0551	−91.8600	<0.001
$\ln(D^2H)$	0.8757	0.0071	123.7200	<0.001
R^2	0.98			
LogLik	175.78			
AIC	−345.57			
Moran's I	0.0388			<0.001
LM-Lag	0.1873			0.665
Robust LM-Lag	2.1111			0.146
LM-Error	30.8156			<0.001
Robust LM-Error	32.7394			<0.001

拉格朗日乘子检验结果(LM test)表明(表 5-7)：LM-Lag 统计量(p=0.665)不显著而 LM-Error 统计量均具有显著性(p<0.001)，因此构建 SEM。从拟合结果来看(表 5-8)，SDM 的 AIC(−355.45)和 LogLik(181.72)均优于线性基础模型(AIC=−345.57，LogLik=175.78)，LRT 检验结果也表明 SEM 优于线性基础模型(p<0.001)。

表 5-8 桉树人工林树皮生物量 SEM 拟合结果

变量	系数	标准误差	p 值
常数项	−5.0369	0.0655	<0.001
$\ln(D^2H)$	0.8764	0.0068	<0.001
λ	0.8095	0.1197	<0.001
R^2	0.99		
LogLik	181.72		
LRT	11.86		<0.001
AIC	−355.45		

5.2.3.2 地理加权回归模型(GWR)

地理加权回归模型的拟合结果见表 5-9。GWR 模型的 AIC 值明显小于线性基础模型(L-OLS)，两者差值远大于 2，表明 GWR 模型相比于 L-OLS 模型具有更好的拟合表现。

方差分析结果如表 5-10 所示，GWR 模型的残差平方和相比基础模型(OLS)下降了 1.1543，均方残差下降了 0.0935，表明 GWR 模型在一定程度上解释了空间效应问题。

表 5-9　桉树人工林树皮生物量 GWR 模型拟合结果

变量	最小值	1/4 分位数	中位数	3/4 分位数	最大值
常数项	−5.1947	−5.1722	−5.1239	−5.0112	−4.4421
$\ln(D^2H)$	0.7981	0.8712	0.8844	0.8893	0.8928
R^2	0.98				
LogLik	—				
AIC	−411.16				

表 5-10　桉树人工林树皮生物量 GWR 模型方差分析

	自由度	平方和	平方均值	F 值
OLS 残差	2.0000	5.5596		
GWR 残差改进值	12.3440	1.1543	0.0935	
GWR 残差	288.6560	4.4053	0.0153	6.1271

5.2.3.3　非线性混合效应模型(NMEM)

从混合参数选择来看，不考虑随机效应，构建不同混合参数组合的混合效应模型，各模型的拟合指标见表 5-11，综合考虑，选择参数 b 作为混合参数。

表 5-11　桉树人工林树皮生物量模型混合参数比较情况

混合参数	LogLik	AIC	LRT	p 值
无		不能收敛		
a	−541.02	1090.03	—	—
b	−541.02	1090.03	—	—
a、b		不能收敛		

考虑组内方差结构，幂函数形式的方差方程能显著提高模型精度。考虑组内协方差结构的模型均能收敛，且都能提高模型性能，其中指数函数形式的协方差结构的模型性能最好。综合考虑幂函数形式的方差结构和指数函数形式的协方差结构拟合混合效应模型，其各项拟合指标均最佳(表 5-12)，故以幂函数形式的方差结构和指数函数形式的协方差结构构建的混合效应模型为最优，其拟合结果见表 5-13。

表 5-12　桉树人工林树皮生物量混合效应模型比较

方差结构	协方差结构	LogLik	AIC	LRT	p 值
无	无	−541.02	1090.03	—	—
幂函数	无	−379.22	768.44	323.59	<0.001
指数函数	无		不能收敛		
无	高斯函数	−511.14	1032.28	59.74	<0.001

续表

方差结构	协方差结构	LogLik	AIC	LRT	p 值
无	球面函数	−511.27	1032.54	59.48	<0.001
无	指数函数	−504.08	1018.17	73.85	<0.001
无	空间函数	−511.27	1032.54	59.48	<0.001
幂函数	指数函数	−360.06	732.13	361.89	<0.001

表 5-13　桉树人工林树皮生物量最优混合效应模型拟合结果

参数	估计值	标准差	t 值	p 值
a	0.0062	0.0004	16.2718	<0.001
b	0.8794	0.0076	116.3643	<0.001
R^2		0.969		
LogLik		−360.06		
AIC		732.13		
异方差函数值		0.9312		
自相关函数		0.9438		

5.2.3.4　模型评价

从不同模型的拟合统计量来看(表 5-14)，非线性混合效应模型(NMEM)的拟合指标除了 RMSE 值与基础模型持平外，其余指标均优于基础模型(OLS)。空间回归模型 SEM 和 GWR 模型的各项拟合指标均优于基础模型。

表 5-14　桉树人工林树皮生物量模型统计量

类型	模型	AIC	LogLik	RMSE
非线性模型	OLS	1088.03	−541.02	1.44
	NMEM	732.13	−360.06	1.44
线性模型	L-OLS	−345.57	175.78	—
	SEM	−355.45	181.72	1.41
	GWR	−411.16	—	1.30

注：(1) OLS 为树皮生物量最优的非线性基础模型，NMEM 是以该基础模型构建的非线性混合效应模型；L-OLS 是 OLS 线性化后的线性模型，SEM 和 GWR 是在该模型的基础上构建的。

(2) OLS 和 NMEM 的 RMSE 值直接通过式(2-38)计算，空间回归模型(SEM 和 GWR)的 RMSE 值是通过将模型拟合值反对数化后再通过式(2-38)计算。

从模型残差的空间效应来看(图 5-5)，随着距离尺度的增加，混合效应模型(NMEM)残差的空间自相关性基本与基础模型相持平，而 SEM 和 GWR 模型的残差的空间自相关性均小于基础模型，GWR 模型残差的空间自相关性最小。

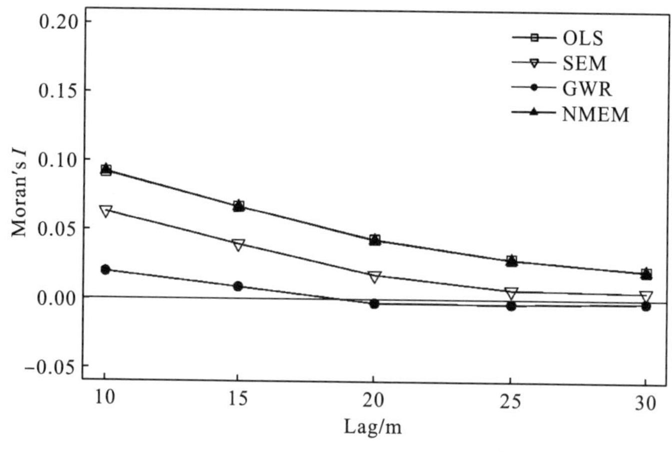

图 5-5 模型残差空间相关图

图 5-6 显示了 4 个模型残差在不同分组距离块内的组内方差变化。在分组距离为 1m 时，模型残差的组内方差均最小，此时，模型残差的空间异质性最低，但随着距离尺度的增大，模型残差的空间异质性也在不断增大。

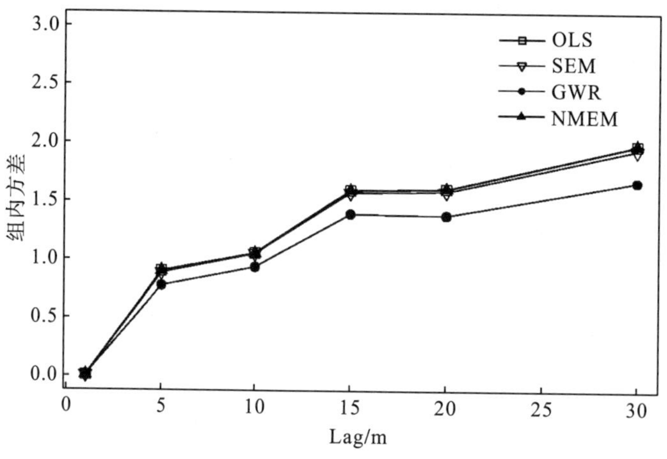

图 5-6 模型残差的组内方差

相对于基础模型而言，GWR 模型残差的组内方差在不同距离尺度下均小于基础模型，这表明 GWR 模型能有效地降低模型残差的空间异质性。但是，随着距离尺度的增加，SEM 和 NMEM 残差的组内方差与基础模型相似。

从模型独立性检验结果来看(表 5-15)，混合效应模型(NMEM)除了总相对误差的偏差略大于基础模型(OLS)外，其余指标均与基础模型相持平；SEM 除了预估精度与基础模型(OLS)相等外，其他指标的偏差均略微大于基础模型；GWR 模型的各项指标均不及基础模型。

表 5-15　模型独立性检验

模型	总相对误差	平均相对误差	绝对平均误差	预估精度
OLS	−0.0307	−0.0002	0.0002	0.98
SEM	−0.0464	−0.0003	0.0003	0.98
GWR	−0.0311	−0.0003	0.0003	0.97
NMEM	−0.0320	−0.0002	0.0002	0.98

注：OLS 和 NMEM 的各项指标是直接通过模型估计值与实测值计算得出，而 SEM 和 GWR 的各项指标是将相应模型的估计值反对数化后与实测值间接计算而来。

5.2.4　树干生物量模型构建

全局空间自相关分析结果表明：树干生物量并无显著的空间自相关性。因此，不再构建空间回归模型。

5.2.4.1　非线性混合效应模型(NMEM)

从混合参数选择来看，不考虑随机效应，构建不同混合参数组合的混合效应模型，各模型的拟合指标见表 5-16，综合考虑，选择参数 b 作为混合参数。

表 5-16　桉树人工林树干生物量模型混合参数比较情况

混合参数	LogLik	AIC	LRT	p 值
无	不能收敛			
a	−1072.01	2152.03	—	—
b	−1072.01	2152.03	—	—
a、b	不能收敛			

考虑组内方差结构，仅有幂函数形式的方差方程能显著提高模型精度。考虑组内协方差结构的模型除了高斯函数形式外，均能收敛，但都不能提高模型性能。综合来看，以幂函数形式的方差结构来构建混合效应模型最佳(表 5-17)，其拟合结果见表 5-18。

表 5-17　桉树人工林树干生物量混合效应模型比较

方差结构	协方差结构	LogLik	AIC	LRT	p 值
无	无	−1072.01	2152.03	—	—
幂函数	无	−935.87	1881.74	272.29	<0.001
指数函数	无	不能收敛			
无	高斯函数	不能收敛			
无	球面函数	−1070.55	2151.11	2.93	0.086
无	指数函数	−1070.34	2150.69	3.34	0.067
无	空间函数	−1070.55	2151.11	2.93	0.086

表 5-18 桉树人工林树干生物量最优混合效应模型拟合结果

参数	估计值	标准差	t 值	p 值
a	0.0707	0.0030	23.5260	<0.001
b	0.8536	0.0055	156.1579	<0.001
R^2		0.986		
LogLik		−935.87		
AIC		1881.74		
异方差函数值		1.0031		

5.2.4.2 模型评价

从模型的拟合统计量来看(表 5-19)，非线性混合效应模型(NMEM)的拟合指标除了RMSE值略大外，其余指标均优于基础模型(OLS)。

表 5-19 桉树人工林树干生物量模型统计量

类型	模型	AIC	LogLik	RMSE
非线性模型	OLS	2150.03	−1072.01	8.32
	NMEM	1881.74	−935.87	8.37

从模型独立性检验结果来看(表 5-20)，混合效应模型(NMEM)的各项指标均优于基础模型(OLS)。

表 5-20 模型独立性检验

模型	总相对误差	平均相对误差	绝对平均误差	预估精度
OLS	−0.0054	−0.00004	0.00004	0.98
NMEM	0.0009	0.000006	0.000006	0.98

5.2.5 树枝生物量模型构建

全局空间自相关分析结果表明：树枝生物量并无显著的空间自相关性。因此，不再构建空间回归模型。

5.2.5.1 非线性混合效应模型(NMEM)

从混合参数选择来看，不考虑随机效应，构建不同混合参数组合的混合效应模型，各模型的拟合指标见表 5-21，综合考虑，选择参数 b 作为混合参数。

表 5-21　桉树人工林树枝生物量模型混合参数比较情况

混合参数	LogLik	AIC	LRT	p 值
无		不能收敛		
a	−511.89	1033.78	—	—
b	−511.89	1033.78	—	—
c	−511.89	1033.78	—	—
a、b		不能收敛		
a、c		不能收敛		
b、c		不能收敛		
a、b、c		不能收敛		

考虑方差结构，幂函数形式和指数形式的方差方程均能显著提高模型精度，其中考虑幂函数形式的模型性能最好。考虑组内协方差结构的模型虽然均能收敛，但都不能提高模型性能。综合来看，以幂函数形式的方差结构来构建混合效应模型最佳(表 5-22)，其拟合结果见表 5-23。

表 5-22　桉树人工林树枝生物量混合效应模型比较

方差结构	协方差结构	LogLik	AIC	LRT	p 值
无	无	−511.89	1033.78	—	—
幂函数	无	−384.50	781.00	254.77	<0.001
指数函数	无	−427.58	867.17	168.61	<0.001
无	高斯函数	−511.89	1035.78	<0.001	0.999
无	球面函数	−511.89	1035.78	<0.001	0.999
无	指数函数	−511.89	1035.78	<0.001	0.999
无	空间函数	−511.89	1035.78	<0.001	0.999

表 5-23　桉树人工林树枝生物量最优混合效应模型拟合结果

参数	估计值	标准差	t 值	p 值
a	0.1001	0.0222	4.5193	<0.001
b	3.7020	0.1745	21.2139	<0.001
c	−1.9888	0.2258	−8.8095	<0.001
R^2		0.91		
LogLik		−384.50		
AIC		781.01		
异方差函数值		0.9752		

5.2.5.2 模型评价

从不同模型的拟合统计量来看(表 5-24)，非线性混合效应模型(NMEM)的拟合指标除了 RMSE 值与基础模型相持平外，其余指标均优于基础模型(OLS)。

表 5-24 桉树人工林树枝生物量模型统计量

类型	模型	AIC	LogLik	RMSE
非线性模型	OLS	1031.78	−511.89	1.31
	NMEM	781.01	−384.50	1.31

从模型独立性检验结果来看(表 5-25)，混合效应模型(NMEM)除了总相对误差偏差略微大于基础模型(OLS)外，其余指标均与基础模型相持平。

表 5-25 模型独立性检验

模型	总相对误差	平均相对误差	绝对平均误差	预估精度
OLS	−0.0403	−0.00029	0.00029	0.97
NMEM	−0.0409	−0.00029	0.00029	0.97

5.2.6 树叶生物量模型构建

全局空间自相关分析结果表明：树叶生物量并无显著的空间自相关性。因此，不再构建空间回归模型。

5.2.6.1 非线性混合效应模型(NMEM)

从混合参数选择来看，不考虑随机效应，构建不同混合参数组合的混合效应模型，各模型的拟合指标见表 5-26，综合考虑，选择参数 b 作为混合参数。

表 5-26 桉树人工林树叶生物量模型混合参数比较情况

混合参数	LogLik	AIC	LRT	p 值
无	−255.28	522.56	—	—
a	−255.28	518.56	<0.001	1
b	−255.28	518.56	<0.001	1
a、b	−255.28	522.56	—	—

考虑组内方差结构，仅有幂函数形式的方差方程能显著提高模型精度。考虑组内协方差结构的模型均能收敛，且都能提高模型性能，其中考虑指数函数形式的协方差结构的模型性能最好。综合考虑幂函数形式的方差结构和指数函数形式的协方差结构的混合效应模

型的各项拟合指标均最佳(表 5-27)，故以幂函数形式的方差结构和指数函数形式的协方差结构构建的混合效应模型为最优，其拟合结果见表 5-28。

表 5-27 桉树人工林树叶生物量混合效应模型比较

方差结构	协方差结构	LogLik	AIC	LRT	p 值
无	无	−255.28	522.56	—	—
幂函数	无	−119.20	252.41	272.14	<0.001
指数函数	无	不能收敛			
无	高斯函数	−253.26	520.53	4.02	0.044
无	球面函数	−253.30	520.60	3.96	0.046
无	指数函数	−253.03	520.07	4.48	0.034
无	空间函数	−253.30	520.60	3.96	0.046
幂函数	指数函数	−119.20	254.41	272.14	<0.001

表 5-28 桉树人工林树叶生物量最优混合效应模型拟合结果

参数	估计值	标准差	t 值	p 值
a	0.0008	0.0001	9.3435	<0.001
b	0.9667	0.0135	71.4370	<0.001
R^2	0.95			
LogLik	−119.20			
AIC	254.41			
异方差函数值	Power=0.9434			
自相关函数值	Range=0.0009			

5.2.6.2 模型评价

从模型的拟合统计量来看(表 5-29)，非线性混合效应模型(NMEM)的拟合指标除了 RMSE 值略微偏大外，其余指标均优于基础模型(OLS)。

表 5-29 桉树人工林树叶生物量模型统计量

类型	模型	AIC	LogLik	RMSE
非线性模型	OLS	516.56	−255.28	0.56
	NMEM	254.41	−119.20	0.57

从模型独立性检验结果来看(表 5-30)，混合效应模型(NMEM)除了预估精度与基础模型(OLS)持平外，其余指标均不及基础模型。

表 5-30 模型独立性检验

模型	总相对误差	平均相对误差	绝对平均误差	预估精度
OLS	0.0210	0.0002	0.0002	0.97
NMEM	0.0355	0.0003	0.0003	0.97

5.2.7 树冠生物量模型构建

全局空间自相关分析结果表明：树冠生物量并无显著的空间自相关性。因此，不再构建空间回归模型。

5.2.7.1 非线性混合效应模型(NMEM)

从混合参数选择来看，不考虑随机效应，构建不同混合参数组合的混合效应模型，各模型的拟合指标见表 5-31，综合考虑，选择参数 *b* 作为混合参数。

表 5-31 桉树人工林树冠生物量模型混合参数比较情况

混合参数	LogLik	AIC	LRT	*p* 值
无		不能收敛		
a	−570.17	1148.35	—	—
b	−570.17	1148.35	—	—
a、*b*		不能收敛		

考虑方差结构，幂函数形式和指数形式的方差方程均能显著提高模型精度，其中考虑幂函数形式的模型性能最好。考虑组内协方差结构的模型均能收敛，但都不能提高模型性能。综合来看，以幂函数形式的方差结构来构建混合效应模型最佳(表 5-32)，其拟合结果见表 5-33。

表 5-32 桉树人工林树冠生物量混合效应模型比较

方差结构	协方差结构	LogLik	AIC	LRT	*p* 值
无	无	−570.17	1148.35	—	—
幂函数	无	−483.01	976.02	174.33	<0.001
指数函数	无	−535.19	1080.39	69.96	<0.001
无	高斯函数	−570.17	1150.35	<0.001	0.997
无	球面函数	−570.17	1150.35	<0.001	0.999
无	指数函数	−570.17	1150.35	<0.001	0.998
无	空间函数	−570.17	1150.35	<0.001	0.999

表 5-33　桉树人工林树冠生物量最优混合效应模型拟合结果

参数	估计值	标准差	t 值	p 值
a	0.0166	0.0015	11.2691	<0.001
b	2.3276	0.0344	67.6876	<0.001
R^2		0.94		
LogLik		−483.01		
AIC		976.02		
异方差函数值		0.8781		

5.2.7.2　模型评价

从模型的拟合统计量来看(表 5-34)，非线性混合效应模型(NMEM)的拟合指标除了RMSE 值略高外，其余指标均优于基础模型(OLS)。

表 5-34　桉树人工林树冠生物量模型统计量

类型	模型	AIC	LogLik	RMSE
非线性模型	OLS	1146.35	−570.17	1.58
	NMEM	976.02	−483.01	1.60

从模型独立性检验结果来看(表 5-35)，混合效应模型(NMEM)除了预估精度与基础模型相持平外，其余指标偏差均略微大于基础模型。

表 5-35　模型独立性检验

模型	总相对误差	平均相对误差	绝对平均误差	预估精度
OLS	−0.0305	−0.0002	0.0002	0.98
NMEM	−0.0358	−0.0003	0.0003	0.98

5.2.8　地上生物量模型构建

全局空间自相关分析结果表明：地上生物量并无显著的空间自相关性。因此，不再构建空间回归模型。

5.2.8.1　非线性混合效应模型(NMEM)

从混合参数选择来看，不考虑随机效应，构建不同混合参数组合的混合效应模型，各模型的拟合指标见表 5-36，综合考虑，选择参数 b 作为混合参数。

表 5-36 桉树人工林地上生物量模型混合参数比较情况

混合参数	LogLik	AIC	LRT	p 值
无	−1095.04	2202.07	—	—
a	−1095.04	2198.07	<0.001	1
b	−1095.04	2198.07	<0.001	1
a、b	−1095.04	2202.07	—	—

考虑组内方差结构，仅有幂函数形式的方差方程能显著提高模型精度。考虑组内协方差结构，仅有球面函数和空间函数形式的模型能收敛，但都不能提高模型性能。综合来看，以幂函数形式的方差结构来构建混合效应模型最佳(表 5-37)，其拟合结果见表 5-38。

表 5-37 桉树人工林地上生物量混合效应模型比较

方差结构	协方差结构	LogLik	AIC	LRT	p 值
无	无	−1095.04	2202.07	—	—
幂函数	无	−963.76	1941.52	262.54	<0.001
指数函数	无	不能收敛			
无	高斯函数	不能收敛			
无	球面函数	−1094.35	2202.70	1.36	0.242
无	指数函数	不能收敛			
无	空间函数	−1094.35	2202.70	1.36	0.242

表 5-38 桉树人工林地上生物量最优混合效应模型拟合结果

参数	估计值	标准差	t 值	p 值
a	0.0783	0.0034	23.1426	<0.001
b	0.8530	0.0055	155.1929	<0.001
R^2	0.987			
LogLik	−963.76			
AIC	1941.52			
异方差函数值	0.9599			

5.2.8.2 模型评价

从不同模型的拟合统计量来看(表 5-39)，非线性混合效应模型(NMEM)的拟合指标除了 RMSE 值略大外，其余指标均优于基础模型(OLS)。

表 5-39 桉树人工林地上生物量模型统计量

类型	模型	AIC	LogLik	RMSE
非线性模型	OLS	2196.07	−1095.03	8.98
	NMEM	1941.52	−963.76	8.99

从模型独立性检验结果来看(表 5-40)，混合效应模型(NMEM)除了预估精度与基础模型(OLS)持平外，其余指标均优于基础模型。

表 5-40　模型独立性检验

模型	总相对误差	平均相对误差	绝对平均误差	预估精度
OLS	−0.0086	−0.00006	0.00006	0.99
NMEM	−0.0051	−0.00003	0.00003	0.99

5.3　小　　结

5.3.1　桉树人工林空间效应分析

桉树人工林全林及各维量生物量的空间分布格局呈现出相对一致的变化趋势。随着距离尺度的增加，全林的林木空间格局和各维量生物量的空间分布格局变化趋势相似，基本以 2m 为界，2m 范围内基本呈现离散分布的趋势，超过 2m 基本呈现聚集分布的趋势。综上，桉树人工林各维量生物量在空间中的分布格局并不是随机的，且与桉树人工林全林的林木空间格局的变化趋势存在差异。

随着距离尺度的增加，木材生物量、树皮生物量、树干生物量、树枝生物量、树叶生物量、树冠生物量和地上生物量均表现出一定程度的空间自相关性。显著性检验结果表明：除了树皮生物量之外的其他维量的生物量在空间中并未出现显著的空间自相关性。另外，经对比发现桉树林的木材生物量、树干生物量和地上生物量的分布规律相似，树皮生物量、树叶生物量、树枝生物量和树冠生物量的分布规律相似。局部空间自相关分析结果表明，全林各维量生物量均表现出一定的空间自相关关系，其中木材生物量、树干生物量和地上生物量的分布规律相似，树皮生物量、树叶生物量、树枝生物量和树冠生物量的分布规律相似。综上，桉树人工林全林各维量生物量在空间中的分布并非随机的，而是存在一定的规律性，虽然存在生物量的全局空间自相关性并不显著的维量，但其在局部区域内仍然表现出明显的空间自相关性。

桉树人工林全林各维量生物量的空间异质性既存在差异又存在相似性。总的来说，全林各维量生物量的组内方差值随着分组距离的增加总体呈现出增大的趋势。这说明全林各维量生物量的空间变异性随着距离尺度的增加逐步增大，在小尺度范围内，全林各维量生物量的空间变异性较小，而随着尺度距离的增加，空间变异性逐渐增大。木材生物量、树皮生物量、树干生物量、树枝生物量、树叶生物量和地上生物量随着距离尺度的增加均表现出相似的空间变异性规律，但空间变异性程度各异，其中树叶生物量最小，而地上生物量最大。

5.3.2 桉树人工林生物量模型构建

本章 5.1.2 节对桉树人工林全林各维量生物量的全局空间自相关性进行了分析，结果表明除了树皮生物量外，其余维量生物量的空间自相关性均不显著。因此，桉树人工林全林的木材生物量、树干生物量、树枝生物量、树叶生物量、树冠生物量和地上生物量只需构建混合效应模型，而树皮生物量由于空间自相关性显著，既要构建混合效应模型又要构建空间回归模型。

从模型拟合统计量来看，木材生物量、树干生物量、树叶生物量、树冠生物量和地上生物量混合效应模型(NMEM)的各项拟合指标中，除了 RMSE 指标偏差略大于基础模型外，其他指标均优于基础模型，而树皮生物量和树枝生物量的各项指标基本优于基础模型(RMSE 值与基础模型相同)；树皮生物量的地理加权回归模型(GWR)和空间回归模型(SEM)的各项拟合指标均优于基础模型。

从模型残差的空间效应检验结果来看，对于树皮生物量而言，NMEM 既不能降低模型残差的空间自相关性，也不能降低模型残差的空间异质性，SEM 能降低模型残差的空间自相关性而不能降低其空间异质性，GWR 模型既能降低模型残差的空间自相关性，也能很好地降低模型残差的空间异质性。

从独立性样本检验指标结果来看，木材生物量、树叶生物量和树冠生物量的 NMEM 的各项指标中，除了预估精度与基础模型持平之外，其余指标均略微不及基础模型，树皮生物量和树枝生物量的 NMEM 除了总相对误差偏差略微大于基础模型外，其余指标均与基础模型持平，树干生物量和地上生物量的各项指标基本优于基础模型；树皮生物量 SEM 和 GWR 模型的各项指标偏差微大于基础模型。

第 6 章　不同林分地上部分生物量空间效应比较分析

6.1　林分空间分布格局的对比分析

空间分布格局的研究会受到距离尺度的影响。距离尺度的变化会导致空间分布格局分析结果的差异。

由表 6-1 可知，对于木材生物量而言，在研究尺度内，思茅松天然林和人工林相似，基本呈现出离散分布的趋势，蒙特卡洛检验表明两者均存在显著的离散分布特征，而桉树人工林则不同，基本呈现出聚集分布的趋势，蒙特卡洛检验结果表明其存在显著的聚集分布特征。

表 6-1　林分空间分布格局对比分析

维量	样地类型	空间分布格局	蒙特卡洛检验
木材生物量	思茅松天然林	以离散分布为主	存在显著的离散分布
	思茅松人工林	以离散分布为主	存在显著的离散分布
	桉树人工林	以聚集分布为主	存在显著的聚集分布
树皮生物量	思茅松天然林	聚集、离散分布并存	存在显著的离散分布
	思茅松人工林	以离散分布为主	存在显著的离散分布
	桉树人工林	以聚集分布为主	存在显著的聚集分布
树干生物量	思茅松天然林	以离散分布为主	存在显著的离散分布
	思茅松人工林	以离散分布为主	存在显著的离散分布
	桉树人工林	以聚集分布为主	存在显著的聚集分布
树枝生物量	思茅松天然林	聚集、离散分布并存	空间分布特征不显著
	思茅松人工林	以离散分布为主	存在显著的离散分布
	桉树人工林	以聚集分布为主	存在显著的聚集分布
树叶生物量	思茅松天然林	聚集、离散分布并存	存在显著的离散分布
	思茅松人工林	以离散分布为主	存在显著的离散分布
	桉树人工林	以聚集分布为主	存在显著的聚集分布
树冠生物量	思茅松天然林	聚集、离散分布并存	空间分布特征不显著
	思茅松人工林	以离散分布为主	存在显著的离散分布
	桉树人工林	以聚集分布为主	存在显著的聚集分布
地上生物量	思茅松天然林	以离散分布为主	存在显著的离散分布
	思茅松人工林	以离散分布为主	存在显著的离散分布
	桉树人工林	以聚集分布为主	存在显著的聚集分布

对于树皮生物量而言，在研究尺度内，思茅松天然林既出现离散分布趋势又有聚集分布的趋势，蒙特卡洛检验结果表明其存在显著的离散分布特征，思茅松人工林基本呈现离散分布的趋势，蒙特卡洛检验结果表明其存在显著的离散分布特征，桉树人工林基本呈现出聚集分布的趋势，蒙特卡洛检验结果表明其存在显著的聚集分布特征。

对于树干生物量而言，在研究尺度内，思茅松天然林和人工林相似，基本呈现出离散分布的趋势，蒙特卡洛检验表明两者均存在显著的离散分布特征，而桉树人工林不同，基本呈现出聚集分布的趋势，蒙特卡洛检验结果表明其存在显著的聚集分布特征。

对于树枝生物量而言，在研究尺度内，思茅松天然林既出现离散分布趋势又有聚集分布的趋势，但蒙特卡洛检验结果表明其并不存在显著的空间分布特征，思茅松人工林基本呈现离散分布的趋势，蒙特卡洛检验结果表明其存在显著的离散分布特征，桉树人工林基本呈现出聚集分布的趋势，蒙特卡洛检验结果表明其存在显著的聚集分布特征。

对于树叶生物量而言，在研究尺度内，思茅松天然林既出现离散分布趋势又有聚集分布的趋势，蒙特卡洛检验结果表明其存在显著的离散分布特征，思茅松人工林基本呈现离散分布的趋势，蒙特卡洛检验结果表明其存在显著的离散分布特征，桉树人工林基本呈现出聚集分布的趋势，蒙特卡洛检验结果表明其存在显著的聚集分布特征。

对于树冠生物量而言，在研究尺度内，思茅松天然林既出现离散分布趋势又有聚集分布的趋势，但蒙特卡洛检验结果表明其不存在显著的空间分布特征，思茅松人工林基本呈现离散分布的趋势，蒙特卡洛检验结果表明其存在显著的离散分布特征，桉树人工林基本呈现出聚集分布的趋势，蒙特卡洛检验结果表明其存在显著的聚集分布特征。

对于地上生物量而言，在研究尺度内，思茅松天然林和人工林相似，基本呈现出离散分布的趋势，蒙特卡洛检验表明两者均存在显著的离散分布特征，而桉树人工林不同，基本呈现出聚集分布的趋势，蒙特卡洛检验结果表明其存在显著的聚集分布特征。

综上所述，3 种林分间的相同维量生物量的空间分布格局随着距离尺度的变化，在总体上表现出了一定的相似性，但在不同尺度上仍然存在一定的差异。上述结果也表明，不同林分的各维量生物量在空间中的分布格局并不是随机的，尽管也有部分维量生物量不存在显著的空间分布特征，但其仍存在特定的非随机的空间分布趋势。

6.2 林分空间自相关性对比分析

全局空间自相关分析的研究同样会受到距离尺度的影响。距离尺度的变化同样会导致全局空间自相关分析结果的变化。

从表 6-2 来看，对于木材生物量而言，随着距离尺度的变化，思茅松天然林在小距离尺度和偏大的距离尺度上基本呈现出正空间自相关性；思茅松人工林恰与之相反，在偏小和偏大的距离尺度上主要表现为负空间自相关性；桉树人工林以 19m 为界，小于该距离呈现正空间自相关性，除此之外皆呈现负空间自相关性。总体上，3 种林分均表现出正负空间自相关性并存的局面，且空间聚类模式均不显著。

表 6-2　林分空间自相关性对比分析

维量	样地类型	空间自相关性	显著性检验
木材生物量	思茅松天然林	正负空间自相关性并存	空间聚类模式不显著
	思茅松人工林	正负空间自相关性并存	空间聚类模式不显著
	桉树人工林	正负空间自相关性并存	空间聚类模式不显著
树皮生物量	思茅松天然林	正空间自相关性	存在显著的正空间自相关性
	思茅松人工林	以负空间自相关性为主	存在显著的正空间自相关性
	桉树人工林	以负空间自相关性为主	存在显著的负空间自相关性
树干生物量	思茅松天然林	正负空间自相关性并存	空间聚类模式不显著
	思茅松人工林	正负空间自相关性并存	空间聚类模式不显著
	桉树人工林	正负空间自相关性并存	空间聚类模式不显著
树枝生物量	思茅松天然林	正空间自相关性	存在显著的正空间自相关性
	思茅松人工林	以正空间自相关性为主	存在显著的正空间自相关性
	桉树人工林	正负空间自相关性并存	空间聚类模式不显著
树叶生物量	思茅松天然林	以正空间自相关性为主	空间聚类模式不显著
	思茅松人工林	以正空间自相关性为主	存在显著的正空间自相关性
	桉树人工林	正负空间自相关性并存	空间聚类模式不显著
树冠生物量	思茅松天然林	正空间自相关性	存在显著的正空间自相关性
	思茅松人工林	以正空间自相关性为主	存在显著的正空间自相关性
	桉树人工林	正负空间自相关性并存	空间聚类模式不显著
地上生物量	思茅松天然林	正负空间自相关性并存	空间聚类模式不显著
	思茅松人工林	以正空间自相关性为主	空间聚类模式不显著
	桉树人工林	正负空间自相关性并存	空间聚类模式不显著

对于树皮生物量而言，随着距离尺度的变化，思茅松天然林均呈现出正空间自相关性；思茅松人工林既存在负空间自相关性，也存在正空间自相关性，但主要呈现负空间自相关性；桉树人工林既存在负空间自相关性，也存在正空间自相关性，但以负空间自相关性为主。总体上，思茅松天然林均呈现正空间自相关性且具有空间显著性；思茅松人工林和桉树人工林基本呈现负空间自相关性，但思茅松人工林却表现出显著的正空间自相关性，而桉树人工林具有显著的负空间自相关性。

对于树干生物量而言，随着距离尺度的增加，思茅松天然林在小距离尺度和偏大的距离尺度呈现正空间自相关性，思茅松人工林恰与之相反，在偏小和偏大的距离尺度上主要表现为负空间自相关性；桉树人工林以 18m 为界，小于该距离呈现正空间自相关性，反之呈现负空间自相关性。总体来看，3 种林分均表现出正负空间自相关性并存的局面，且空间聚类模式均不显著。

对于树枝生物量而言，随着距离尺度的增加，思茅松天然林均呈现出正空间自相关性；思茅松人工林除了较小尺度外，基本呈现出正空间自相关性；桉树人工林以 20m 为界，小于该距离基本呈现正空间自相关性，反之则呈现负空间自相关性。总的来说，思茅松天然林和人工林都表现出了正空间自相关性，且均具有显著的正空间自相关性。而桉树人工林正负空间自相关性并存，但不存在显著的空间相关性。

对于树叶生物量而言，随着距离尺度的增加，思茅松天然林基本呈现出正空间自相关性；思茅松人工林除了在较小尺度外，基本呈现出正空间自相关性；桉树人工林以 20m 为界，小于该距离基本呈现正空间自相关性，反之则呈现负空间自相关性。总的来说，思茅松天然林和人工林都表现出了正空间自相关性，但前者不具有显著的空间自相关性，后者具有显著的正空间自相关性。桉树人工林正负空间自相关性并存，但不存在显著的空间相关性。

对于树冠生物量而言，随着距离尺度的增加，思茅松天然林均表现出正空间自相关性；思茅松人工林除了在较小尺度外，基本呈现出正空间自相关性；桉树人工林以 15m 为界，小于该距离基本呈现正空间自相关性，反之则呈现负空间自相关性。总的来说，思茅松天然林和人工林都表现出了正空间自相关性，且均具有显著的正空间自相关性。而桉树人工林虽正负空间自相关性并存，但不存在显著的空间相关性。

对于地上生物量而言，随着距离尺度的增加，思茅松天然林在小距离尺度和偏大的距离尺度上呈现正空间自相关性；思茅松人工林除了在较小尺度外，基本呈现出正空间自相关性；桉树人工林以 18m 为界，小于该距离基本呈现正空间自相关性，大于该距离则基本呈现负空间自相关性。总的来说，思茅松天然林和桉树人工林都表现出了正负空间自相关性并存的现象，而思茅松人工林基本表现出了正空间自相关性，3 种林分均不具有显著的空间聚类模式。

以全局空间自相关分析结果为基础，对不同林分的各维量生物量的局部空间自相关性进行分析发现，不同林分间相同维量的生物量在空间中的分布规律存在差异。

综上所述，3 种林分的相同维量生物量的全局空间自相关性随着空间尺度的变化，在总体上表现出了一定的相似性，同时也可以看到，不同林分间相同维量生物量的空间分布规律也存在一定的自身属性，使其在不同尺度上表现出一定的差异。

6.3 林分空间异质性对比分析

从图 6-1 来看，对于树干生物量而言，随着距离尺度的增加，三个林分的空间异质性也随之增加。三个林分中，思茅松天然林表现出了最大的空间变异性、思茅松人工林次之、而桉树人工林变异性最小。

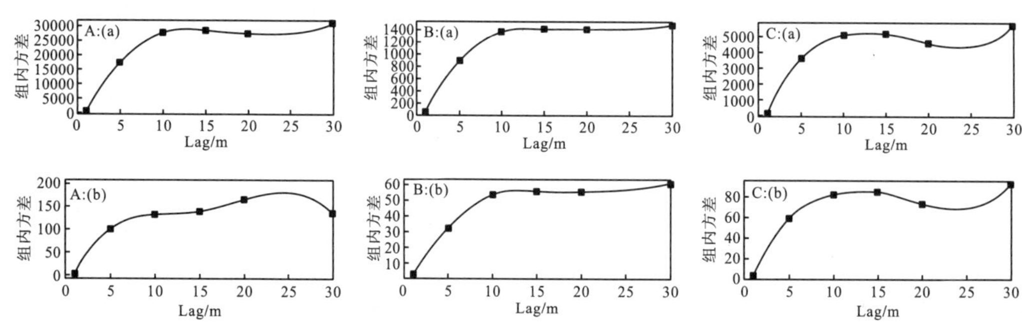

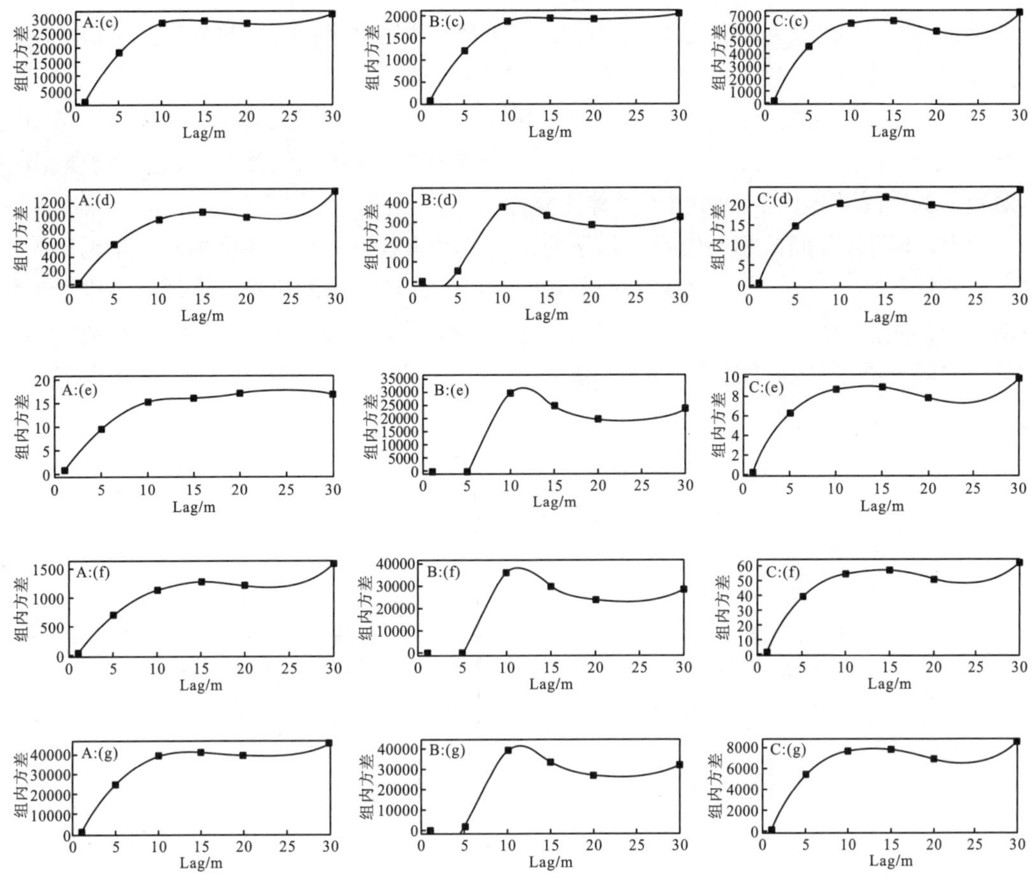

图 6-1　林分空间异质性对比分析

注：A 思茅松天然林(第一列)；B 思茅松人工林(中间列)；C 桉树人工林(第三列)。(a)木材生物量；(b)树皮生物量；(c)树干生物量；(d)树枝生物量；(e)树叶生物量；(f)树冠生物量；(g)地上生物量

对于树皮生物量而言，随着距离尺度的增加，三个林分的空间异质性基本呈现增加的趋势(思茅松天然林较大尺度时略有下降)。三个林分中，思茅松天然林表现出了最大的空间变异性，桉树人工林次之，而思茅松人工林变异性最小。

对于树干生物量而言，随着距离尺度的增加，三个林分的空间异质性基本呈现增加的趋势。三个林分中，思茅松天然林表现出了最大的空间变异性，桉树人工林次之，而思茅松人工林变异性最小。

对于树枝生物量而言，随着距离尺度的增加，三个林分的空间异质性基本呈现增加的趋势(思茅松人工林较大尺度时略有下降)。三个林分中，思茅松天然林表现出了最大的空间变异性，桉树人工林次之，而思茅松人工林变异性最小。

对于树叶生物量而言，随着距离尺度的增加，三个林分的空间异质性基本呈现增加的趋势(思茅松人工林较大尺度时略有下降)。三个林分中，思茅松人工林表现出了最大的空间变异性，思茅松天然林次之，而桉树人工林变异性最小。

对于树冠生物量而言，随着距离尺度的增加，三个林分的空间异质性基本呈现增加的趋势(思茅松人工林较大尺度时略有下降)。三个林分中，思茅松人工林表现出了最大的空间变异性，思茅松天然林次之，而桉树人工林变异性最小。

对于地上生物量而言，随着距离尺度的增加，三个林分的空间异质性基本呈现增加的趋势(思茅松人工林较大尺度时略有下降)。三个林分中，思茅松天然林和人工林表现出了相对较大的空间变异性，而桉树人工林变异性最小。

综上，不同林分间的相同维量生物量的组内方差随着距离尺度的增加基本呈现出先上升，至滞后距离为 10m 后基本趋于平缓(部分维量略有下降)的趋势，这说明各维量生物量的空间异质性随着距离尺度的增加基本也在逐渐增大，最终基本趋于稳定。此外，不同林分间的同一维量生物量的空间异质性随着距离尺度的增加，其变化趋势基本相似，但空间异质性强度各有不同。

6.4 小　结

总而言之，本章通过对思茅松天然林、思茅松人工林和桉树人工林三个林分的空间效应进行对比分析发现：不同林分间的各维量生物量均存在一定程度的空间效应，且其空间效应(空间分布格局、空间自相关性和空间异质性)的变化规律既存在相似之处又有差异之处。

第 7 章　讨论与结论

7.1　讨　　论

7.1.1　关于空间效应

森林的生长和收获数据会受到其生长环境的影响(即不同生境可能意味着不同的立地条件和竞争关系)。因此，同一区域内的林木间往往存在相关性从而使得森林生长和收获数据普遍存在空间自相关性和空间异质性[81]。本书通过对思茅松天然林、思茅松人工林和桉树人工林的各维量生物量的空间效应进行研究也得到了相似的结论，即不同林分的木材生物量、树皮生物量、树干生物量、树枝生物量、树叶生物量、树冠生物量和地上生物量在空间中均存在一定程度的空间自相关性和空间异质性。但是，本书也发现存在着空间自相关性不显著的维量生物量，最为典型的就是桉树人工林(思茅松天然林和人工林也存在部分维量生物量空间自相关性不显著的现象)。桉树人工林除了树皮生物量在空间中具有显著的空间自相关关系外，其余维量生物量均不存在显著的空间自相关性，这说明桉树人工林在空间中的分布规律是随机的(树皮除外)，这可能与桉树的生长特性有关，桉树人工林 7～8 年即为成熟林，此时林木的生长就很少会受到空间效应的影响。

空间效应的研究结果往往受到距离尺度的影响，距离尺度不同，可能得出有差异甚至完全不同的结论。因此，距离尺度的选择在空间效应的研究中尤为重要。

7.1.2　关于生物量空间回归模型和混合效应模型

在本书中，基于不同林分各维量生物量所构建的空间回归模型和混合效应模型数量较多，因此，同一类模型对于不同的维量生物量的空间效应问题的处理能力存在一定的差异，但总的来说，基本存在一个大致的趋势。

Meng 等[83]的研究表明空间回归模型的拟合性能优于传统回归模型；Lu 和 Zhang[84]的研究也发现空间回归模型提高了模型拟合性能和预测的准确性；张维生[75]、刘畅等[82]的研究同样发现空间回归模型的拟合性能和预估精度均优于传统的最小二乘模型。在本书中，混合效应模型(NMEM)、全局空间回归模型(SLM、SEM 和 SDM)和 GWR 模型均能极大地提高模型的拟合性能(虽然部分维量的 RMSE 指标不及基础模型，但差异很小)，与前人得出了相似的结论。不同的是，NMEM、GWR 模型和全局空间回归模型的预测能力与基础模型相比，或优于，或持平，或轻微不及，总体上是和基础模型预估能力相当的。

Lu 和 Zhang[84]的研究表明空间回归模型能降低空间依赖性；Zhang 等[78]的研究也发现全局空间回归模型能显著地改善模型残差存在的空间相关性，但在处理模型残差存在的空间异质性问题时不及地理加权回归和混合效应模型。在本书中，全局空间回归模型基本表现出了能降低模型残差的空间自相关性的能力，同时也表现出了一定的处理模型残差空间异质性的能力；GWR 模型能有效地降低残差的空间异质性，同时也表现出了一定的降低模型残差空间自相关性的能力，这与前人的结论基本相同。但是，在本书中，仅有部分的 NMEM 表现出了降低残差空间自相关性的能力，基本不能降低模型残差的空间异质性，其主要原因可能是在混合效应模型的构建中，考虑空间协方差结构的混合效应模型基本不能收敛。

总的来说，空间模型能提高模型的拟合性能、改进生物量数据存在的空间效应问题且预测性能与基础模型相近。因此，同等情况下，空间模型是更好的。GWR 模型对于模型残差的空间效应处理能力最好，全局空间回归模型次之，NMEM 最差。

7.2 结　论

7.2.1 生物量空间效应分析共性结论

思茅松天然林、思茅松人工林和桉树人工林三个林分的各维量生物量均存在一定程度的空间效应问题。独立来看，三个林分的各维量生物量均存在一定程度的空间效应，从生物量数据所呈现的现象(空间分布格局、空间自相关性和空间异质性)来看，部分维量生物量的空间效应的变化规律存在一定相似性，但从生物量数据随距离尺度的变化所呈现出的现象的先后顺序和程度来看，各维量生物量的空间效应的变化规律又存在差异性；对比来看，三个林分间相同维量生物量的空间效应变化规律也同样具有类似的相似性与差异性。

7.2.2 生物量模型构建共性结论

从模型拟合统计量来看，混合效应模型(NMEM)、全局空间回归模型(SLM、SEM 和 SDM)和 GWR 模型的拟合指标基本优于基础模型(虽然少数维量的 RMSE 指标不及基础模型，但差异很小)，极大地提高了模型的拟合性能。

从模型残差的空间效应检验结果来看，GWR 模型能有效地降低残差的空间异质性，也表现出了一定的降低模型残差空间自相关性的能力；NMEM 也表现出了一定的降低残差空间自相关性的能力，但基本不能降低模型残差的空间异质性；全局空间回归模型基本表现出了能降低模型残差的空间自相关性的能力，同时也表现出了一定的处理模型残差空间异质性的能力。总的来说，GWR 模型对于模型残差的空间效应处理能力最好，全局空间回归模型次之，NMEM 最差。

从独立性样本检验结果来看，NMEM、GWR 模型和空间回归模型的各项指标与基础模型相比，优劣并存，但总体而言，与基础模型相近。

参 考 文 献

[1] Matysek A, Ford M, Jakeman G, et al. Near zero emissions technologies, ABARE eReport 05. 1[J/OL]. http: //www. abare. gov. au/publications_html/climate/climate_05/er05_emissions. pdf, 2005.

[2] Stern N. The Economics of Climate Change: The Stern Review[M]. Cambridge: Cambridge University Press, 2007.

[3] H. 里思, R. H. 惠特克. 生物圈的第一性生产力[M]. 王业蘧, 等, 译. 北京: 科学出版社, 1985.

[4] Woodwell G M, Whittaker R H, Reiners W A, et al. The biota and the world carbon budget. Science, 1978, 199(4325): 141-146.

[5] Goodale C L, Apps M J, Birdsey R A, et al. Forest carbon sinks in the Northern Hemisphere[J]. Ecological Applications, 2002, 12(3): 891-899.

[6] Houghton R A. Aboveground forest biomass and the global carbon balance[J]. Global Change Biology, 2005, 11(6): 945-958.

[7] Temesgen H, Affleck D, Poudel K, et al. A review of the challenges and opportunities in estimating above ground forest biomass using tree-level models[J]. Scandinavian Journal of Forest Research, 2015, 30(4): 326-335.

[8] Cosmo L D, Gasparini P, Tabacchi G. A national-scale, stand-level model to predict total above-ground tree biomass from growing stock volume[J]. Forest Ecology and Management, 2016, 361: 269-276.

[9] West P W. Tree and Forest Measurement[M]. Berlin Heidelberg: Springer, 2009.

[10] Somogyi Z, Cienciala E, Mäkipää R, et al. Indirect methods of large-scale forest biomass estimation[J]. European Journal of Forest Research, 2007, 126(2): 197-207.

[11] Sileshi G W. A critical review of forest biomass estimation models, common mistakes and corrective measures[J]. Forest Ecology and Management, 2014, 329: 237-254.

[12] Saint-Andre L, M'Bou A T, Mabiala A, et al. Age-related equations for above-and below-ground biomass of a Eucalyptus hybrid in Congo[J]. Forest Ecology and Management, 2005, 205(1-3): 199-214.

[13] Robert I. Kabacoff. R 语言实战[M]. 高涛, 肖楠, 陈纲, 译. 北京: 人民邮电出版社, 2013.

[14] 薛建辉. 森林生态学[M]. 北京: 中国林业出版社, 2011.

[15] 亢新刚. 森林经理学(第四版)[M]. 北京: 中国林业出版社, 2011.

[16] Law R, Illian J, Burslem D F R P, et al. Ecological information from spatial patterns of plants: insights from point process theory[J]. Journal of Ecology, 2009, 97(4): 616-628.

[17] 曾春阳, 唐代生, 唐嘉锴. 森林立地指数的地统计学空间分析[J]. 生态学报, 2009, 30(13): 3465-3471.

[18] 章皖秋, 岳彩荣, 袁华. 林木调查数据的随机、空间、时间特征的模型处理[J]. 西北林学院学报, 2016, 31(5): 230-237.

[19] Anselin L, Griffithd A. Do spatial effects really matter in regression analysis[J]. Papers Reg. Sci. Assoc., 1988, 65: 11-34.

[20] Anselin L. What is special about spatial data? Alternative perspectives on spatial data analysis[D]. California: University of California, 1990.

[21] Budhathoki C B, Lynch T B, Guldin J M. Development of a shortleaf pine individual-tree growth equation using non-linear mixed modeling techniques[J]. General Technical Report -Southern Research Station, USDA Forest Service, (SRS-121), 2010: 519-520.

[22] Njana M A, Bollandsås O M, Eid T, et al. Above and belowground tree biomass models for three mangrove species in Tanzania: a nonlinear mixed effects modelling approach[J]. Annals of Forest Science, 2016, 73(2): 353-369.

[23] 王劲峰, 李连发, 葛咏, 等. 地理信息空间分析的理论体系探讨[J]. 地理学报, 2000, 67(1): 92-103.

[24] 张博, 欧光龙, 孙雪莲, 等. 空间效应及其回归模型在林业中的应用[J]. 西南林业大学学报, 2016(3): 144-152.

[25] Legendre P, Legendrel L F J. Numerical Ecology[M]. The Netherlands: Elsevier, Amsterdam, 1998: 745.

[26] Fox J C, Adesp K, Bih H. Stochastic structure andindividual-tree growth models[J]. For. Ecol. Manag., 2001, 154: 261-276.

[27] Kissling D W, Carlg G. Spatial autocorrelation and the selection of simultaneous autoregressive models[J]. Glob. Ecol. Biogeogr., 2008, 17: 59-71.

[28] Wu J G, Dennis E, Jelinski M L, et al. Multi-scale analysis of landscape heterogeneity: scale variance and pattern metrics[J]. Geogr. Inf. Sci., 2000, 6(1): 6-19.

[29] Pommerening A. Approaches to quantifying forest structures[J]. Forestry, 2002, 75: 305-324.

[30] Fortin M J, Dale M. Spatial Analysis: A Guide for Ecologists[M]. Cambridge, UK: Cambridge University Press, 2005: 365.

[31] Gavrikov V L, Stoyan D. The use of marked point processes in ecological and environmental forest studies[J]. Environmental and Ecological Statistics, 1995, 2: 331-344.

[32] Wälder O, Wälder K. Analysing interaction effects using the mark correlation function[J]. iForest-Biogeosciences and Forestry, 2008, 1(1): 34-38.

[33] 王佳慧, 李凤日, 董利虎. 基于不同预测变量的天然椴树可加性地上生物量模型构建[J]. 应用生态学报, 2018, 29(11): 3685-3695.

[34] 王维芳, 董薪明, 董小枫, 等. 森林生物量的空间自相关性研究[J]. 森林工程, 2018, 34(2): 5.

[35] Ebermeyr E. Die gesammte Lehre der Waldstreu mit Rucksicht auf die chemische static des Waldbaues[M]. Belin: J. Springer, 1876: 116-130.

[36] Penman J D, Kruger I, Galbally T, et al. Good practice guidance and uncertainty management in national greenhouse gas inventories[J]. IPCC National Greenhouse Cost Inventories Programme, Technical Support Unit, 2000, 4: 94.

[37] IPCC. Guidelines for national greenhouse gas inventories[R]. Japan: Institute for Global Environmental Strategies, 2006.

[38] 石光. 黑龙江省林业碳汇问题浅析[J]. 农业科技, 2012, 29: 248-248.

[39] Takahashi M, Ishizuka S, Ugawa S, et al. Carbon stock in litter, deadwood and soil in Japan's forest sector and its comparison with carbon stock in agricultural soils[J]. Soil Sci. Plant Nutr., 2010, 56: 19-30.

[40] Fang J Y, Chen A P, Peng C H, et al. Changes in forest biomass carbon storage in China between 1949 and 1998[J]. Science, 2001, 292(5525): 2320-2322.

[41] Pan Y, Birdsey R A, Fang J, et al. A large and persistent carbon sink in the World's Forests[J]. Science, 2011, 333(6045): 988-993.

[42] 佐藤大七郎, 堤利夫. 陆地植物群落的物质生产[M]. 北京: 科学出版社, 1986: 21-47.

[43] 巨文珍, 农胜奇. 森林生物量研究进展[J]. 西南林学院学报, 2011, 31(2): 7.

[44] 薛立, 杨鹏. 森林生物量研究综述[J]. 福建林学院学报, 2004, 24(3): 283-288.

[45] Kitterge J. Estimation of amount of foliage of trees and shrubs[J]. Forest, 1944, 42: 905-912.

[46] Burger H, HoI Z, BIattmenge Z. 12 Fichten im pienterwaid mitteii, schweiz, anst. forttI [J]. Versuchsw, 1952, 28: 109-156.

[47] Nelson B W, Mesquita R, Pereira J L G, et al. Allometric regression for improved estimate of secondary forest biomass in the Central Amazon[J]. Forest Ecology and Management, 1999, 117(1-3): 149-167.

[48] Ketterings Q M, Coe R, Noordwijk M V, et al. Reducing uncertainty in the use of allometric biomass equations for predicting above-ground tree biomass in mixed secondary forests[J]. Forest Ecology and Management, 2001, 146(1-3): 200-209.

[49] 潘维俦, 李利村, 高正衡. 2 个不同地域类型杉木林的生物产量和营养元素分布[J]. 中南林业科技, 1979(4): 1-14.

[50] 冯宗炜, 陈楚莹, 张家武. 湖南会同地区马尾松林生物量的测定[J]. 林业科学, 1982, 18(2): 127-134.

[51] 陈灵芝, 任继凯, 鲍显诚. 北京西山人工油松林群落学特征及生物量的研[J]. 植物生态学与地植物学报, 1984, 8(3): 173-181.

[52] 刘世荣. 兴安落叶松人工林群落生物量及净初级生产力的研究[J]. 东北林业大学学报, 1990, 18(2): 40-46.

[53] 党承林, 吴兆录. 季风常绿阔叶林短刺栲群落的生物量研究[J]. 云南大学学报(自然科学版), 1992, 14(2): 95-107.

[54] 陈传国, 朱俊凤. 东北主要林木生物量手册[M]. 北京: 中国林业出版社, 1989.

[55] 冯宗炜, 王效科, 吴刚. 中国森林生态系统的生物量和生产力[M]. 北京: 科学出版社, 1999.

[56] 朱丽梅, 胥辉. 思茅松单木生物量模型研究[J]. 林业科技, 2009, 34(3): 19-23.

[57] 董利虎, 李凤日, 贾炜玮. 林木竞争对红松人工林立木生物量影响及模型研究[J]. 北京林业大学学报, 2013, 35(6): 15-22.

[58] Ter-Mikaelian M T, Korzukhin M D. Biomass equations for sixty-five North American tree species[J]. Forest Ecology and Management, 1997, 97(1): 1-24.

[59] Chojnacky D C. Allometric scaling theory applied to FIA biomass estimation[C]//Proceeding of the third annual forest inventory and analysis symposium. GTR NC-230, North Central Research Station, Forest Service USDA, 2002.

[60] Jenkins J C, Chojnacky D C, Heath L S, et al. National-scale biomass estimators for United States tree species[J]. Forest Science, 2003, 49(1): 12-35.

[61] Jenkins J C, Chojnacky D C, Heath L S, et al. Comprehensive database of diameter-base biomass regressions for North American tree species. General Technical Report NE-319, USDA Forest Service, Northeastern Research Station, Newtown Square, PA, 2004.

[62] Zianis D, Muukkonen P, Mäkipää R, et al. Biomass and stem volume equations for tree species in Europe[J]. Silva Fennica Monographs, 2005, 4(4): 533-539.

[63] Muukkonen P. Forest inventory-based large-scale forest biomass and carbon budget assessment: new enhanced methods and use of remote sensing for verification[D]. Finland, Helsinki: University of Helsinki, 2007.

[64] Fang J Y, Wang Z M. Forest biomass estimation at regional and global levels, with special reference to China's forest biomass[J]. Ecological Research, 2001, 16(3): 73-85.

[65] 罗云建, 张小全, 王效科, 等. 森林生物量的估算方法及其研究进展[J]. 林业科学, 2009, 45(8): 129-134.

[66] 彭少麟, 郭志华, 王伯荪. RS 和 GIS 在植被生态学中的应用及其前景[J]. 生态学杂志, 1999, 18(5): 52-64.

[67] 王雪, 卫发兴, 崔志新. 3S 技术在林业中的应用[J]. 世界林业研究, 2005, 18(2): 44-47.

[68] Dong J, Kaufmann R K, Myneni R B, et al. Remote sensing estimates of boreal and temperate forest woody biomass: carbon pools, sources, and sinks[J]. Remote Sensing of Environment, 2003, 84(3): 393-410.

[69] Trofymow J A, Coops N C, Hayhurst D. Comparison of remote sensing and ground-based methods for determining residue burn pile wood volumes and biomass[J]. Canadian Journal of Forest Research, 2014, 44(3): 182-194.

[70] 朴世龙, 方精云, 郭庆华. 1982—1999 年我国植被年净第一性生产量及其时空变化[J]. 北京大学学报, 2001, 37(4): 563-569.

[71] 李仁东, 刘纪远. 应用 Landsat ETM 数据估算鄱阳湖湿生植被生物量[J]. 地理学报, 2001, 56(5): 532-540.

[72] Dale M R T, Dixon P, Fortin M, et al. Conceptual and mathematical relationships among methods for spatial analysis[J]. Ecography, 2002, 25(5): 558-577.

[73] Paez A, Scottd M. Spatial statistics for urban analysis: a review of techniques with examples[J]. GeoJournal, 2004, 61: 53-67.

[74] Anselin L. Local indicators of spatial association-LISA[J]. Geographical Analysis, 1995, 2(2): 93-115.

[75] 张维生. 黑龙江省森林空间自相关分析[J]. 东北林业大学学报, 2016, 36(10): 16-18.

[76] Reynolds H L F. On definition and quantification of heterogeneity[J]. Oikos, 1995, 73(2): 280-284.

[77] 刘畅. 黑龙江省森林碳储量空间分布研究[D]. 哈尔滨: 东北林业大学, 2014.

[78] Zhang L, Ma Z, Guo L. An evaluation of spatial autocorrelation and heterogeneity in the residuals of six regression models[J]. Forest Science, 2009, 55(6): 533-548.

[79] 罗大鹏, 农明川, 李会朋, 等. 桉树人工林单木地上生物量空间效应分析[J]. 西南林业大学学报(自然科学), 2022, 42(2): 120-129.

[80] 何宗贵, 韩世民, 崔道永, 等. 空间自相关分析的统计量探讨[J]. 中国血吸虫病防治杂志, 2008, 20(4): 315~318.

[81] Gregorie T G. Generalized error structure for forestry yield models[J]. Forest Science, 1987, 33(2): 423-444.

[82] 刘畅, 李凤日, 甄贞. 空间误差模型在黑龙江省森林碳储量空间分布的应用[J]. 应用生态学报, 2014, 25(10): 2779-2786.

[83] Meng Q, Cieszewski C J, Strub M R, et al. Spatial regression modeling of tree height–diameter relationships[J]. Canadian Journal of Forest Research, 2008, 39(12): 2283-2293.

[84] Lu J, Zhang L. Modeling and prediction of tree height-diameter relationships using spatial autoregressive models[J]. Forest Science, 2011, 57(3): 252-264.

[85] Ramon C L, George A M, Walter W S. SAS for Mixed Model[M]. 2nd ed. SAS Institute Inc.: Cary, NC, USA, 2006.

[86] Fang Z, Bailey R L. Nonlinear mixed effects modeling for slash pine dominant height growth following intensive silvicultural treatments[J]. Forest Science, 2001, 47(3): 287-300.

[87] Lhotka J M, Loewenstein E F. An individual-tree diameter growth model for managed uneven-aged oak-shortleaf pine stands in the Ozark Highlands of Missouri, USAP[J]. Forest Ecology and Management, 2011, 261(3): 770-778.

[88] Gregoire T G, Schabenberger O, Barrett J P. Linear modelling of irregularly spaced, unbalanced, longitudinal data from permanent-plot measurements[J]. Canadian Journal of Forest Research, 1995, 25(1): 137-156.

[89] Budhathoki C B, Lyncha T B, Guldinb J M. Nonlinear mixed modeling of basal area growth for shortleaf pine[J]. Forest Ecology and Management, 2008, 255(8-9): 3440-3446.

[90] Li Y X, Jiang L C. Modeling wood density with two-level linear mixed effects models for Dahurian larch[J]. Scientia Silvae Sinicae, 2013, 49(7): 91-98.

[91] Li C M. The simultaneous equation system of total volume in fir plantation[J]. Scientia Silvae Sinicae, 2012, 48(6): 80-88.

[92] Fu L Y, Zeng W S, Tang S Z. Using linear mixed model and dummy variable model approaches to construct compatible single-tree biomass equations at different scales - a case study for Masson pine in Southern China[J]. Journal of Forest Science, 2012, 58(3): 101-115.

[93] 徐永椿. 云南树木图志[M]. 昆明: 云南科技出版社, 1988.

[94] 云南森林编写委员会. 云南森林[M]. 北京: 中国林业出版社, 1986.

[95] 王豁然. 试论世界桉树栽培现状和我国桉树人工林发展策略[J]. 世界林业研究, 1989(3): 52-59.

[96] 张荣贵, 李思广, 蒋云东, 等. 云南的桉树引种及对其发展状况的剖析[J]. 西部林业科学, 2007, 36(3): 97-102.

[97] 石忠强, 蒋云东, 周志忠, 等. 云南桉树研究现状和存在的问题[J]. 西部林业科学, 2015, 1: 152-156.

[98] 胥辉, 张会儒. 林木生物量模型研究[M]. 昆明: 云南科学技术出版社, 2002.

[99] 孟宪宇. 测树学[M]. 北京: 中国林业出版社, 2006.

[100] Dixon P M. Ripley's K Function//Encyclopediain Environmetrics[M]. Chichester, UK: John Wiley & Sons, 2002.

[101] Perry G L W. SpPack: spatial point pattern analysis in excel using visual basic for applications (VBA)[J]. Environmental Modelling and Software, 2004, 19(6): 559-569..

[102] Diego G, Giuseppe A, Giuseppe E. Weighting Ripley's K-function to accountfor the firmdimension in the analysis of spatial concentration[J]. International Regional Science Review, 2014, 37(3): 251-272.

[103] Ripley B D. Statistical Inference for Spatial Processes[M]. Cambridge: Cambridge University Press, 1988.

[104] Stoyan D. Spatial Point Patterns: Methodology and Applications with R[M]. Boca Raton, FL: CRC Press, 2016.

[105]王天阳, 王国祥. 玄武湖菹草种群空间格局分析及其环境效应[J]. 生态环境, 2007, 16(6): 1660-1664.

[106] Penttinen A. Statistics for Marked Point Patterns[R]. The Yearbook of the Finnish Statistical Society, 2006: 70-91.

[107] 高凯, 周志翔, 杨玉萍, 等. 基于 Ripley K 函数的武汉市景观格局特征及其变化[J]. 应用生态学报, 2010, 21(10): 2621-2626.

[108] Besag J. Contribution to the discussion of Dr Ripley's paper[J]. Journal of the Royal Statistical Society, Series B, 1977, 39: 193-195.

[109] Moran P A P. Notes on continuous stochastic phenomena[J]. Biometrika, 1950, 37: 17-23.

[110] 孟斌, 王劲峰, 张文忠, 等. 基于空间分析方法的中国区域差异研究[J]. 地理科学, 2005, 25(4): 393-400.

[111] ESRI. How spatial autocorrelation (Global Moran's I) works, ARCGIS Resources, ArcGIS 10. 2 help[OL]. https: //resources. arcgis. com/en/help/main/10. 2/index. html#/How_Incremental_Spatial_Autocorrelation_works/005p00000055000000/, 2013a.

[112] Roces-Díaz J V, Burkhard B, Kruse M, et al. Use of ecosystem information derived from forest thematic maps for spatial analysis of ecosystem services in northwestern Spain[J]. Landscape and Ecological Engineering, 2017, 13(1): 45-57.

[113] 季斌, 周涛发, 袁峰, 等. 地球化学的空间自相关异常信息提取方法[J]. 测绘科学, 2017, 8: 24-27.

[114] ESRI. Cluster and outlier analysis (Anselin Local Moran's I), ARCGIS Resources, ArcGIS 10. 2 help[OL]. http: //resources. arcgis. com/en/help/main/10. 2/index. html#/Cluster_and_Outlier_Analysis_Anselin_Local_Moran_s_I/005p0000000z000000/, 2013a.

[115] Anselin L. Exploring spatial data with GeoDaTM: a workbookm[D]. Urbana: University of lllinois, 2005.

[116] Anselin L. Distance-band spatial weights[OL]. https: //geodacenter. github. io/workbook/4b_dist_weights/lab4b. html#fn1, 2018.

[117] Lambert D M, Brown J P, Florax R J G M. A two-stepestimator for a spatial lag model of counts: theory, small sample performance and an application[J]. RegionalScience and Urban Economics, 2010, 40(4): 241-252.

[118] Anselin L. Spatial econometrics[OL]. Available online atwww. csiss. org/learning_resources/content/papers/baltchap. pdf, 1999.

[119] 张志强. 产业结构对能源强度的影响路径分析[D]. 徐州: 中国矿业大学.

[120] Anselin L, Getis A. Spatial statistical analysis and geographic information systems[J]. Ann. Region. Sci., 1993, 26: 19-33.

[121] Anselin L. Spatial effects in econometric practice in environmental and resource economics[J]. Am. J. Agric. Econ., 2001, 83: 705-710.

[122] Lesage J P. Lecture 1: Maximum likelihood estimation of spatial regression models[OL]. www4. fe. uc. pt/ spatial/doc/lecture1. pdf; last accessed Jan. 25, 2010.

[123] Lesagej P, Pacer K. Introduction to Spatial Econometrics[M]. Boca Raton, FL: Chapman & Hall/CRC, 2009: 354.

[124] 姜磊. 空间回归模型选择的反思[J]. 统计与信息论坛, 2016, 31(10): 10-16.

[125] Brunsdon C, Fotheringham A S, Charlton M E. Geographically weighted regression: a method for exploring spatial nonstationarity[J]. Geographical Analysis, 1996, 28(4): 281-298.

[126] Zhang L J, Shi H J. Local modeling of tree growth by geographically weighted regression[J]. Forest Science, 2004, 50(2): 225-244.

[127] Wang Q, Ni J, Tenhunen J. Application of a geographically weighted regression analysis to estimate net primary production of Chinese forest ecosystems[J]. Global Ecology and Biogeographically, 2005, 14(4): 379-393.

[128] 顾凤岐, 赵倩. 林木生长关系的 GWR 模型[J]. 东北林业大学学报, 2012, 40(6): 129-130, 140.

[129] Brunsdon C, Stewart Fotheringham A, Charlton M E. Geographically weighted regression: a method for exploring spatialnonstationarity[J]. Geographical Analysis, 2010, 28(4): 281-298.

[130] Pinheiro J C, Bates D M. Mixed Effects Models in S and S-plus[M]. New York: Springer Verlag, 2000.

[131] Razali W W, Razak T A, Azani A M, et al. Mixed-effects models for predicting early height growth of forest trees planted in Sarawak, Malaysia[J]. Journal of Tropical Forest Science, 2015, 27(2): 267-276.

[132] Calama R, Montero G. Interregional nonlinear height–diameter model with random coefficients for stone pine in Spain[J]. Canadian Journal of Forest Research, 2004, 34(1): 150-163.

[133]姜立春, 李凤日. 混合效应模型在林业建模中的应用[M]. 北京: 科学出版社, 2014.

附　　图

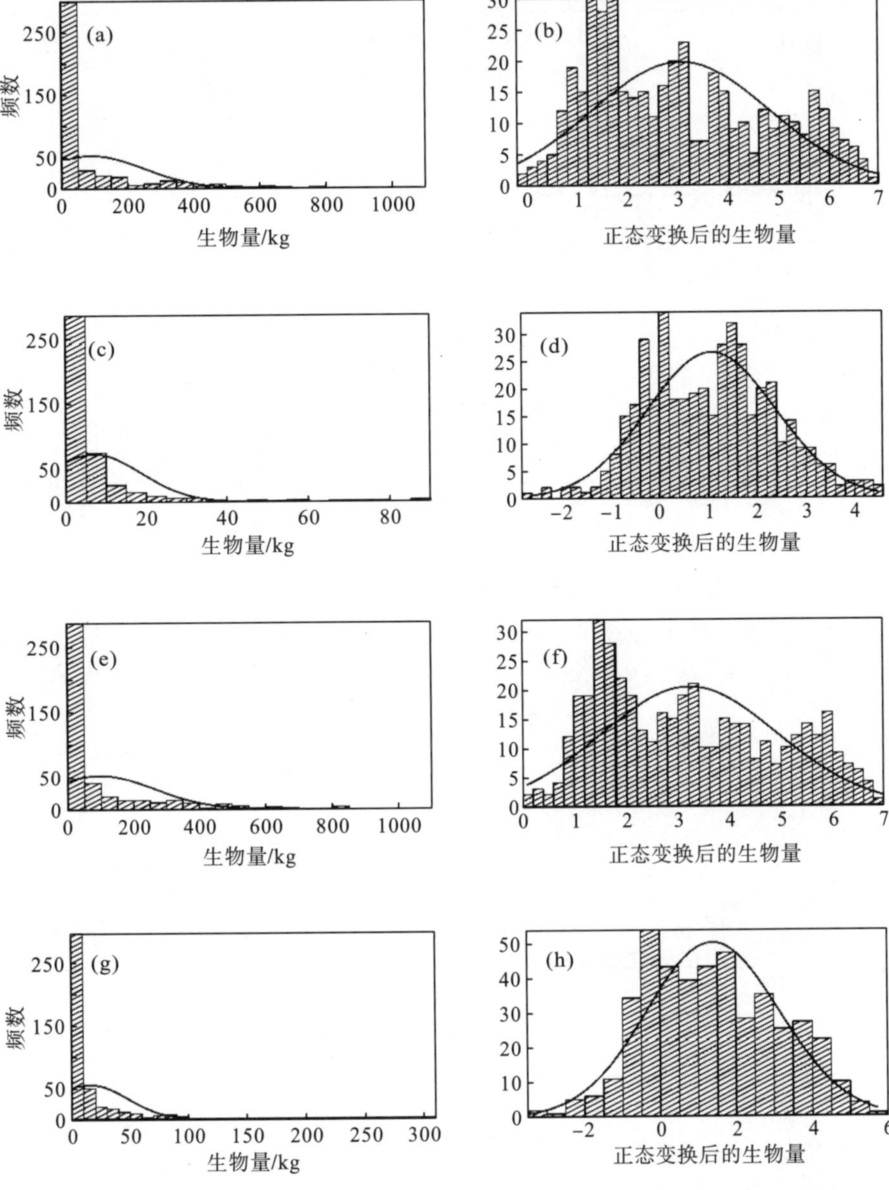

(a)
频数
250
150
50
0
0
200
400
600
800
1000
生物量/kg
(b)
30
25
20
15
10
5
0
1
2
3
4
5
6
7
正态变换后的生物量
(c)
频数
250
150
50
0
0
20
40
60
80
生物量/kg
(d)
30
25
20
15
10
5
0
−2
−1
0
1
2
3
4
正态变换后的生物量
(e)
频数
250
150
50
0
0
200
400
600
800
1000
生物量/kg
(f)
30
25
20
15
10
5
0
0
1
2
3
4
5
6
7
正态变换后的生物量
(g)
频数
250
150
50
0
0
50
100
150
200
250
300
生物量/kg
(h)
50
40
30
20
10
0
−2
0
2
4
6
正态变换后的生物量

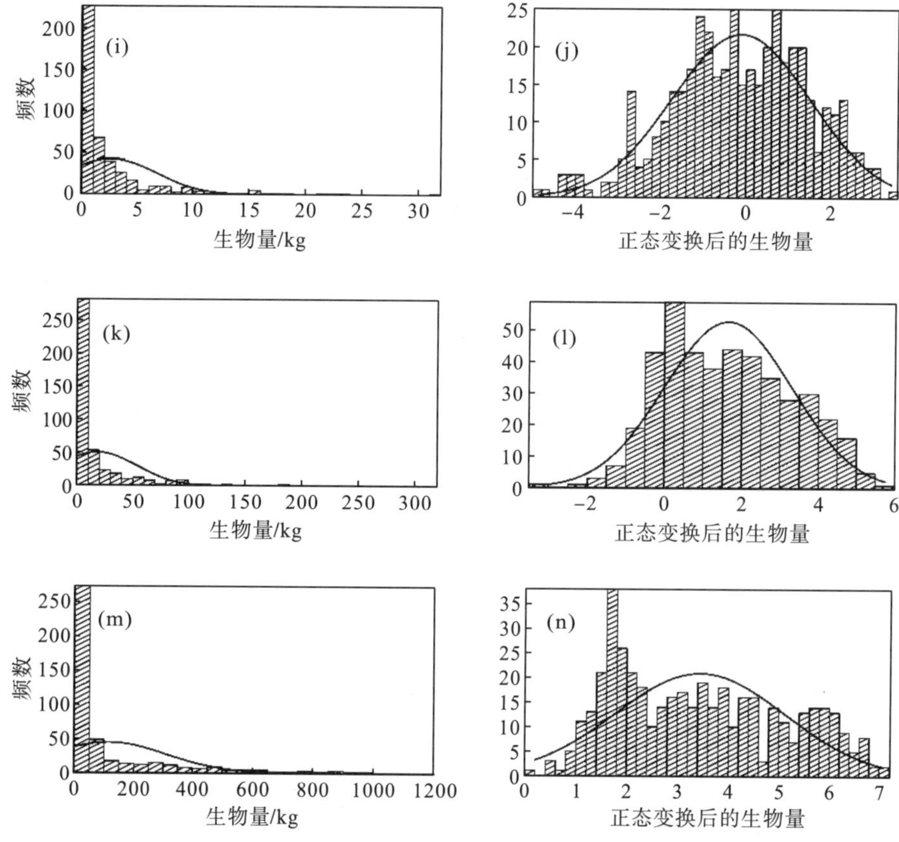

附图 1 思茅松天然林思茅松生物量各器官维量生物量

注：(a) 木材生物量；(c) 树皮生物量；(e) 树干生物量；(g) 树枝生物量；(i) 树叶生物量；(k) 树冠生物量；(m) 地上生物量；(b) (d) (f) (h) (j) (l) (n) 依次为木材生物量、树皮生物量、树干生物量、树枝生物量、树叶生物量、树冠生物量以及地上部分生物量经对数变换后的数据

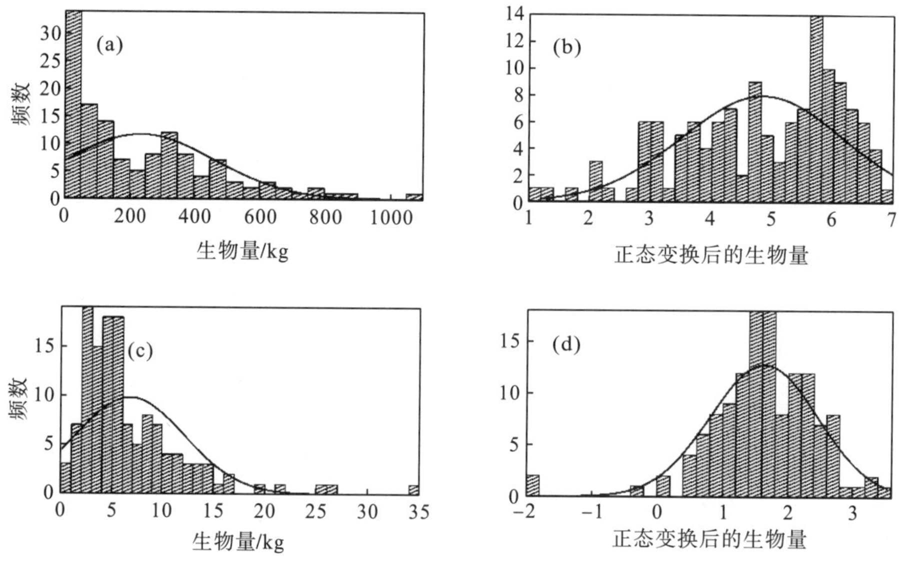

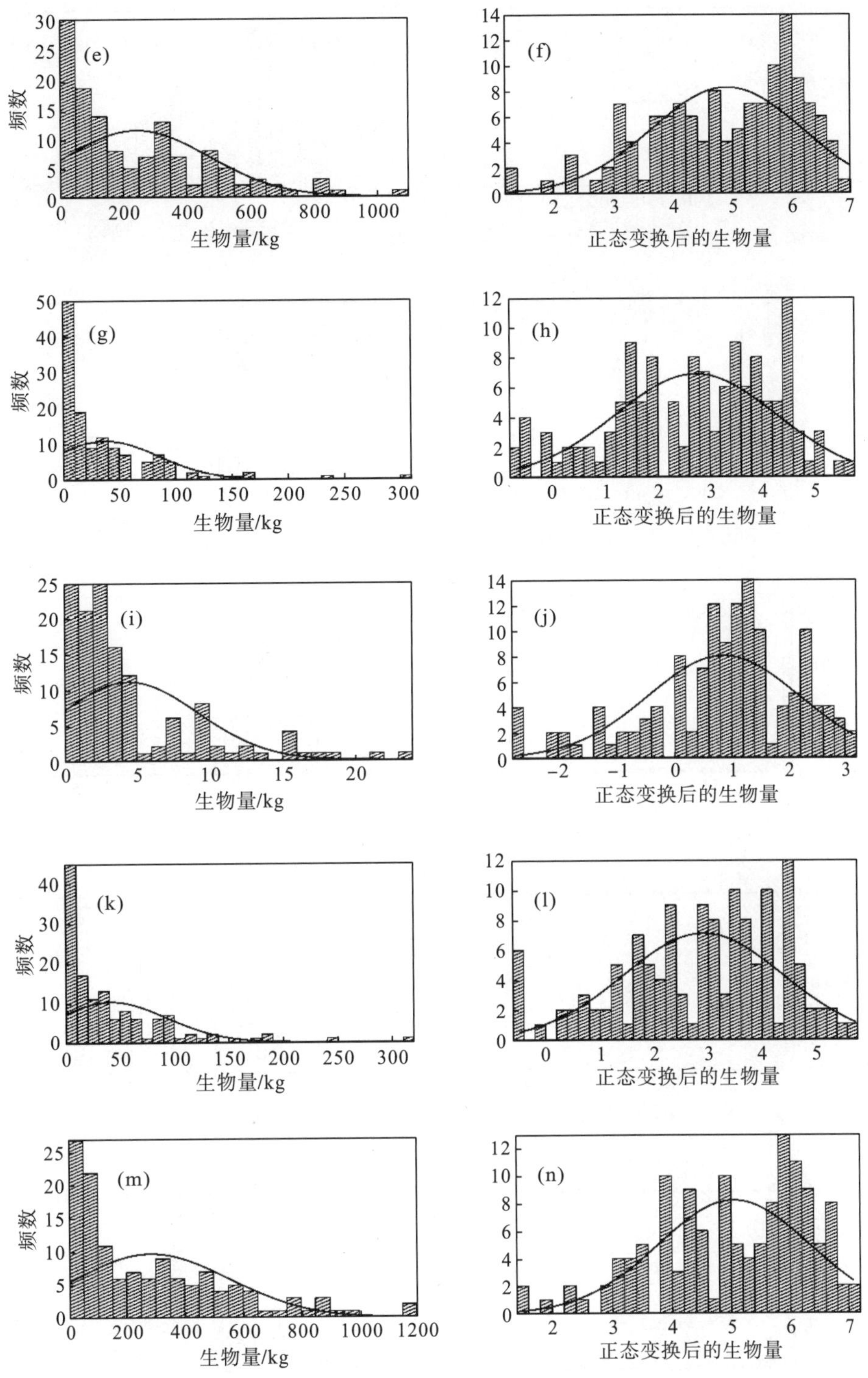

附图 2 思茅松天然林思茅松生物量各器官维量生物量

注：(a) 木材生物量；(c) 树皮生物量；(e) 树干生物量；(g) 树枝生物量；(i) 树叶生物量；(k) 树冠生物量；(m) 地上生物量；(b) (d) (f) (h) (j) (l) (n) 依次为木材生物量、树皮生物量、树干生物量、树枝生物量、树叶生物量、树冠生物量以及地上部分生物量经对数变换后的数据

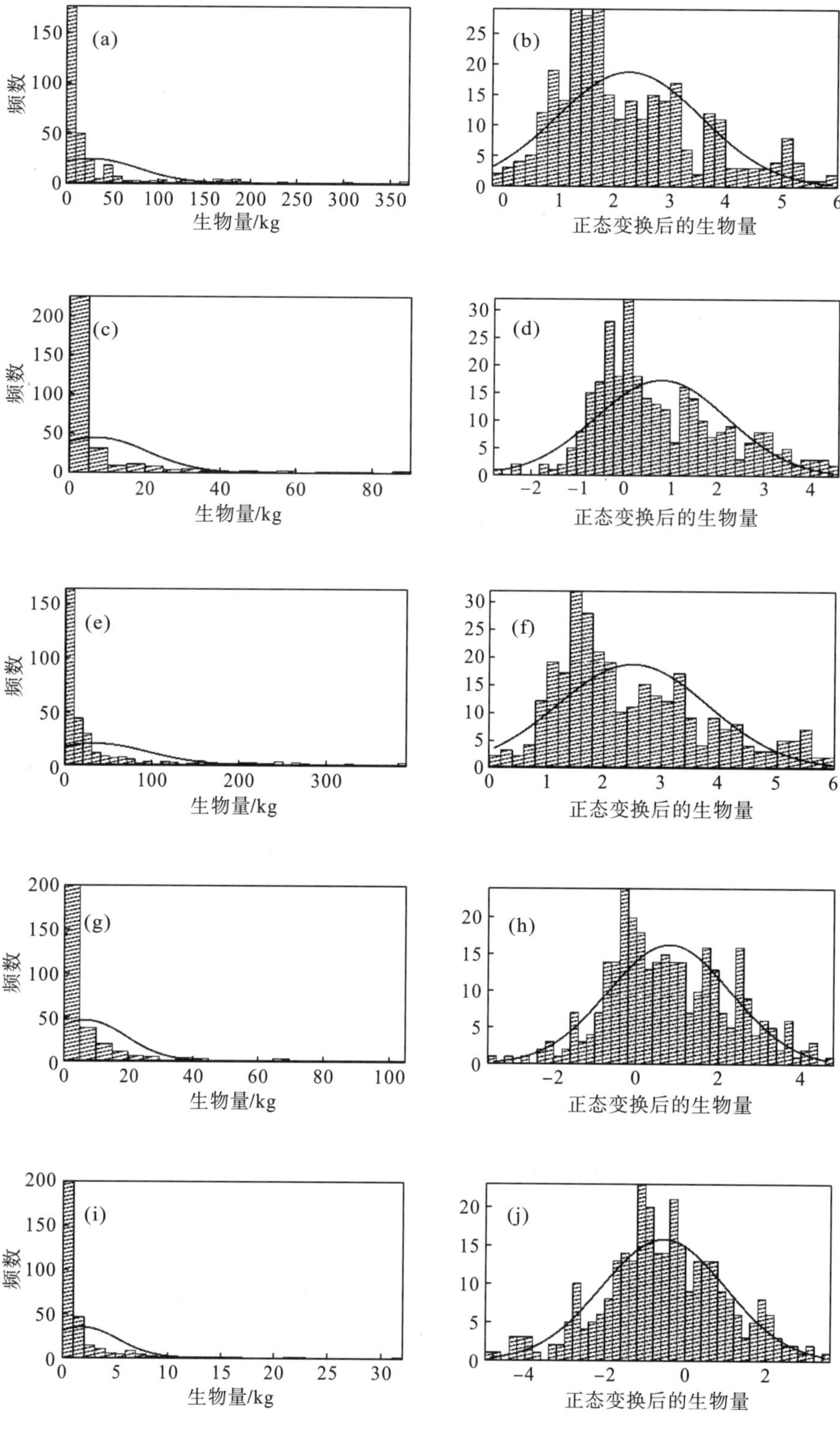
(a)
(b)
(c)
(d)
(e)
(f)
(g)
(h)
(i)
(j)
频数
生物量/kg
正态变换后的生物量

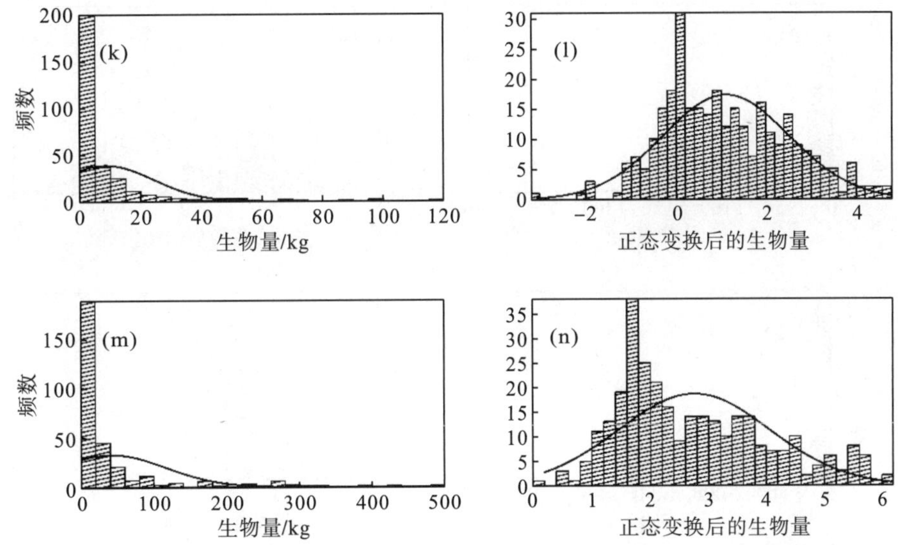

附图 3　思茅松天然林其他树种生物量各器官维量生物量

注：(a) 木材生物量；(c) 树皮生物量；(e) 树干生物量；(g) 树枝生物量；(i) 树叶生物量；(k) 树冠生物量；(m) 地上生物量；(b) (d) (f) (h) (j) (l) (n) 依次为木材生物量、树皮生物量、树干生物量、树枝生物量、树叶生物量、树冠生物量以及地上部分生物量经对数变换后的数据

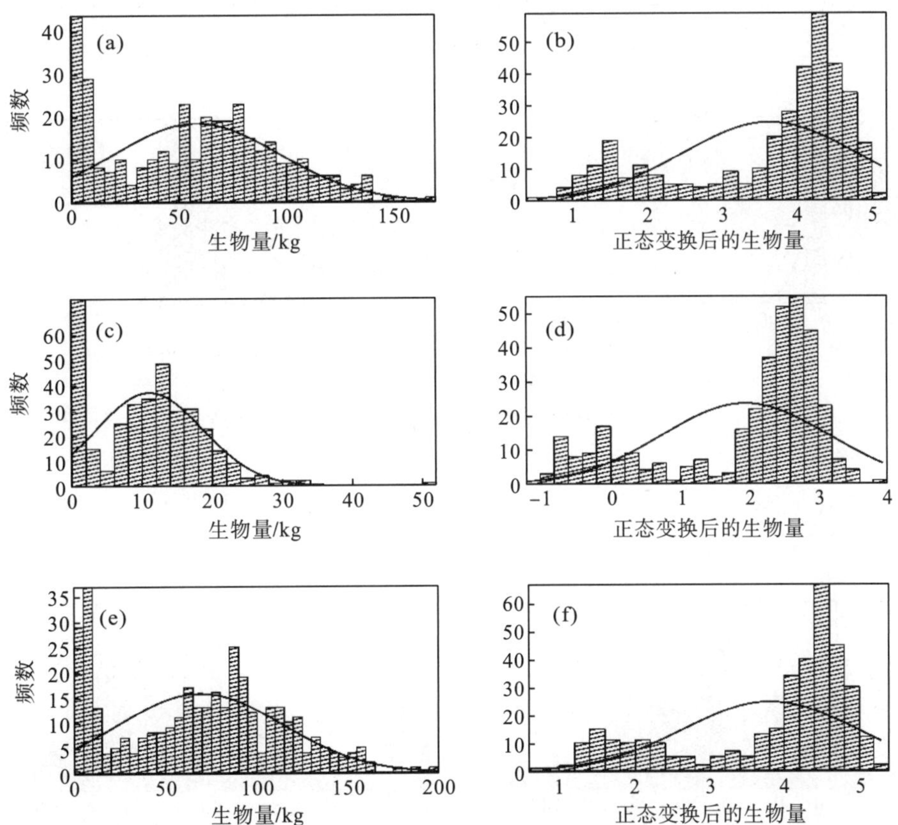

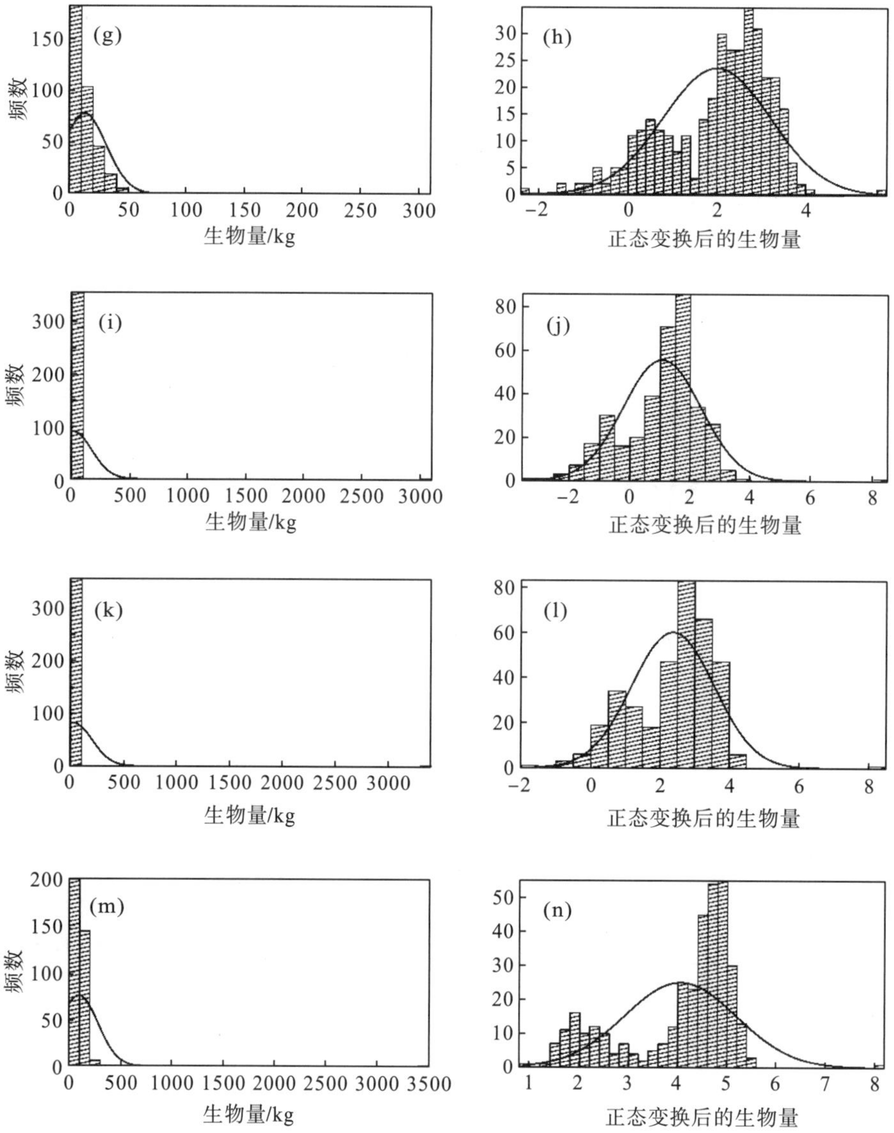

附图4　思茅松人工林全林生物量各器官维量生物量

注：(a)木材生物量；(c)树皮生物量；(e)树干生物量；(g)树枝生物量；(i)树叶生物量；(k)树冠生物量；(m)地上生物量；(b)(d)(f)(h)(j)(l)(n)依次为木材生物量、树皮生物量、树干生物量、树枝生物量、树叶生物量、树冠生物量以及地上部分生物量经对数变换后的数据

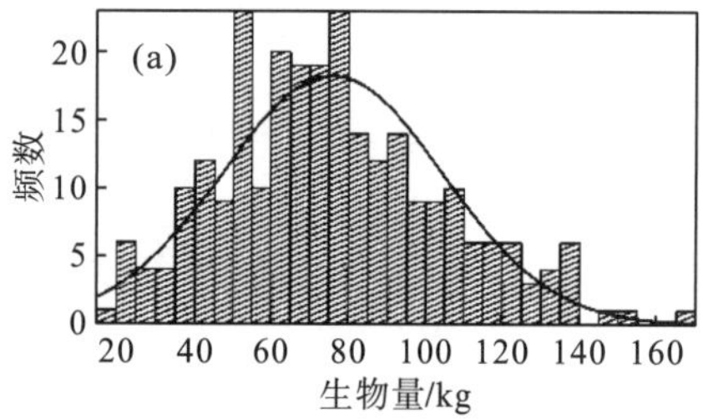

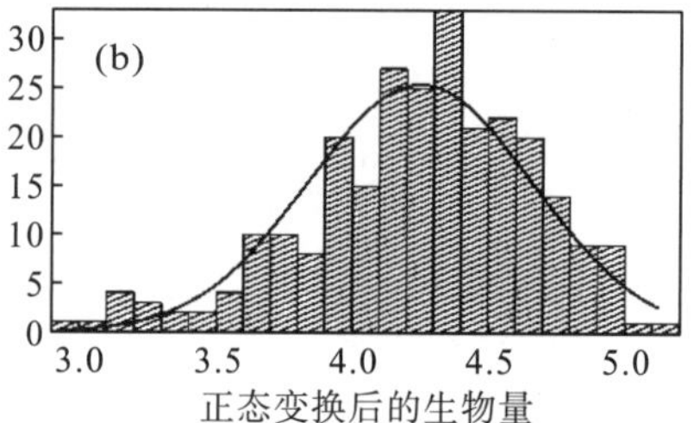

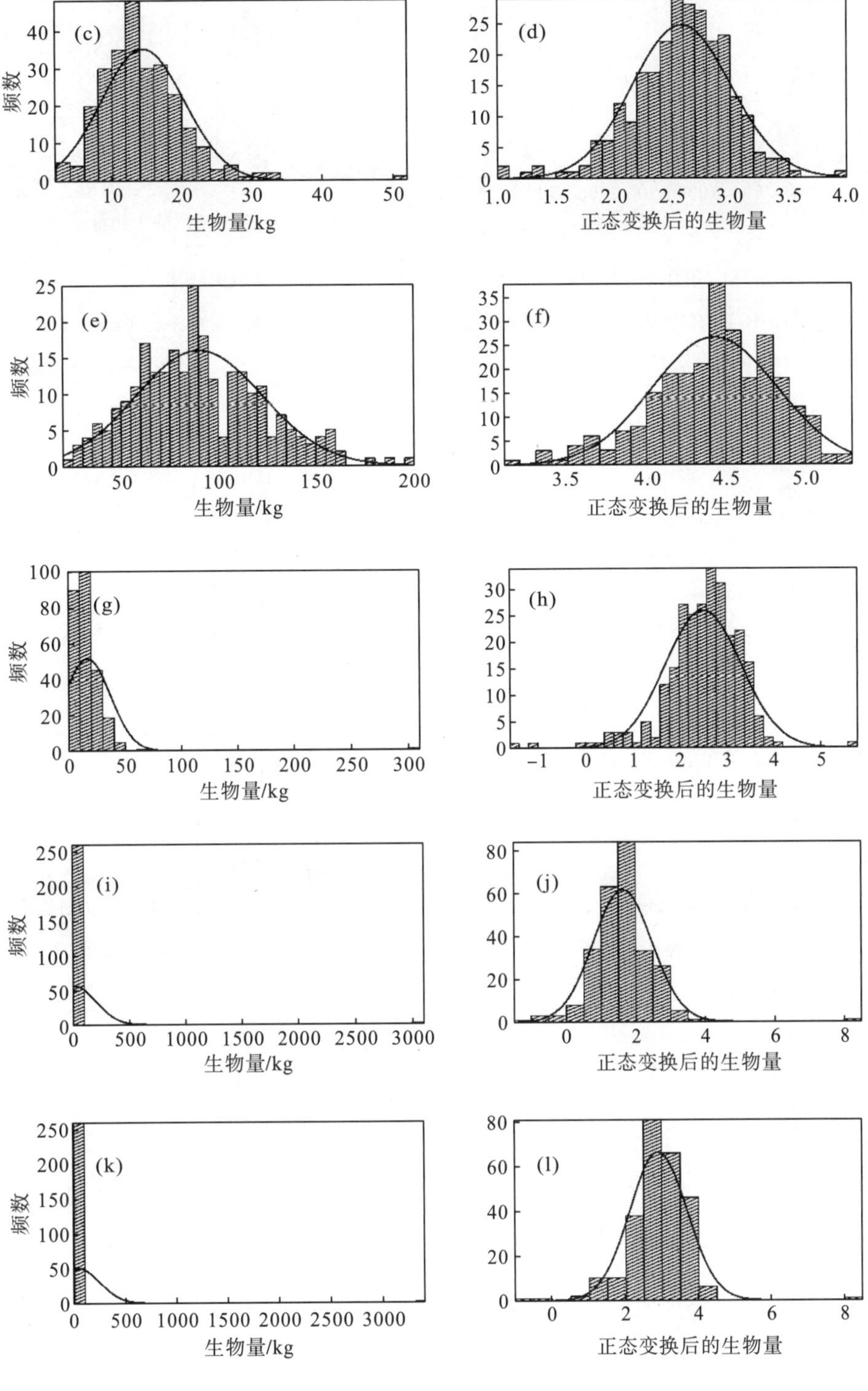
(c)
频数
生物量/kg
(d)
正态变换后的生物量
(e)
频数
生物量/kg
(f)
正态变换后的生物量
(g)
频数
生物量/kg
(h)
正态变换后的生物量
(i)
频数
生物量/kg
(j)
正态变换后的生物量
(k)
频数
生物量/kg
(l)
正态变换后的生物量

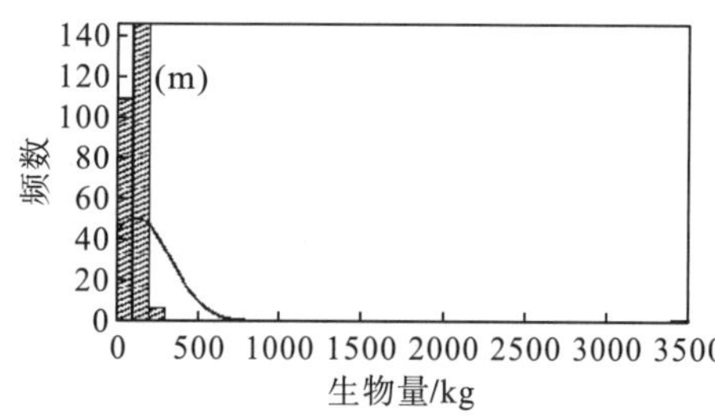

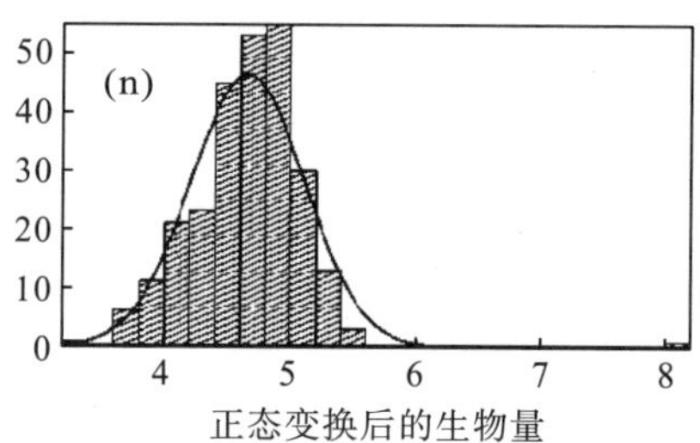

附图 5　思茅松人工林-思茅松生物量各器官维量生物量

注：(a) 木材生物量；(c) 树皮生物量；(e) 树干生物量；(g) 树枝生物量；(i) 树叶生物量；(k) 树冠生物量；(m) 地上生物量；(b) (d) (f) (h) (j) (l) (n) 依次为木材生物量、树皮生物量、树干生物量、树枝生物量、树叶生物量、树冠生物量以及地上部分生物量经对数变换后的数据

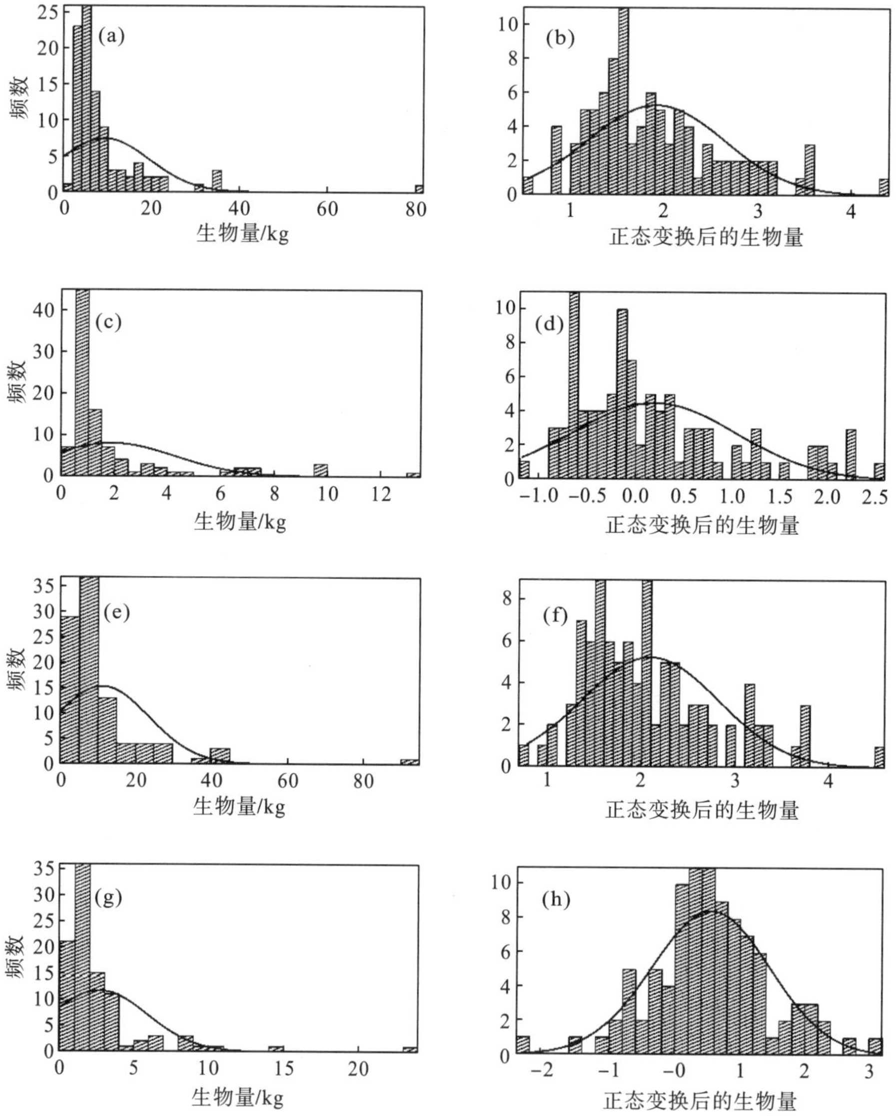

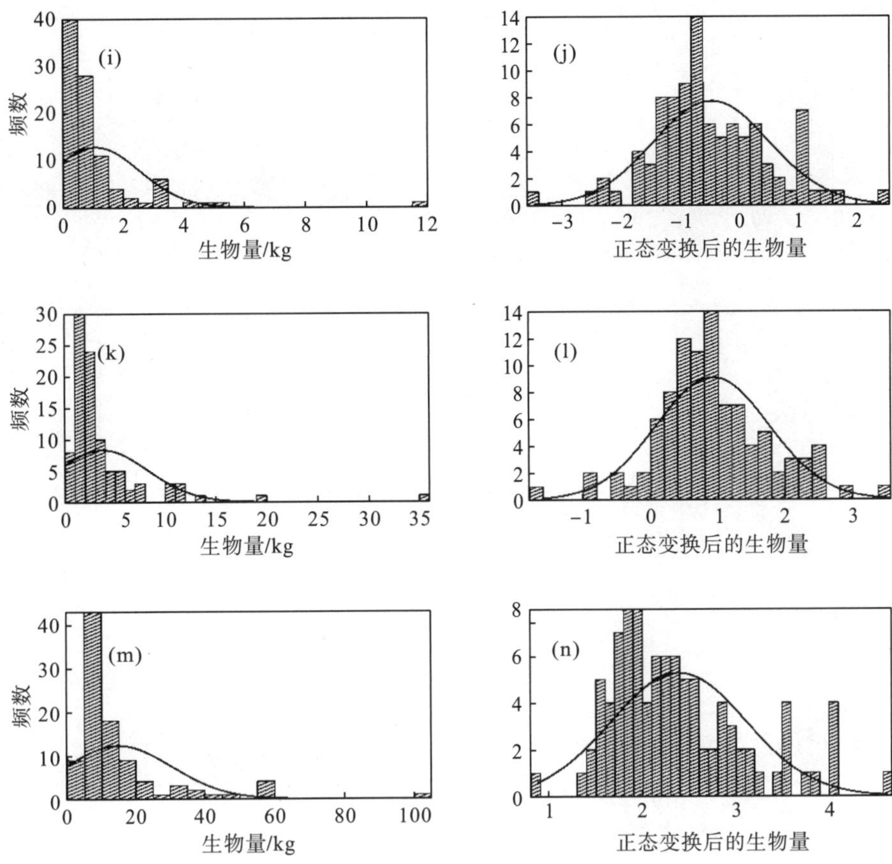

附图 6 思茅松人工林其他树种生物量各器官维量生物量

注：(a) 木材生物量；(c) 树皮生物量；(e) 树干生物量；(g) 树枝生物量；(i) 树叶生物量；(k) 树冠生物量；(m) 地上生物量；(b) (d) (f) (h) (j) (l) (n) 依次为木材生物量、树皮生物量、树干生物量、树枝生物量、树叶生物量、树冠生物量以及地上部分生物量经对数变换后的数据

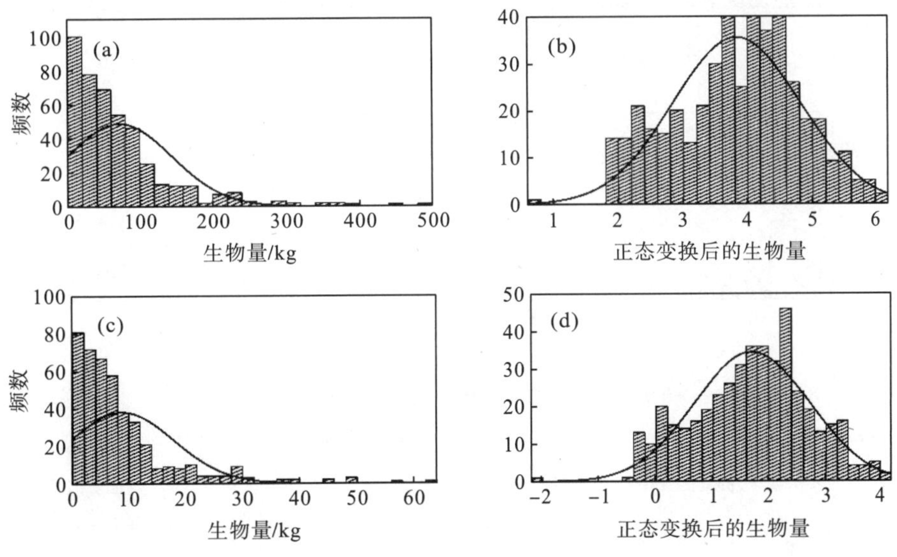

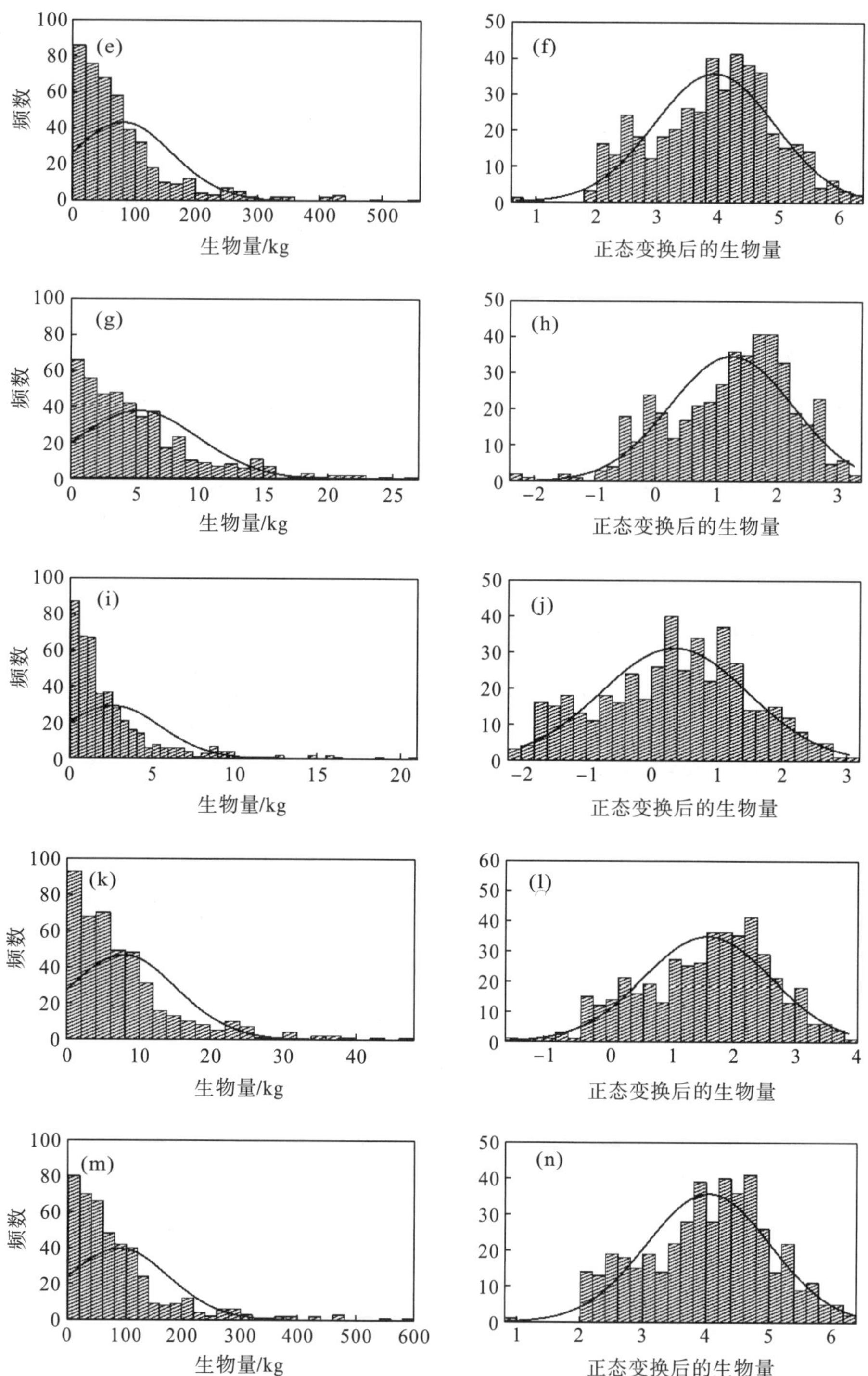

附图 7 桉树人工林全林生物量各器官维量生物量

注：(a)木材生物量；(c)树皮生物量；(e)树干生物量；(g)树枝生物量；(i)树叶生物量；(k)树冠生物量；(m)地上生物量；(b)(d)(f)(h)(j)(l)(n)依次为木材生物量、树皮生物量、树干生物量、树枝生物量、树叶生物量、树冠生物量以及地上部分生物量经对数变换后的数据